U0301072

低碳绿色城市发展的研究

Low Carbon Green City Development Research

李剑玲　著

中国商业出版社

图书在版编目（CIP）数据

低碳绿色城市发展的研究／李剑玲著. —北京：
中国商业出版社，2015.2
ISBN 978－7－5044－8816－9

Ⅰ.①低… Ⅱ.①李… Ⅲ.①生态城市－城市建设－
研究－中国 Ⅳ.①X321.2

中国版本图书馆 CIP 数据核字（2015）第 001239 号

责任编辑：刘万庆

中国商业出版社出版发行
010－63180647 www.c－cbook.com
（100053 北京广安门内报国寺1号）
新华书店总店北京发行所经销
北京高岭印刷有限公司印刷

* * * * *

开本：710×1000 毫米 1/16 印张：21 字数：300 千字
2015 年 2 月第 1 版 2015 年 2 月第 1 次印刷
定价：48.00 元

* *

（如有印装质量问题可更换）

前　言

目前，面对全球气候变暖和资源危机等问题，发展低碳绿色经济已经成为必然，而低碳绿色城市是发展低碳绿色经济的最重要载体，低碳绿色城市发展是低碳绿色经济的重要内涵，是中国经济社会发展的必然趋势。但是，发展低碳绿色城市是一个全新的课题，对于低碳绿色城市发展战略及评价还不明确，还没有统一标准的中国低碳绿色城市发展战略及评价体系，还有待于进一步建立和完善，是本书写作的目的和意义。

本书以低碳绿色城市发展为主要研究对象，围绕着低碳绿色经济和城市发展，在生态足迹理论、脱钩理论、灰色理论、三生共赢理论基础上，从系统论的思想出发，在对城市发展目标分解的基础上，综合运用文献分析法、实证分析法、因果分析法、聚类分析法、模糊综合评价法等，从低碳绿色经济发展的本质出发，基于 PEST 分析法、SWOT 分析法和 DEA 方法对城市发展进行综合分析。通过对中国特色城镇化和中国新能源的分析，基于经济、社会和环境的可持续发展，在论述中国低碳绿色经济发展及管理模式的基础上，分析中国低碳绿色城市的发展及实证研究，探讨大北京的低碳绿色发展及京津冀区域协同创新发展战略，提出低碳绿色城市发展模式及战略的指导性建议。

首先，论述中国特色的城镇化进程和中国新能源管理。城镇化是工业化过程中的产物，城镇化的模式由工业化的状况决定，同时城镇化的模式又影响工业化的进展，分析工业化不同阶段和制度形式对城镇化模式的影响和要求。通过基于数据包络分析(DEA)方法的能源效率评价，论述能源、环境和经济之间的关系，发展新能源，走低碳绿色经济发展道路，促进经济、社会和环境的可持续发展。

其次，讨论中国低碳绿色经济发展。在对循环经济、生态工业园、生态文明建设和绿色投资管理的基础上，探讨低碳绿色经济发展。低碳绿色经济作为一种新的经济发展模式，具有传统经济发展无法比拟的优势，是基于生态、生活和生产的"三生共赢"，研讨低碳绿色经济发展模式，以促进城市发展。

再次，分析中国低碳绿色城市发展的评价及其实证研究。以低碳绿色经济为外源潜变量，以城市发展为内源潜变量，技术与经济相融合，研究技术与经济、社会、环境最佳组合方式和途径，加快低碳绿色经济发展，以经济推动城市发展，统筹政治、经济、环境、社会、文化和技术等几个方面，研究低碳绿色城市发展战略及其评价方法，建立低碳绿色城市发展的动力机制及评价体系，并进行实证研究，探索适合中国新型城镇化的城市发展战略和实施方案。

最后，研讨大北京低碳绿色发展和京津冀区域协同创新发展。把生态文明建设融入北京"五位一体"，通过计算基于碳排放的绿色交通指数，推进北京低碳绿色交通发展。通过与国内外大城市比较分析，探讨优化大北京低碳绿色发展战略。为解决北京城市病需要，中央把京津冀协同发展定为国家重大发展战略。通过区域差异分析，推动京津冀区域协调发展。通过分析产业升级下区域经济合作，探讨区域产业协同发展，促进京津冀区域能源合作及低碳绿色经济发展。以生态文明建设为核心，探求基于生态文明建设的京津冀区域发展模式及优化。京津冀与长三角、珠三角比较分析，构建政治、经济、社会、环境、文化"五位一体"区域协同发展模式，建立政府、企业、社会三者合力互动发展机制，实施科学的京津冀区域协同创新发展战略，实现大北京的可持续发展。

本书内容丰富，结构合理，理论与实践紧密结合，注重知识体系的完整性和专业技术的前沿性。本书中部分内容是作者博士后期间的研究成果，部分内容是相关课题的研究成果之一。本书适用于从事经济类和管理类专业的相关人士，也可供从事相关领域的政府、企业、科研单位研究人员及大学师生参考。

在本书的著作过程中，得到了李京文院士的大力指导和帮助，在此向他表示衷心的感谢。同时也得到了鲍泓教授、黄海峰教授等的帮助和支持，在此也向他们表示衷心的感谢。

由于作者水平有限，书中难免有疏漏和不足之处，恳请广大读者批评指正。

李剑玲

2014 年 9 月于北京

序 言 (一)

　　低碳绿色经济发展是当今世界的发展趋势，低碳绿色城市是发展低碳绿色经济的重要载体和内涵，这是一个重要的全新的课题，需要理论界和实际部门的专家共同深入研究探讨，特别是关于低碳绿色城市发展的途径与步骤以及评价理论与方法还不明确，中国低碳绿色城市发展战略和评价体系，还有待于进一步研究和完善，本书就是针对这些关键问题进行研讨和论述的一本新著。

　　本书以城市发展为研究对象，围绕低碳绿色经济和城市发展进行分析研究。分析中国低碳绿色城市发展的现状，研究低碳绿色经济的内涵，在对城市发展目标分解的基础上，从系统论角度分析中国低碳绿色城市发展中的挑战与机遇，提出低碳绿色城市发展战略与规划。以加快低碳绿色经济发展，并以经济发展推动城市发展。统筹政治、经济、环境、社会、文化和技术，从理念、政策、体制、人才、节能减排、产业结构等方面提出了相应的策略，探索了以低碳绿色经济促进城市发展、适合中国特色新型城镇化的低碳绿色城市发展战略。通过对中国特色城镇化和中国新能源的分析，以生态文明建设为核心，基于经济、社会和环境的可持续发展，在论述中国低碳绿色经济发展及管理模式的基础上，分析中国低碳绿色城市发展，同时对政府、企业、社会三者合力互动进行实证研究，探讨大北京的低碳绿色发展及京津冀区域协同创新发展战略，提出了低碳绿色城市发展战略的建议。

作者对本书的有关资料和文献做了详细的调研，掌握了该领域国内外的研究现状和发展趋势。同时，由于作者具有扎实的管理学和应用经济学理论基础，并有良好的科研实绩，具备较强的科研能力、创新意识和论述水平，使得该书内容丰富、资料翔实、论点明确、论据充分、论述合理，选题新颖有特色，研究内容和方法具有创新性和可行性，具有重要的理论意义和实践价值。

我相信，该书的问世将进一步促进中国低碳绿色经济和新型城市化的发展，尤其将促进北京低碳绿色发展和京津冀区域协同创新发展，为相关决策部门、研究部门、产业部门和企业的专业人士提供重要参考，为低碳绿色城市发展提供可操作性强、解决实际问题的指导性建议。

李敬

2014. 9. 10.

序　言（二）

　　发展低碳绿色经济已经成为当今世界的必然，低碳绿色城市发展是低碳绿色经济发展的重要载体和内涵，是中国经济社会发展的必然趋势。但是，发展低碳绿色城市是一个新课题，对于低碳绿色城市发展战略以及评价还不明确，需要进一步研究探索，本书针对这些做的论述很有意义。

　　本书以城市发展为主要研究对象，围绕低碳绿色经济和城市发展进行分析研究。在生态足迹及"三生共赢"等理论基础上，从系统论的思想出发，在对城市发展目标分解的基础上，理论分析结合实证研究，对城市发展进行综合分析。研究技术与经济、社会、环境最佳组合方式和途径，加快低碳绿色经济发展，以经济推动城市发展，统筹政治、经济、环境、社会、文化和技术等几个方面，研究低碳绿色城市发展战略及其评价方法，并进行实证研究，探索适合中国新型城镇化的城市发展战略和实施方案。通过对中国特色城镇化和中国新能源的分析，以生态文明建设为核心，基于经济、社会和环境的可持续发展，在论述中国低碳绿色经济发展及管理模式的基础上，分析中国低碳绿色城市发展及实证研究，鉴于政府、企业、社会的合力互动，探讨大北京的低碳绿色发展及京津冀区域协同创新发展战略。

我认为，本书内容丰富、资料翔实、论点清晰，选题新颖有意义，具有重要的理论价值和实践意义。作者具有扎实的管理学和应用经济学理论基础，具备较强的科研能力、创新意识、逻辑思维及论述能力。本书的出版将进一步促进中国低碳绿色经济和城市发展，尤其将促进北京低碳绿色发展和京津冀区域协同创新发展，为低碳绿色城市发展提供可操作性的指导，为相关部门和研究人员提供技术和决策参考。

2014.9.11

目 录

第一章

绪　论

第一节　研究背景和意义

一、研究背景

（一）低碳绿色经济是发展的必然

当今，面对全球气候变暖和资源危机等问题，发展低碳绿色经济已经成为必然。低碳绿色经济是一种以能源消耗较少、环境污染较低为基础的绿色经济模式，是一种全新的经济发展模式，是实现可持续发展的具体路径和必由之路。提高能源效率、开发清洁能源、发展低碳经济已经逐渐成为全球的共识，发达国家率先把发展低碳绿色经济上升到国家战略的高度，低碳绿色经济已从一个应对气候变化、环境保护和资源紧缺的技术问题转变为决定未来国家综合实力的经济和政治问题，并将成为未来规制世界发展格局的新规则。中国经济在历经三十多年的粗放型高速增长之后，能源资源短缺和环境恶化问题逐渐凸显，经济发展方式向高能效、低能耗和低碳排放模式转型已成为迫切需要。中国发展低碳绿色经济既是共同应对气候和环境变化的内在要求，也是建设资源节约型、环境友好型社会和构建社会主义生态文明的必然选择，更是转变经济发展方式、实现经济社会可持续发展的必由之路。中国正处在加快经济发展方式转变的关键时期，发展低碳绿色经济已经成为中国可持续发展战略的重要组成部分，发展低碳绿色经济是中国可持续发展的必然方向，是优化能源结构、调整产业结构的可行措施和重要途径。发展低碳绿色经济是中国经济社会可持续发展的必然选择，这是由中国的基本国情决定的，也是中国发展战略之一。

（二）低碳绿色城市发展势在必行

低碳绿色城市是发展低碳绿色经济的最重要载体，低碳绿色城市发展是低碳绿色经济发展的重要内涵。城市是人类文明的产物，是行政、金融和工业中心。作为人类社会经济活动中心，城市已经聚集了世界一半以上的人口。随着城镇化进程的加快，城市的脆弱性不断显现并且有加剧的倾向。近半个世纪以来灾难性气候事件明显增多，频率加快，危害程度加深，而城市因为其特殊地位在此类事件中受到的影响最大。城市是经济社会发展的重要载体，城市发展的最终目的是为人民群众创造良好的生产、生活环境，实现"生态、生产、生活"三生共赢、三生协同发展。目前，低碳绿色城市发展已经成为世界各国城市发展的热点问题，低碳绿色发展模式成为新一轮经济增长的关键词。随着工业化、城镇化进程快速推进，中国城市面临的节能减排问题日益严峻。城镇化是中国经济社会发展的长期战略之一，未来城镇人口及其比重将继续提高，城市经济在国民经济中的重要性将进一步提升。然而，城镇化以工业为依托，工业的高速发展是以牺牲资源和能源为代价的，中国的快速城镇化发展是建立在工业化基础之上的，传统工业化是以高碳排放为特征的发展模式，中国城市也是温室气体的主要产生地。因此，加快建设低碳绿色经济城市是发展的必然和迫切需求。中国是人口大国，坚持节约资源和保护环境是基本国策，发展低碳绿色经济、建设低碳绿色城市是实现这一国策，促进城市经济与资源环境和谐发展的重要途径之一。走低碳绿色发展之路是中国的必然选择，也是城市发展的必然选择，更是大北京的发展战略。

二、研究意义

（一）理论意义

有助于中国的工业化和城镇化进程研究，有助于深化中国低碳绿色城市发展战略研究。低碳绿色城市概念是在低碳绿色经济的基础上衍生出来的，低碳绿色城市是发展低碳绿色经济的最重要载体，是低碳绿色经济发展的重要内涵。低碳绿色城市作为新生事物，尚属于前沿领域的研究，它以低碳绿色经济为发展模式和方向，以节能减排作为发展方式，来营造低碳绿色经济可持续发展的城市。低碳绿色城市发展战略研究，系统地分析其挑战与机遇，有助于技术与经济、社会、环境最佳组合的方式、途径、效果与规律的研究。

（二）实践意义

可以加快低碳绿色经济发展，以经济发展推动城市发展；有助于城市和国家的可持续发展，优化能源结构，推进产业结构合理化；有利于中国产业结构升级，推动中国的工业化、城镇化进程；有利于节约能源、提高能源使用率、缓解能源供给压力和保护环境，探讨中国低碳绿色城市发展的策略，处理好能源、环境和经济之间的关系，实现人与自然和谐社会，实现中国经济社会的可持续发展，为国家政府部门的城市发展中提供技术支持和决策参考。

第二节　国内外研究现状

一、低碳绿色经济研究

低碳经济是人类为应对全球气候变暖，减少人类的温室气体排放提出的经济；绿色经济是人类为了应对资源危机，减少人类对资源环境的破坏提出的经济。我们既发展低碳经济，又要发展绿色经济。发展低碳经济我们要节能减排；发展绿色经济我们要减少资源消耗环境破坏，减少负面增长，保障经济健康发展。发展低碳经济和绿色经济，两者相互促进，既是发展的过程，又是个发展的结果。只要我们大力发展低碳绿色经济，转变经济发展方式，我们的经济发展可持续，我们与自然的关系会更加和谐。绿色经济（Green Economy）是以市场为导向、以传统产业经济为基础、以经济与环境的和谐为目的而发展起来的一种新的经济形式，是产业经济为适应人类环保与健康需要而产生并表现出来的一种发展状态，是以效率、和谐、持续为发展目标，以生态农业、循环工业和持续服务产业为基本内容的经济结构、增长方式和社会形态。英国经济学家皮尔斯 1989 年出版的《绿色经济蓝皮书》首次提出绿色经济。Jacobs 与 Postel 等人在 20 世纪 90 年代所提出的绿色经济学中倡议在传统经济学三种生产基本要素：劳动、土地及人造资本之外，必须再加入一项社会组织资本（social and organization capital, SOC）。低碳经济（Low - carbon economy），一般是指以低能耗、低污染、低排放为基础的绿色经济，其核心是在市场机制基础上，通过制度框架和政策措施的制定及创新，形成明确、稳定和长期的引导及激励机制，提高新能源开发、生产、利用能力，实现节能减排，促进人类生存和全世界经济发展方式的变革，是人类社会继农业文明、工业文明之后的又一次重大进步，实质是能源高效利用、清洁能源开发、追求绿色 GDP 的问题，是能源技术和减排技术创新、产业结构和制度创新以及人类生存发展观念的根本性转变。英国在 2003 年发表了《能源白皮书》，第一次提出了低碳经济概念，"我们未来的能源：创建低碳经济。" 2006 年前世界银行首席经济学家尼古拉·斯特恩支持作的《斯特恩报告》指出，全球以每年 1% GDP 的投入，可以避免将来每年 5% ~20% GDP 的损失，呼吁全球向低碳经济转型。2007 年美国参议院提出了《低碳经济法案》，表明低碳经济的发展道路有望成为美国未来的重要战略选择。2007 年 12 月 3 日联合国气候变化大会在印尼巴厘岛举行，大会制定了世人关注的应对气候变化的"巴厘岛路线图"该路线图要求发达国家在 2020 年前将温室气体减排 25%，为全球进一步迈向低碳经济起到了积极作用，具有里程碑的意义。

当前，提高能源效率、开发清洁能源、发展低碳经济逐渐成为全球的共识，发达国家率先把发展低碳绿色经济上升到国家战略的高度，低碳绿色经济已从一个应对气候变化和环境保护的技术问题转变为决定未来国家综合实力的经济和政治问题，并将成为未来规制世界发展格局的新规则。

中国研发和创新能力有限，总体技术水平不高，这是我国由"高碳经济"向"低碳经济"转型的最大挑战。虽然《联合国气候变化框架公约》和《京都议定书》中提出要求，发达国家须向发展中国转让技术，但此要求的执行情况并不乐观。目前，发达国家在低碳技术方面比中国领先很多。比如，煤电的整体煤气化联合循环技术在电力行业中的应用、热电多联产技术、高参数超临界基组技术等，中国仍不太成熟；新能源技术可再生能源和方面，氢能技术、大型风力发电设备、高性价比太阳能光伏电池技术、燃料电池技术等,与发达国家相比有不小差距。发展低碳绿色经济能在实现经济发展和资源环境保护上实现共赢,西方发达国家已经在低碳技术的开发利用和低碳经济的发展上走在了前面,这是值得中国学习的。鉴于中国特殊的条件和发展水平以及在发展低碳经济上诸多的制约因素,低碳绿色经济已经成为一个国家发展战略问题,我国要以社会大众作为低碳建设的重要主体,将市场作为低碳经济的主舞台,加强政府引导和激励,采用各种策略来发展低碳绿色经济。改革开放以来,伴随着中国经济巨大发展的是能源消耗问题,以及与日俱增的碳排放量和气候变暖,根据不同国家的碳排放的环境影响评估显示,中国已于2007年取代美国成为世界上最大的碳排放国。在2009年的哥本哈根会议上,中国政府承诺要在2020年时达到碳排放比2005年减少45%的目标。2010年8月国家发改委决定,在五省八市开展低碳产业建设试点工作近年来,中国已经加强了节能减排措施,但作为一个发展中国家,中国当前正处于工业化和城镇化快速发展阶段,首要的任务仍然是发展,发展低碳绿色经济还面临着许多问题,迫切需要我们深入研究和解决。中国现阶段正处于城镇化、工业化、现代化进程当中,中国作为最大的发展中国家拥有世界五分之一的人口,在推进现代化进程中,大规模的基础设施建设工业化、城镇化、人民生活小康化等社会经济发展态势不可避免,为了促进中国经济的可持续发展,正在致力于发展低碳绿色经济。

中国对低碳绿色经济发展的研究尚处于探索阶段,系统地探讨中国发展低碳绿色经济面临的挑战与机遇的文献较少。人类社会在经济发展过程中,经历了四种经济发展模式,即原始经济发展模式、农业经济发展模式、传统经济发展模式(也叫近现代工业经济发展模式)和低碳绿色经济发展模式。国内研究低碳经济的学者首先从不同角度对低碳经济的理论内涵进行了界定,并探讨了其与转变经济发展方式的联系。庄贵阳(2005)认为低碳经济的实质是能源效率和清洁能源结构问题,核心是能源技术创新和制度创新,而目标是减缓气候变化和促进人类的可持续发展。邢继俊、赵刚(2007)进一步阐述了低碳经济的内涵,并分析了低碳技术的主要内容。付允等人(2008)认为,低碳经济的内涵是在不影响经济和社会发展的前提下,通过技术创新和制度创新,尽可能最大限度地减少温室气体的排放,从而减缓全球气候变化,实现经济和社会的清洁发展与可持续发展。金乐琴、刘瑞(2009)认为低碳经济有三个重要的特性:综合性、战略性和全球性,且低碳经济与可持续发展理念和资源节约型、环境友好型社会的要求是一致的。刘思华(2010)认为低碳经济是创造出生态文明的绿色经济发展模式，低碳文明在本质上是生态和谐、经济和谐、社会和谐一体化的生态文明经济形态。

二、低碳绿色城市研究

城市是人类文明的产物，是行政、金融和工业中心。低碳绿色城市的产生由低碳绿色经济演化而来。低碳绿色城市理论属于前沿领域，目前国内外尚缺少综合系统的定义和研究，诸多研究者给予其定义和理解也不尽相同。世界自然基金会认为，低碳城市是指能够在经济高速发展的前提下，保持能源消耗和二氧化碳排放处于较低水平的城市。中国城市科学研究会认为，低碳城市是指以低碳经济为发展模式及方向、市民以低碳生活为理念和行为特征、城市管理以低碳社会为建设标本和蓝图的城市。国内学者夏堃堡提出，低碳城市就是在城市实行包括低碳生产和消费在内的低碳经济，建立资源节约型、环境友好型社会和一个良性的可持续的能源生态体系。

在世界范围来看，城市发展模式中最有代表性的有两种：一种是基于各方面的需要，特别是和人口增加和经济发展的需要，由一个中心逐渐向外发展，形成一个大体呈圆形的城市。由于它是逐渐形成的，最初并无统一的规划，因而其整体布局不甚严整，性质相同的建筑并不集中分布，而且大多数没有城墙。但这也正使其较少受限制，尤其商贸企业分散布局对于居民的生活较为便利，西方国家多采用此种模式。由于西方文明以欧洲为代表，故常被称为"欧洲模式"；另一种模式则为基于政治和军事的需要，根据深思熟虑的统一规划在短时期内兴建而成的。一般是首先筑起城墙，再布置城内建筑，而最重要的是政治机构及其附属性礼制建筑，其次为市场和居民住宅。整个城市呈方形或矩形，街巷横平竖直，排列整齐划一，并且中轴对称，政治机构的建筑位于城市中央。中国城市多采用此种模式，因而称为"中国模式"。

低碳绿色城市发展在国外一些国家起步较早，美国、巴西、新西兰、澳大利亚、南非以及欧盟的一些国家都比较成功地进行了低碳绿色城市发展。但是低碳绿色城市发展在中国仍然处于发展的初级阶段，有许多问题需要探索研究和实践。著名的雅典哲学家柏拉图(Plato, B. C. 约公元前427~前347年)的理想国提出的一系列理论和主张，都是针对当时的社会弊端而设计的关于世界、人和国家的理想组合方式。19世纪20年代，英国的城市规划师霍华德提出建设"明日的田园城市"("花园城市"),主张亲近自然。1933 年,雅典宪章规定"城市规划的目的是解决人类居住、工作、游憩、交流四大活动功能的正常进行",进一步明确了生态城市有机综合体的思想。及至 1972 年,联合国教科文组织制定人与生物圈研究计划,正式提出生态城市发展生态城市的新概念。Paulo 的 A rcosanti 生态建设案例。20 世纪 50 年代,Paulo So leri 在亚利桑那凤凰城外的天堂谷的沙漠地区,设计制作了模型,探讨在当地的气候和地形条件下如何规划出更好的城市。称之为"Mesa City"。20 世纪 70 年代,微生物学家 Lynn Margo lis 和大气学家 James Love lock 对生物圈中相对稳定进行着的自组织现象描述为:生命体改变着地球的大气和地理面貌,并且控制着空气组成及其主要含量,并把这种生命活着的有机体,地球/生命超级体称为"GAIA":一个自我调节的星球。

中国正处在大规模城市发展的关键时期。未来几十年,我国持续快速的发展进程必将成为影响区域乃至世界社会发展的重要事件。中国有巨大的人口和资源潜力去利用这一历史时期,改变自然与人类的关系,领导低碳绿色城市的建设。中国在低碳绿色城市上的理论有悠久的文化基础,我国建设低碳绿色城市有很大的发展空间,也有一些先进的实践。但是,对于低碳绿色城市发展的途径与步骤、方法以及评价理论与方法还不明确,目前中国大多数低碳绿色城市是在工业区或老城区的基础上改造的,也有重建低碳绿色新城的实践,一般是在荒芜的盐碱地上建设起来的卫星城。出于中国自己的国情特色,国外生态城市理论运用到中国常会出现一些碰撞,产生一系列系统性问题,中国要选择适合自己国情的发展模式。中国很早之前就对城市发展进行统一规划。远在周代即提出了一整套明确的要求,不论从城市规模、城市布局,还是从建筑尺度、建设步骤上都有严格的规定。如国都的总体布局,根据主要反映春秋战国时代建筑特色的《考工记》载,应是"方九里,旁三门,九经九纬,经涂(途)九轨,面朝后市,左祖右社"。随着城镇化进程的加速,加之城市巨大的温室气体排放贡献率,城市(特别是处于发展过程中的生产型城市)的发展模式很快成为全球低碳发展的关注焦点。中国研究者们对低碳绿色城市的理解有不同角度,但有几个共同点:其一,低碳绿色城市是以低碳绿色经济为基础的,因此仍然要保持经济发展,并遵循低能耗、低污染、低排放、高效益等特征;其二,低碳城市涉及到社会、经济、文化,生产方式、消费模式,理念、技术、产品等方面,需要统筹考虑;其三,低碳城市发展是一个多目标问题,如何实现经济发展、生态环境保护、居民生活水平提高等目标间的共赢,是低碳城市发展的关键。

第三节 研究内容

本书以低碳绿色城市发展战略为主要研究对象,围绕着低碳绿色经济和城市发展,通过对中国特色城镇化和中国新能源的分析,基于经济、社会和环境的可持续发展,在论述中国低碳绿色经济发展及管理模式的基础上,分析中国低碳绿色城市发展及实证研究,探讨大北京的低碳绿色发展战略及京津冀区域协同创新发展战略,提出低碳绿色城市发展战略的指导性建议。

一、技术路线

本书研究的技术路线,如图 1-1 所示:

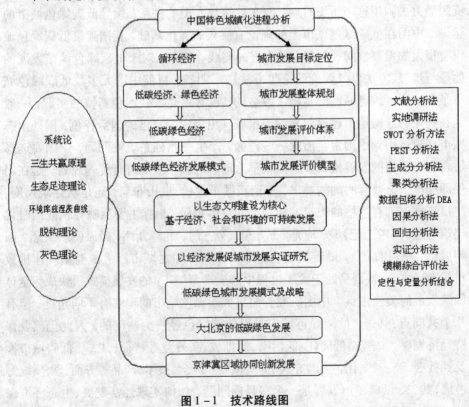

图 1-1 技术路线图

二、篇章结构

本书的结构，如图1-2所示：

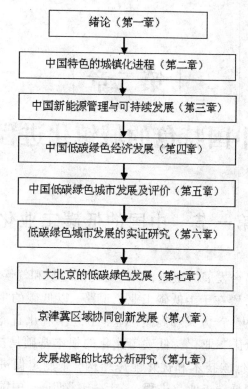

绪论（第一章）

中国特色的城镇化进程（第二章）

中国新能源管理与可持续发展（第三章）

中国低碳绿色经济发展（第四章）

中国低碳绿色城市发展及评价（第五章）

低碳绿色城市发展的实证研究（第六章）

大北京的低碳绿色发展（第七章）

京津冀区域协同创新发展（第八章）

发展战略的比较分析研究（第九章）

图1-2 本书的结构

本章小结

在本章中，作者概述了本书的研究背景、研究意义和国内外研究现状，阐述了本书的研究内容、技术路线以及篇章结构。

| 第二章 |

中国特色的城镇化进程

第一节　中国的低碳工业化

　　低碳发展是当今发展的主题,是应对能源短缺和气候危机的必然选择。中国低碳发展的关键在于走低碳工业化道路,以低碳的生产方式和低碳产业逐渐替代高碳的生产方式和高碳产业,最终摆脱化石能源和温室气体排放的束缚,实现低碳工业化。低碳工业化的根本基础是技术创新,通过制定发展规划、改进低碳技术和优化能源结构,来制定促进低碳工业化的政策,从而加快中国低碳工业化进程。"十一五"期间,中国 CO_2 排放量已由世界第二变成第一,"十二五"中国低碳发展面临更加严峻的挑战。中国低碳发展的关键和核心是走低碳工业化道路。中国正处在工业化、城镇化和国际化关键阶段,工业化是未来几十年中国经济发展的主线,也是中国经济发展的主要任务,在能源危机和气候危机的大背景下,中国必须要走低碳工业化道路。

一、中国低碳工业化进程

　　低碳,英文是 low carbon,意指较低或更低的温室气体(以 CO_2 为主)排放。低碳的核心内容是低碳发展和低碳生活,是人类社会继农业文明、工业文明之后的又一次重大进步。低碳发展几乎涵盖了所有产业领域,是以低能耗、低污染、低排放为基础的经济模式。它的实质是提高能源利用效率和清洁能源结构、追求绿色GDP，核心是能源技术创新、制度创新和人类生存发展观念的根本性转变。低碳生活通常指低排放、低能量、低消耗、低开支的生活方式，代表着更健康、更自然、更安全地去进行人与自然的活动。据国家发改委副主任解振华在不久前的一次论坛上透露，2011年中国单位GDP能耗下降估计为3%左右，全年3.5%的预定目标或将不能完成。2009年4月，英国苏塞克斯大学科技政策研究中心和英国廷德尔气候变化研究中心发布了《中国能源转型——低碳发展之路》报告，围绕中国未来能否走上低碳发展之路的问题进行了探究。报告调查了中国为实现设定的气候变化目标可能选择的碳排放轨迹，以及中国如何减缓其排放量的增长速度，最终实现碳排放量下降。报告认为，中国的低碳发展不仅是技术的转型，还是经济和社会的转型。中国应实行全面的能源和气候变化战略，及时把握绿色发展机遇。中国社会科学院城市发展与环境研究所所长潘家华研究员认为，中国低碳发展需要从减少化石能源消费和增加零碳能源供给两个方面入手。但是，零碳能源面临能源密度低、间歇性、成本高等约束，缺乏革命性技术突破的引领，在融资上存在技术、规模、质量和收益等瓶颈。

"低碳工业化"是指国民经济的基要生产函数(生产要素的组织方式)实现从"高碳"向"低碳"连续突破性变化，低碳的生产方式和低碳产业逐渐替代高碳的生产方式和高碳产业的过程，最终经济发展和工业化过程摆脱化石能源和温室气体排放的束缚，如图2-1所示：

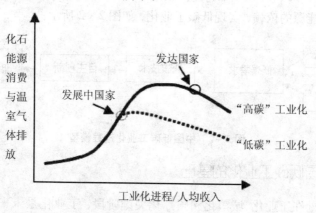

图2-1 高碳与低碳工业化的路径

后进国家在其工业化进程中，可能由于直接模仿和借用先进国家的技术和经验，从而能够从一个比较高的起点开始发展，跳过先发国家的一些必经发展阶段。落后国家与先进国家之间存在技术差距，后进国家直接采用当时最先进的技术，而不用承受先进国家逐步发展这种技术的代价，因此落后国家的工业化能够实现"突变"或"井喷"式发展，以更小的成本和更高的时效达到发达国家的发展水平。

中国的低碳工业化要通过低碳技术、产业、能源、贸易和投资政策的制定和执行，推动制度和技术创新，引导土地、资本、人力资本等生产要素向低碳技术研发和扩散领域集聚，向低碳产业集聚，向低碳能源生产和转换领域集聚，向低碳城市和地区集聚，并进一步参与到新的国际分工之中，适应外部发展环境的变化，走出一条资源环境约束下可持续的新型工业化道路。碳减排国际合作机制为中国低碳工业化带来资金和技术。一般认为中国低碳工业化将经历两个发展阶段：第一个阶段是对前沿低碳技术的引进、模仿阶段，也包括对西方发达国家低碳政策机制的模仿与创新，这一阶段主要特征是化石能源利用效率不断提高、生产和消费的环境影响逐渐减小，但是高碳生产方式、高碳产业仍然占据主导地位，中国与发达国家之间的低碳技术差距将逐渐缩小；第二阶段是自主创新阶段，通过持续不断的对低碳技术研发的投资最终迎来全面的技术革新，中国要力争成为低碳技术的发源地，引领世界低碳技术和低碳产业的发展，实现低碳的生产方式和低碳产业对高碳的生产方式和高碳产业完全替代，并最终摆脱对化石能源的依赖，实现低碳工业化，如图 2-2 所示：

图 2-2　中国低碳工业化进程模型

二、中国低碳工业化的基础

中国正处在工业化、城镇化和国际化关键阶段，工业化是未来几十年中国经济发展的主线，也是中国经济发展的主要任务，在能源危机和气候危机的大背景下，中国的工业化必须走出一条低能源消耗、低温室气体排放的新型工业化道路，这个新型工业化的核心就是低碳化，即"低碳工业化"。发展低碳工业化，必须大力发展低碳技术和低碳产业，调整能源结构和经济结构，发展替代能源，改变生产方式和生活方式，这些都是与工业化相关的。因此，走低碳工业化道路是中国低碳发展的核心。

（一）能源的碳排放

能源消费是碳排放的主要来源。碳排放是关于温室气体排放的一个总称或简称。温室气体中最主要的气体是二氧化碳，因此常用碳（Carbon）作为代表。能源结构调整对减排的作用明显，但是困难较大。目前来看，短期内，通过能源替代技术改变能源结构的作用有限。各能源的碳排放系数见下表（因水、风、电等能源的碳排放系数为零，所以不作为考虑对象）：

表 2－1 　　　　　　不同能源的碳排放系数（t/t 标准煤）

项目	煤炭	石油	天然气
转换系数	0.7476	0.5825	0.4435

（资料来源：国家发改委能源研究所、中国可持续发展能源及碳排放分析）

碳排放计算公式为：

$$Ct = \delta f Ef + \delta m Em + \delta n En \tag{2-1}$$

式子中，Ct 为碳排放量，Ef 为煤炭消耗标准煤量，δf 为煤炭消耗的碳排放转换系数；Em 为石油消耗标准煤量，δm 为石油消耗的碳排放转换系数；En 为天然气消耗标准煤量，δn 为天然气消耗的碳排放转换系数。

随着经济的发展和收入的增长，未来几年生活消费的能耗和排放仍将相应增长，主要的减排贡献在工业。减排目标是中国到 2020 年单位 GDP 的 CO_2 排放比 2005 年下降 40%～45%。2020 年工业对减排的贡献率分别为约 95.3%、94.8% 和 95.2%，如图 2－3 所示：

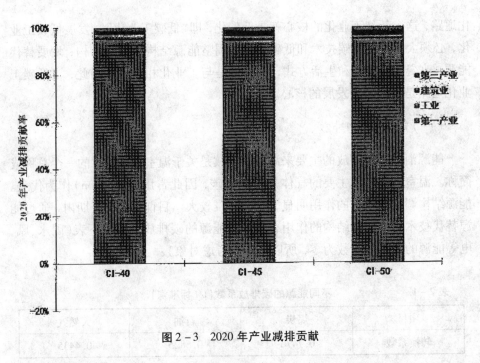

图 2 - 3　2020 年产业减排贡献

(二)碳足迹计算

碳足迹(Carbon Footprint)是指企业机构、活动、产品或个人通过交通运输、食品生产和消费以及各类生产过程等引起的温室气体排放的集合,通常定义为与一项活动以及产品的整个生命周期过程所直接或间接产生的二氧化碳和其他温室气体排放量,用来测量机构或个人因消耗能源而产生二氧化碳排放对环境影响的指标。通常所有温室气体排放用二氧化碳当量(CO_2e)来表示。碳足迹的计算方法通常有两种:第一种,利用生命周期评估(LCA)法(这种方法更准确也更具体);第二种是通过所使用的能源矿物燃料排放量计算(这种方法较一般)。

根据碳足迹的定义,按能源消耗分解,构建碳足迹的计算模型为:

$$CFP = \sum C_i = \sum \frac{C_i}{Y} \times Y \qquad (2-2)$$

式子中,CFP 为碳足迹,C_i 为第 i 种能源的碳排放量,Y 为国内生产总值(GDP);$\sum \frac{C_i}{Y}$ 中,C_i 为单位 GDP 的碳排放量。因此模型中参数可以进一步分解,GDP 可以分解为人口数量与人均 GDP 的乘积,单位 GDP 的碳排放量可分解为单位 GDP 的能源消耗量与单位能耗碳排放量之间的乘积。

（三）能源收敛特征

中国能源虽然总量不大，但是空间分布不均，大约80%的矿物燃料能源分布在北方。能源空间收敛系数主要用于反映资源的空间分布集中状态和特征。鉴于目前各类矿物燃料的能源空间分布都以国家或地区为单位的行政管理单元来计算，所以我们要反映矿物燃料的能源分布特征，不仅要考虑到国家或地区各类矿物燃料的能源数量，同样要考虑资源所在国家或地区的国土面积，这是能源空间收敛系数的基础。

能源空间收敛系数为：

$$SP = D/A \qquad\qquad (2-3)$$

其中，$D = RC/AC$；且 $RC = \left(\sum_{n=1}^{5} r_1, r_2, \cdots, r_n\right)/TC \cdot 100\%$；$AC = \left(\sum_{n=1}^{5} a_1, a_2, \cdots, a_n\right)/A \cdot 100\%$。SP 为矿物燃料能源的收敛系数比值；D 为能源空间收敛系数，A 为能源所在国家或地区国土面积，RC 为能源数量集中度，AC 为能源面积集中度，TC 为全球或国家矿物燃料能源总量，r 和 a 分别为所选择的具体矿物燃料矿种。通常情况下，进行此公式计算只选择全球或国家矿物燃料能源地的前5位或前10位，即 n = 5 或 n = 10。

三、加速中国低碳工业化

（一）制定低碳工业化发展规划

中国低碳工业化道路的实质是要通过低碳发展，跨过传统工业化道路的固有阶段，穿过碳排放的"高峰"，实现跨越式发展。中国是工业化的后来者，有机会创新本国的发展模式。中国作为发展中的国家，实现工业化从高碳向低碳的转型，可以通过有效的政策措施，吸收、引进和模仿发达国家成熟的低碳生产技术，从更高的起点切入，直接跳过传统工业的高碳发展阶段，以更小的资源环境代价获得更好更快的发展。中国的经济增长、能源消费和碳排放总量之间存在指数型耦合关系，如图2-4所示，三条曲线重合或平行，1953年到2009年（1952年不变价），中国能源消费总量和经济总量，分别增长了56倍和

72 倍，相应的碳排放总量增加了 55 倍。

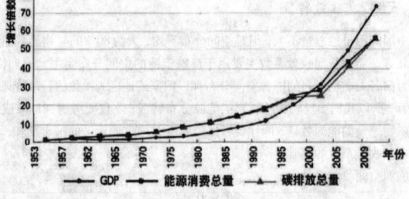

图 2－4　中国能源消费、碳排放与 GDP 增长过程变化

　　国务院发展研究中心产业研究部部长冯飞（2010）指出，要更好地实现强度减排，在中国当前的经济社会发展中需要五大支柱，其中第一大支柱就是低碳的新型工业化。不同碳强度政策目标的优化路径如图 2－5 所示，40%～45% 的碳强度下降目标下化石能源利用和工业过程排放 2015 年可控制在约 75～85 亿吨/年，2020 年可控制在约 90～100 亿吨/年。

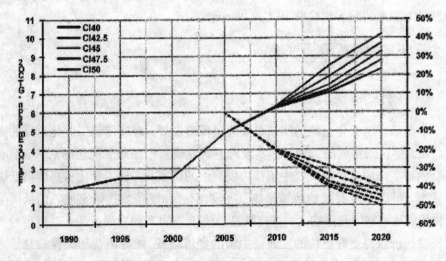

图 2－5　不同碳强度政策目标优化路径

（二）优化能源产业结构

新能源技术创新加快，能源转换效率显著提高。新能源进入规模化快速发展阶段，在新增能源供应中占有重要位置，逐步由补充能源提升为主力替代能源。过去的10年，光伏太阳能年均增长38%，风电年均增速达到28%。发展新能源被认为是同时解决金融危机和气候危机的战略性支点，主要国家加大了新能源领域的投入。

现有的79项重大工业能效技术（包括电力行业18项、钢铁行业11项、建材行业15项、石化行业17项、有色行业9项、纺织行业5项、造纸行业4项）的节能减排潜力分析表明，到2020年可累计形成年节能能力约4.56亿tce，相应的年CO_2减排能力超过12.2亿$t-CO_2$。如果所有高耗能工业可用的能效技术都能得到及时的推广应用，那么到2020年可累计形成的年节能能力约为6.5~7.5亿tce，相应的年CO_2减排能力约为17~19亿$t-CO_2$，如图2-6所示：

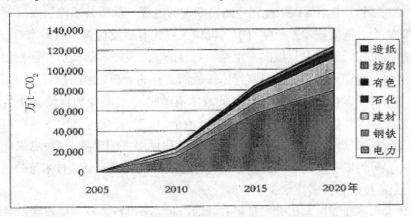

图2-6　79项重大工业节能技术推广应用的CO_2减排潜力

低碳工业化的两个支柱是高耗能行业和战略性新型产业。发展新能源产业可以通过三个途径促进低碳工业化进程：一是改造和升级传统产业，直接减少工业碳排放；二是通过发明创新新材料、新装备和新的信息通信手段，为传统产业的改造升级提供支撑；三是战略性新兴产业的发展将优化产业结构，提高增加值率，从而提高工业的碳生产率。新能源产业发展对低碳工业化的作用途径如图2-7所示：

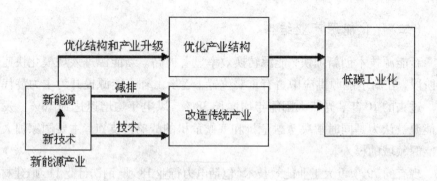

图 2-7 新能源产业发展对低碳工业化的作用途径

(三)促进低碳技术创新

尽管中国具备走低碳工业化的潜在优势和条件,但是当前和今后一个时期将处在重工业化和高速城镇化的重要阶段,劳动力密集和以煤为主要能源结构等现实,决定了中国低碳工业化道路是渐进的过程。低碳技术能引领能源利用方式的转变。低碳技术差距使得中国低碳工业化有后发优势。目前来看,中国与发达国家在低碳技术领域的差距是很明显的,低碳技术的模仿和创新仍有较大的潜力。碳管理就是针对温室气体排放而进行的管理,目的是减少产品和服务全寿命周期碳排放,并寻求以最低成本有效的方式减少和抵消碳排放的过程。低碳技术是指涉及电力、交通、建筑、冶金、化工、石化等部门以及在可再生能源及新能源、煤的清洁高效利用、油气资源和煤层气的勘探开发、二氧化碳捕获与埋存等领域开发的有效控制温室气体排放的新技术。低碳技术可分为减碳技术、无碳技术和去碳技术 3 个类型。

技术和提高能源利用效率是最有效的途径,最可行最有效的技术减排措施就是采取清洁生产等技术来提高能效,能效技术不仅减少能源利用、减少排放、提高成本效益,还能通过技术转移发挥更大潜力。中国的 CO_2 排放量在 2005 年为 5513Mt,国民生产总值为 184937.4 亿元,单位 GDP 的 CO_2 排放为 2.98 吨/万元。预计 2020 年中国的 GDP 将达到 646882.3 亿元,若保持单位 GDP 的 CO_2 排放不变,到 2020 年中国的 CO_2 排放量将达到 19285Mt,若达到单位 GDP 下降45%的目标,则 2020 年中国的碳排放总量应减少为 10728Mt,工业为碳强度减排的贡献为 94.8%,减排量为 8112Mt,如图 2-8 所示:

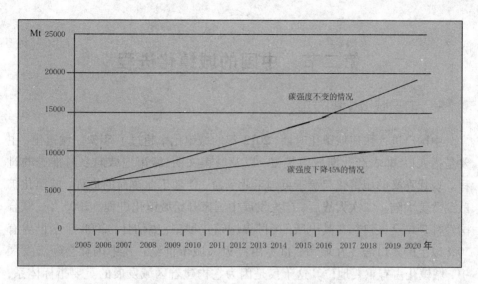

图 2 - 8　碳强度下降 45% 形成的减排量

　　低碳工业化的关键在于技术创新。低碳技术创新能够促进高碳产业结构向低碳产业结构的升级和优化，高碳产业结构向低碳产业结构转变之路就是低碳工业化道路。而实现低碳工业化的突破口在于提升自主创新能力，建立低碳技术自主创新体系，进一步强化低碳技术创新的市场环境，并加大人才培养力度，提高相关领域技术开发和创新能力；加强低碳技术创新领域国际合作，充分吸取国际先进技术成果，加快推进中国低碳技术创新。事实证明，要使主要依靠化石能源消耗的现有高碳产业体系向主要依靠科技进步与管理创新的低碳产业体系转变，必须大力提高自主创新能力，加快自主创新和结构调整，通过技术进步激发企业活力，提升产业核心竞争力，带动低碳工业化在高起点上迅速推进。因此走低碳工业化道路必须构建低碳技术创新体系，提升企业自主创新能力，促进产业技术进步升级，为转变经济发展方式与产业结构优化升级提供强有力的技术支撑。中国已经成为世界第二大经济体和最大能源消费国，低碳工业化是中国促进经济发展方式转变的主要途径。通过制定发展规划，把低碳工业化作为促进经济发展方式转变的主要途径。低碳工业化的根本基础是技术创新，促进低碳工业化的主要途径是改进低碳技术和优化能源结构，并以此来制定促进低碳工业化的政策，从而促进中国低碳工业化。

第二节　中国的城镇化进程

一、中国城镇化的发展

中国已进入快速城镇化时期，2012 年的城镇化率超过了50%。城镇化，主要是指人口、非农产业向城市集聚，以及城市文明、城市地域向乡村推进的过程。现代意义的城镇化起源于英国工业革命，伴随工业革命的进程，城镇化扩散到欧美大陆。二次大战后，广大发展中国家开始城镇化进程。2005 年，联合国经社理事会人口部在其出版的《世界城镇化展望》中估计，2008 年全世界有50% 以上的人口居住在城市，世界由此迈入城市世纪。在中国社会经济发展中，城镇化占有重要地位。这不仅是因为它构建着区域发展的重要指标体系，而且更为引人瞩目的是作为现代社会生产、生活方式的整合，城镇化将反映并影响着整个区域的社会经济发展进程，是社会现代化水平的标志。

在国际上城镇化水平是以居住在城市里的人口占总人口的比重来作为城镇化的统计指标来衡量的。发达国家的城镇化水平均在70% 以上，中等发达的发展中国家一般在50% 以上，落后的农业国通常不超过20%。城镇化水平是一个国家和地区经济是否发达的重要标志。界定城镇化指标，首先应当界定"城市"。国际上所说的城市实际上包括城镇。美国将 1 万以上人口的聚居地都称之为城市，有的国家还把标准降到5 千人，联合国的统计则以 2 万人口为界。

据世界银行的数据统计，在 1961 年已有部分发达国家的城镇化水平达到70% 以上，比如澳大利亚为81.9%，丹麦为74.36%，瑞典为73.42%，英国为78.28%，美国为70.38%，而当时中国等发展中国家的城镇化率则十分低下。而数据显示1961 年世界中等收入国家的城镇化水平仅为25.76% 左右，中国为16.4%，印度为18.08%，印度尼西亚为15.08%，韩国为28.64%，马来西亚为27.64%。而过了30 年直到1991 年，新加坡、澳大利亚、英国、卢森堡、丹麦、瑞典等发达国家城镇化水平已经达到了80% 以上。值得一提的是，在 20 世纪60 年代和我国城镇化水平相当的国家，已经有不少在 90 年代达到了一个较为良好的高度。截至2011 年，在 21 世纪开始的第一个 10 年里，世界的城镇化水平总体呈增长态势，发达国家总体稳定在80% 以上，少数国家达到了90% 以上，如英国达到90.1%，阿根廷达到92.4%，其他一些和我国水平相当的发展中国家和一些新兴工业化国家的城镇化水平则基本达到50%～70%。而2012年，中国的城镇化水平才达到52.57%。

总体上看，中国城镇化进程呈现出不断加快发展的基本态势，大致经历了以下三个阶段：

（一）新中国成立到改革开放前的缓慢起步阶段（1949～1978 年）

新中国成立初城镇化水平只有10.64%，经历了三年恢复和"一五"时期平稳发展、大起大落的"大跃进"与调整时期以及"文革"、"三线"建设的停滞发展等阶段，到1978年我国城镇化水平只提高到17.92%。这与我国选择的重化工业化道路、急于求成的政策以及城镇化水平起点低等因素有关。这一时期重点建设城市，"一五"时期除北京外有工业建设重点城市如太原、包头、西安、武汉、大同、成都和洛阳等7座，重点扩建城市如鞍山、沈阳、吉林、长春、哈尔滨等20多座，局部扩建城市如南京、济南、杭州、昆明、唐山等15座左右；"三线"建设时期有十堰、成都、兰州、宝鸡、西宁、汉中，如表2－2所示：

表2－2　　　　　　　　　　1949～1978 年我国城镇化进程

年份	全国总人口 （年末、万人）	城镇人口 （万人）	城镇化率 （%）
1949	54167	5765	10.64
1950	55196	6169	11.18
1955	61465	8285	13.48
1960	66207	13073	19.75
1965	72538	13045	17.98
1970	82992	14424	17.38
1975	92420	16030	17.34
1977	94974	16669	17.55
1978	96259	17245	17.92

（2013 中国统计年鉴）

（二）改革开放以来到 20 世纪末的加速发展阶段（1978～2000 年）

1978～2000 年城镇化水平由 17.92% 上升到 36.22%，年均增加 0.83 百分点，增加迅速。这一时期我国城镇化进程明显加快，首先是因为明确了以经济建设为中心工作重心的转变，其次是将我国工业化战略由重化工业化转变为符合我国经济发展阶段的以轻纺工业为重点的工业化战略，再次是大力实施了城市中心带动区域发展战略以及向沿海倾斜的区域发展战略。沿海大城市成为城市建设的重点，同时沿海地区还涌现出众多的中小城市和小城镇，典型代表有石狮、东莞、昆山等，如表 2－3 所示：

表 2－3　　　　　　　　1978～2000 年我国城镇化进程

年份	全国总人口 （年末、万人）	城镇人口 （万人）	城镇化率 （%）
1978	96259	17245	17.92
1980	98705	19140	19.39
1985	105851	25094	23.71
1990	114333	30195	26.41
1995	121121	35174	29.04
1997	123626	39449	31.91
1999	125786	43748	34.78
2000	126743	45906	36.22

（2013 中国统计年鉴）

（三）21 世纪以来的快速发展阶段（2000～2012 年）

2000～2012 年我国城镇化正式制定了加速城镇化发展的总体战略，经历了小城镇规模扩张时期、城镇群发展时期等阶段，城镇化水平由 2000 年的 36.22% 上升到 2012 年的 52.57%，速度进一步加快。城镇建设重点是区位条件较好的建制镇，大城市附近的新城区，如天津滨海新区、郑东新区、沈北新区等，城镇规模扩大，城镇之间交往密度增加，分工协作的城镇群逐步形成，如表 2－4 所示：

表 2 - 4   2001 ~ 2012 年我国城镇化进程

年份	全国总人口 （年末，万人）	城镇人口 （万人）	城镇化率 （%）
2000	126743	45906	36.22
2001	127627	48064	37.66
2003	129227	52376	40.53
2005	130756	56212	42.99
2007	132129	60633	45.89
2009	133450	64512	48.34
2010	134091	66978	49.95
2011	134735	69079	51.27
2012	135404	71182	52.57

（2013 中国统计年鉴）

二、城镇化与工业化的关系

城镇化是世界各国走向工业化、现代化过程的必然结果，城镇化是工业化的产物。由于工业的发展，出现了企业的聚集效应，即工业企业聚集在一起，有利于企业之间的分工与协作，有利于共同使用给排水、供电和交通通讯设施，从而节省投资和费用，同时也有利于建立社会化的住宅、生活、教育、卫生、商业、金融等服务，有利于减少原辅材料的储备，提高资金周转速度。通过实践发现，城市和城镇是在工业聚集的驱动下发展起来的。与此同时，人口的集中又导致第一产业的发展，人多的地方好赚钱，第三产业又进一步推动了城市的繁荣。于是城市越来越多，越来越大，从而形成伴随着现代化进程的城镇化进程。城镇化又起了推动工业化、现代化的作用。改革开放以来，中国的城镇化发展迅速，特别是东部沿海地区，城市和城镇的建设进步显著，城镇常住人口也有显著增长。但是，中国的城镇化进程仍然落后于经济发展的进程。

城镇化是一个内涵十分丰富的概念，是指变传统落后的乡村社会为现代先进的城市社会的自然历史过程。城镇化的历史不等于城市发展史，人类至今已有 9000 年的城市发展史，而城镇化的历史却开始于工业化。工业化是指机器大工业在国民经济中占统抬地位的过程，它本质上是指一国由落后的农业生产力向先进的工业生产力的飞跃。工业化必然带来资源在空间配置上的变化，从农业流向工业，从乡村流向城市，导致城镇化。城镇化与工业化有着内在的、本质的联系。一方面，工业化推动城镇化。工业化引发城镇化的进程。工业化的不同阶段还决定着城镇化发展的不同阶段，城镇化的过程可明显地分为两个阶段，集中化阶段与市效分散化阶段。城镇化发展的阶段与工业化发展的阶段有着很大的同步性；另一方面，城镇化又保障、促进工业化。由于人口高度聚集适应了工业对豪集效益的要求。总之，城镇化是工业化过程中资源配置变化的必然产物，而城镇化又有利于资源的有效利用。

理想的城镇化模式是工业化与城镇化同步推进、协调发展。从城镇化的发展历史来看，工业化是城镇化的基础，没有工业化就没有城镇化，同时，城镇化对工业化也具有重要的反作用，没有城镇化的发展，工业化的发展也会受到制约。钱纳里通过对世界上多个国家的研究，提出了常态发展状况下，城镇化与工业化的一般关系，即在一般情况下，城镇化率应大幅高于工业化率，而中国的城镇化率长期以来一直大大低于工业化率，尽管总体趋势是上升的，但二者的比值不仅仍然明显低于钱纳里总结出的"一般关系"，而且也大大低于美国、日本等发达国家和巴西、印度和俄罗斯等国家，如图2-9所示：

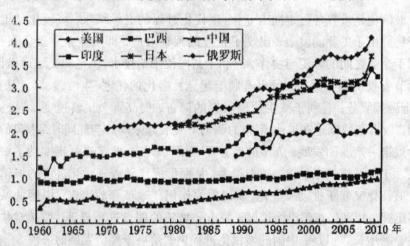

图2-9 城镇化率与工业化率之比

新型工业化与城镇化发展互相促进，互相依赖，共同促进构成区域经济发展的主要动力。中国新一轮产业结构转型将成为新时期促进城镇化进程的主要力量，没有新型工业化就没有城镇化。新型工业化与城镇化二者的互动机制如

图 2 - 10 所示：

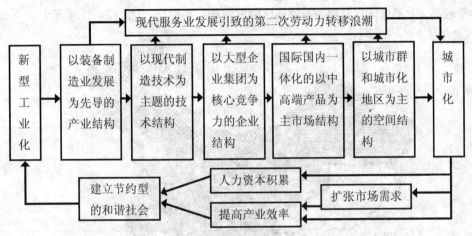

图 2 - 10　中国新型工业化与城镇化的互动机制

三、中国城镇化的特点

1949 年后，中国曾经历了曲折的城镇化进程。直至 1979 年实施改革开放政策，城镇化才步入正常的发展轨道。

(一)城镇化速度快、规模大，半城镇化现象明显

1980 年我国的城镇化率仅为 19.39%，远落后于世界平均的城镇化水平。1990 年，我国的城镇化率达到 26.44%，2010 年城镇化率上升到 49.95%。二十年内中国城镇化率提高了 23.5 个百分点，年均增加一个百分点以上，城镇人口净增 3.69 亿。如此大规模、快速的城镇化现象在世界上很少见，与政府主导城镇化进程密切相关。新增城镇人口除城镇人口的自然增长和机械增长外，主要来自农村，其中又可分为两部分，一部分为就地转化的农民，但大部分是来自农村的流动人口。

(二)城镇化水平的省际差异显著

我国地域广大，各地经济发展水平历来存在较大差异。1990 年以来，沿海地区利用有利的区位条件和人文环境，率先融入经济全球化的进程。由于沿海地区经济的高速增长吸引了中西部地区的大量农村人口，使其城镇化速度大大加快，

并导致城镇化水平的省际差异比较显著。总的趋势是，东部沿海地区的城镇化水平较高，中部地区居其次，西部地区的城镇化水平最低。如图 2－11 所示：

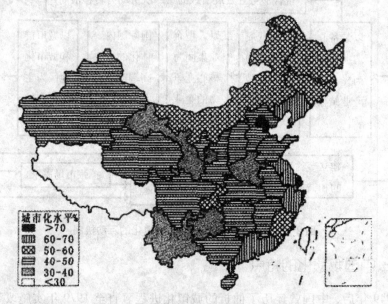

城市化水平%
■ ＞70
▥ 60－70
▨ 50－60
▤ 40－50
▧ 30－40
□ ＜30

图 2－11　2010 年城镇化水平的省际差异

（三）都市化现象已经显现，城市群成为国家经济的核心地区

在世界各国的城镇化进程中，一个普遍趋势是大城市发展速度更快。因为城市本身就是集聚经济的产物，而大城市的集聚经济效益更明显。但长期以来，中国一直实施控制大城市的政策，1989 年公布的《城市规划法》还把控制大城市规模作为首要的城市发展政策。中国是人口众多、人均资源有限的国家，在城镇化过程中更要充分发挥集聚经济的效益。中国的快速城镇化已导致大量大城市的出现，若建立都市区的界定标准，其人口规模可以更好地反映城市实际的人口规模。2000 年，中国大陆已有，117 个 50 万人以上的都市区，人口1.99亿，占全国总人口的 16.1％，如表 2－5 所示：

表 2-5　　　　　中国大都市区等级规模分布(2000 年)

大都市区等级规模	全国	东部	中部	西部
Ⅰ级　≥500 万	8	7	1	0
Ⅱ级　200~500 万	18	8	5	5
Ⅲ级　100~200 万	29	17	7	5
Ⅳ级　50~100 万	62	28	24	10
总计	117	60	37	20

四、加快中国城镇化进程

随着中国城镇化和经济发展进入新的历史时期,中国的城镇化和经济发展正面临着改变现有粗放型的经济发展方式,走集约型城镇化道路的内在需要。在城镇化进程上,根据中国国情,必须遵循科学发展观的要求,走集约型城镇化的模式,坚持以大城市为主导、大、中城市为主体,小城市和小城镇为基础、布局集中、城镇密集、用地节约的城镇化之路。

(一)加快中国城镇化的战略选择

1.城镇化的核心任务

城镇化在本质上是自由和权利保障的函数。因为自由及其权利保障的发展,才显示积聚效果,才有城市文明,才有城市形态的物理外观。目前,中国城镇化的核心任务是:

(1)科学规划,因地制宜,不能盲目新建和扩建居民点,切实节约土地。

(2)建立、完善社会养老体系,解决居民生活必需的物质和精神需求,缩小城乡差别,使农村居民享有和城市居民同等的基础生活条件。要保障农村居民基本的生活必需品,主要包括:第一,喝上安全水。第二,解决农村下水、污水处理问题。第三,垃圾处理。第四,环境卫生问题。要制定农村垃圾堆放、处理方案,营造清洁生存环境。

2.城镇化发展障碍

(1)土地问题。土地问题是城镇化过程要解决的主要问题。西方国家的城镇化是从"圈地运动"到工业化,再到城镇化。而中国改革三十多年一直实行人民公社时期的土地政策,显然不能适应现阶段生产关系。土地政策是目前制约

"三农"问题的制度性障碍。土地问题不解决，农民利用土地、经营土地的热情调动不起来，城镇化推进速度就要大打折扣。

（2）户籍制度。中国的户籍制度实际上是等级化城镇管理模式。拥有某一城市的户籍，就等于拥有享受这一城市公共资源的权利。城乡差距和地区差距从某种程度上就是户籍制度限制公共资源流动的结果。并且，户籍制度造成城市间行政地位不平等，公共资源管理和分配不平等，使资源更多地流向行政等级较高的城市。

（二）加快中国城镇化的建议策略

1.积极发挥政府的引领和调控作用，以加快城镇化进程

政府一方面作为国家的行政主体，另一方面作为国有资产的所有者，在加快城镇化进程中的作用重要且独特。充分发挥政府部门的领导指导、监察监督、管理和调控作用，走科学化发展道路，坚持可持续发展原则，引导城镇化进程的正确方向和合理速度，加速城镇化的进程。

2.加快工业化中制造业及第三产业的进程，促进城镇化的发展

1975年，经济学家钱纳里和赛尔奎因在研究各个国家经济结构转变的趋势时，曾概括了工业化与城镇化关系的一般变动模式，即随着人均收入水平的上升，工业化的演进导致产业结构的转变，从而带动了城镇化程度的提高，也就是说工业化与城镇化具有一致性。制造业的蓬勃发展为促进我国的城镇化进程带来了有利的因素，为提高中国的城镇化水平，大力发展中国具有比较优势的劳动密集型制造业具有意义。

3.注意城镇化的可持续发展

在加快城镇化进程，发展经济的同时，要注意政治、经济、社会、环境和文化的协同发展，注意城市长期的可持续发展。注意对资源和能源的保护与开发，加强并健全对城市的管理，协调城市管理和规划，从而实现城市的可持续发展。

4.加快和完善城市的硬件建设

基础设施是城市以存在和发展的硬件，在中国城镇化快速推进的过程中，基础设施建设任务重大，投资需求很大。为了妥善解决未来城市的基础设施投资的需求，并有效控制风险，根本出路在改革，包括加快市政公用企业改革，以及市政公用事业价格形成机制，并在此基础上探索国际上通行的发行市政债

券,资产证券化,基础实施投资基金等融资模式创新。

5.要强化城市规划和城市管理

城市和城镇的发展要高起点地制定好规划,计划预留好道路和公共设施,充分考虑到城市、城镇的布局、环境和绿化。规划要有长远的眼光,至少以后的三十年内不会太落后。城市和城镇按规划发展,更要严格城市管理。交通、工商、市容、绿化、广告、卫生、三废排放、垃圾处理等等,都要加强管理,城市才能成为文明的象征。这里既要有管理的队伍,也要有管理的费用,更要有市民的绿色文明意识观念的建立和培养。

第三节 中国特色的新型城镇化

2013年3月8日,习近平在参加十二届全国人大一次会议江苏代表团审议时指出,要积极稳妥推进城镇化,推动城镇化向质量提升转变,做到工业化和城镇化良性互动、城镇化和农业现代化相互协调。10日,习近平在参加广西代表团讨论时要求广西加快转变经济发展方式,推进新型工业化、城镇化,提高经济社会发展质量和水平。习近平表示,新型城镇化慢不得,也快不得。显然,新型城镇化的节奏是一个非常重要的问题。

2013年5月6日,李克强在国务院常务会议上指出,围绕提高城镇化质量、推进人的城镇化,研究新型城镇化中长期发展规划。5月23日,李克强在瑞士《新苏黎世报》发表题为《为什么选择瑞士》的署名文章指出,中国正在积极稳妥地推进城镇化,数亿农民转化为城镇人口会释放更大的市场需求。2013年9月初,李克强专门邀请两院院士及有关专家到中南海,听取城镇化研究报告并与他们进行座谈。李克强最后说,城镇化是一个复杂的系统工程,必须广泛听取意见建议,科学论证,周密谋划,使实际工作趋利避害。

一、国外城镇化经验借鉴

(一)日本的城镇化:社会资源平等分配

上世纪经济高速增长导致日本急剧城市化,造成交通不力、住房不足、公害和犯罪等社会问题。日本政府通过有效措施,不但有效引导农村人口和谐融入城市,而且有效医治了"城市病"。

1.大力发展都市圈

为了减缓城市人口压力,日本从上世纪50年代到80年代,在东京、大阪等大城市积极发展都市圈,在郊外建立新城,形成了东京城市圈的多摩新城、大阪城市圈的千里新城、名古屋城市圈的高藏寺新城等。由于便利的交通,很多上班族更愿意居住在七八十里外的新城。

2.平衡城乡差异

要解决大城市的问题,简单地从大城市内部解决是不够的,要发展小城镇和缩小城乡差距,积极建设城镇和农村。首先,从上世纪50年代末开始日本就开始限制工厂过度集中在大城市。其次,缩小地区和产业间收入差距。实现农业现代化,开发经济落后地区,实现农业与非农业间、大企业与中小企业间、地区间以及收入阶层间存在的收入差距,实现各阶层间生活收入均衡发展。

3.工业反哺农业

工业化和城市化造成农业人口减少和高龄化,同时也使日本政府有足够的实力反哺农业。日本土地少,农业成本高,政府通过法律提高农业科技普及率,国家农业机构无偿向农民提供大量科技成果,推动了粮食和蔬菜品种改良和产值水平上升,提高了农民收人和农业竞争力。

(二)欧洲城镇化:市场主导,因地制宜

欧洲城镇化发展过程中,市场机制对人口、土地、资本等经济要素自由流动和配置发挥了主导作用,为现代工业文明打下了基础。城镇化既是经济发展的必然结果,又是推动经济发展的动力。

1.英国城镇化:按市场规律办事

英国的城镇化建设是在乡村工业发展的基础上建立起来的,很多城镇最早就是工业化村庄。所以,在英国的很多地方,城市和乡村都是融为一体的,很难将城市和乡村严格地区分开来。首先,政府的主要作用是规划和立法。早在1866年,英国就通过了《环境卫生法》,为政府治理城市环境卫生提供法律依据。此后,英国制定了一系列与城市公共卫生、治安管理和贫民救济有关的法律,使政府的城市管理与公共服务工作有法可依。1947年英国颁布实施了《城镇和乡村规划法》,第一次在法律上将城乡纳入一体进行统筹规划与建设。早在1935年,伦敦就通过了"绿带开发限制法案",由伦敦郡政府收购土地作为

"绿化隔离带"，引导城市建设开发，减少乡村环境和利益的损害。其次，通过都市带或卫星城治理"城市病"。20世纪上半叶，随着两次世界大战和战后经济大萧条的出现，伦敦等大城市交通、环境、社会和住房问题日益恶化，形成了日趋严重的"城市病"。针对这些问题，英国的伦敦、伯明翰、利物浦政府通过建立"城市开发公司"和"企业特区"等形式，以及将城市发展政策的重点，由地区中心城市转为中小城市和中心城市的卫星城，专门设立"城市整治基金"等进一步加强对城市发展的支持，通过城市发展和管理政策的调整，逐步形成了大、中、小城市和小城镇有序分层发展的格局。第三，城乡一体化。英国铁路网络密集，轨道交通普及、方便、准时，把数目众多的乡村小镇和城市中心区串在一起；高速公路不收费、不设关口，正常情况下畅行无阻。便捷的交通使得中小城镇成为不少人居住的选择。四通八达的高速公路网络和便利的铁路交通系统使城镇化成为可能。第四，绿色可持续发展。根据英国政府规划，很多小城镇住宅高度不得高于树高，商业用房（包括办公楼）一般不高于六层。建成一个城镇容易，但让其进入可持续发展的轨道却是一大难题。英国政府设立了绿色投行，为经济绿色化提供资金，鼓励企业及个人为可持续发展作出贡献。

2. 德国城镇化：建设中小城镇

德意志帝国建立之前，德国是由38个各自为政的小邦国组成。由于这些邦国都有各自的政治、经济中心城市，小城镇成为德国城市化发展重点。德国城市化建设遵循"小的即是美"的原则。德国的小城镇虽然规模不大，但基础设施完善，城镇功能明确，经济异常发达。德国很少将一个城市发展为支配性中心城市，而是形成若干功能互补的多级城市群。德国有11个大都市圈，包括莱茵—鲁尔区、柏林勃兰登堡、法兰克福区、莱茵美茵区、斯图加特区、慕尼黑区、大汉堡区等。这11个大都市圈分布在德国各地，聚集着德国70%的人口，并解决了国内70%的就业。例如，以生产煤和钢铁而著称的"鲁尔工业区"，它包括了科隆、杜塞尔多夫、杜伊斯堡、埃森、多德蒙德5个人口在50万以上的城市。这些城市间距一般相隔几十公里，便捷的铁路公路交通和通讯设施把它们联系在一起，形成了一种多极的城市区域。再如，"莱茵—美茵"都市圈有多个中心城市，但这几年来，人口逐步向几大城市之外的小城镇和乡村腹地转移，以致法兰克福城市中心的常住人口逐年减少。法兰克福虽是一个国际化的城市，但它只是一个国际金融中心，而不是这个区域的支配性中心。德国城镇化建设十分重视规划指导和协调作用，其城镇规划不仅强调功能完整、布局合理，而且对交通、通讯、排污等公共设施建设注重长远性和前瞻性。由于非常发达的公路交通网络和便捷的城乡公交系统，许多人居住、生活在小城镇，而工作在其他地方，形成"分散化、集中型"城市布局，大大减少了人口大量转移和高度集中对中心城市的压力。两德统一后，德国首都移至柏林，该城市面临巨大的人口和土地开发压力。柏林市与相邻的勃兰登堡州一起，实施了"区域行动"发展战略，在柏林市周边以"区域自然公园"的名义投资建设了一个总面积达2 866平方公里的远郊区，60万人分散居住在138个小城镇，大大缓解了柏林的压力。

3.法国城镇化:农业现代化

法国城市化进程远落后于英国和美国。法国小农经济势力较强，工业化进展较慢，而且工厂主要集中在巴黎、里昂、波尔多和马赛等传统政治中心城市。二战后，法国的城市化是通过提高农业生产率，解放农村劳动力，推动农村人口进入城市实现的。首先，欧洲一体化体系的建立，欧洲内部分工协作程度不断提高，法国在这种分工中受益匪浅;其次，法国建立的全民保障系统将农业人口纳入福利保障体系，社会保险和养老保险也逐渐将农民纳入其中;第三，农业集约化。城市化和农业人口下降伴随着法国农业现代化的加速，现代化农场不断出现。在农场的发展过程中，一方面是政府贷款支持，另一方面也非常重要的是农业专门人才的出现。政府鼓励农业研究所、培训机构进行农业知识培训，法国还建立了专门的农业学校。法国政府非常重视农业，坚决贯彻执行欧盟内部几十年来一直实行的共同农业政策，给予农业很高的补贴。同时，通过培训，法国年轻人认识到农业是一个非常有希望的产业。毕竟人人都要吃饭，农业有很大的市场需求。比较分析如表2-6所示:

表2-6　　　　　　　国外城镇化经验比较分析表

国家	经验	实施路径
日本的城镇化	社会资源平等分配	大力发展都市圈、平衡城乡差异、工业反哺农业
英国城镇化	按市场规律办事	政府规划和立法，通过都市带或卫星城治理"城市病"，城乡一体化
德国城镇化	建设中小城镇	形成若干功能互补的多级城市群
法国城镇化	农业现代化	分工协作程度不断提高，将农业人口纳入福利保障体系，农业集约化

二、新型城镇化发展的必然性

新型城镇化是经济社会发展的必然趋势，也是工业化、现代化的重要标志。积极稳妥地推进中国特色的新型城镇化，是全面建成小康社会、发展中国特色社会主义事业的主要战略之一。当前，中国城镇化已经进入一个重要的战略转型期。

（一）城镇化速度由加速向减速转变

一般认为，30%～70%的区间属于城镇化的快速推进阶段，其中，30%～50%的区间为加速时期，50%～70%的区间为减速时期。1995年以来，工业化带动城镇化高速发展，大城市扩展迅速，城市集群程度越来越高，城镇化急进式的发展现象显现。未来中国城镇化将进入减速时期，城镇化推进的速度将会逐渐放慢。从中长期看，未来中国城镇化预计年均提高幅度将保持在0.8～1.0个百分点，不会继续保持1996年以来的加速增长态势。据此测算，到2015年，中国的城镇化水平将超过55%；到2020年，将达到60%左右。由于发展水平和阶段的差异，全国东、中、西及东北四大区域中东部和东北地区已进入减速期，而中西部地区仍将处于加速期。

（二）由速度型向质量型转变

现阶段中国城镇化的基本特点是速度快、质量低，城镇化速度与质量严重不协调。城镇化应包括两个层次的问题：现有城市经过改造更新的"再城镇化"过程；农村地区的城镇化。但是，我们的"再城镇化"过程中，公共基础设施建设的改善与提高没有及时跟进；农村地区的城镇化成了片面追求人口数量的城镇化。在今后较长一段时期内，尽管中国城镇化仍将处于较快推进时期，但主要矛盾已经转移至如何提高城镇化质量上来。为此，要坚持速度与质量并重，要走工业化、信息化、城镇化、农业现代化同步发展的路子，促进城乡共享融合和一体化进程，构建新型的城乡关系。

（三）由不完全城镇化向完全城镇化转变

由于进城农民市民化程度低，中国的城镇化具有不完全性。要促使这种不完全城镇化向完全城镇化转变，关键在于提高农民市民化程度。农民市民化不仅仅是一部分社会阶层向另一部分社会阶层的过渡，不是户口的"农转非"。而是一个地区社会进步的集中体现，包含着丰富的经济内涵和深刻的社会机理，要求赋予农民享有与城市居民平等的经济和现代文明的权益，消除城乡居民经济利益的不平等。农民市民化的完成，应以农民与城市市民有着共同的文化价值观认同、生活习惯、政治参与意识，没有心理隔阂，农民可以参与城市的各种政治、经济、文化生活为标志，或者说是就地城市化。

三、中国新型城镇化的本质

（一）新型城镇化是"四化"同步发展的城镇化

这是党的十八大提出的明确要求，是科学发展观在城镇化方面的具体体现，是我们作为一个发展中大国跨越"中等收入陷阱"的实际需要。只有推动"四化"同步发展的城镇化，才能够有利于国家的长治久安，有利于和谐社会建设，有利于解决基层老百姓最关心的就业、收入、居住等实际问题。这是一种统筹协调的思想，需要系统推进，不可随意偏废。

（二）新型城镇化是"向质量提升转变"的城镇化

这是党的十八大提出的全面建成小康社会目标的主要要求之一。新型城镇化不再是过去简单的城市人口比例增加和城市建成区面积的扩张，更重要的是实现经济结构、产业结构、就业方式、人居环境、社会保障等一系列由"乡村"到"城镇"实质性的转变。习近平明确强调，推进城镇化过快过慢都不行，"要推动城镇化向质量提升转变"，"稳步推进城镇化健康发展"。

（三）新型城镇化是"以人为核心"的城镇化

以人为本是科学发展观的核心立场，也是推进新型城镇化必须坚持的基本原则，李克强多次明确强调"以人为核心"的城镇化，不少外国专家也给我们多次提这样的建议。自 2013 年 3 月以来，国务院常务会议均强调，研究新型城镇化中长期发展规划，要围绕提高城镇化质量、推进人的城镇化。而人的城镇化，受现有的体制机制等各个方面的制约，是很多需要融入城镇的居民最关心的问题之一，也是我们下一步改革攻坚的难点之一。

（四）新型城镇化是集约、智能、绿色、低碳的城镇化

自从 2012 年 12 月中央经济工作会议提出这个科学命题之后，迅速得到了社会各界的广泛重视和认可。这是集我们的基本国情与当代世界城镇化最新潮流为一体的科学理念，是我们日益紧张的环境污染形势"倒逼"我们必须作出的历史性选择，现代信息技术的高速发展为我们提供了这种可能性，它是我们未来从长计议推进新型城镇化的明确目标，需要我们在科学、技术、管理、法制等方面做深入细致的工作，逐步探索切实可行的基本理论与方法。国务院已经批复郑州建设智能绿色现代航空都市，实践探索工作已经起步。

（五）新型城镇化是城乡一体化的城镇化

城乡一体化，是发达国家走过的而且非常成熟的城镇化之路，对我们这样一个地域广阔、民族众多、区域差异显著、城乡二元结构突出、正在跨越"中等收入陷阱"阶段的国家来说，推动更多的社会资源向社会弱势群体、弱势地区、弱势行业倾斜，促进城乡公共服务和公共基础设施均等化显得特别迫切和重要。只有逐步实现城乡一体化，才能够在体制上克服"大城市病"，促进大中小城市和小城镇均衡发展，使全国各地都能够逐步实现建设美丽家园的梦想。

（六）新型城镇化是有"中国特色"的城镇化

所谓中国特色的城镇化，就是全国一盘棋的城镇化，就是在国家主体功能区规划指导下的城镇化，就是充分考虑中国国情的城镇化，就是世界规模最大、影响最深、涉及问题最复杂、推进速度比较快、能够体现中国不同区域文化特点的城镇化。所以，对于发达国家所创造的多种城镇化模式，我们需要认真学习与借鉴，但是任何国家城镇化的经验与做法我们都不能够照搬，更不能盲目抄袭，我们新型城镇化所面临的特殊性是任何国家都无法比拟的，必须坚定不移走我们自己的新型城镇化道路，持续创新具有中国特色的城镇规划理念、建设方式、管理模式、推进机制等等。

四、基于生态文明的新型城镇化

(一)生态文明同新型城镇化之间的内涵及关系

任何一件事物都具有正负两个方面的影响力,城镇化也同样如此。尽管城镇化的作用力十分巨大,但同时存在着正效应与负效应,针对其正效应方面,应鼓励加冕,而面对负效应方面,应采取相关措施予以限制,而最有效的方式即为基于生态文明的新型城镇化。城镇化需要不断的推进,同时也应该协调创建生态文明,确保新型城镇化在建设与发展的规模、速度以及强度方面都能适应于生态环境的实际承载力,实现生态环境当中发展新型城镇化目标。若要实现生态文明同城镇化之间的和谐共处与协调发展,必须对社会资源、社会环境以及人口进行整体、合理的规划,促使生态文明功能与城镇化功能发挥到极致,而其整体功能也能得以有效的彰显。同时,还能在功能方面、时间方面以及发展速度方面促使生态文明同城镇化之间的相互协调、相互促进和共存。针对生态文明同新型城镇化之间的关系,通常体现在四个方面。第一,生态文明同新型城镇化之间具有同存亡的关系,两者必须进行同步建设才能实现新型发展目标;第二,生态文明能够在很大程度上推动新型城镇化朝着高质量、高规格、可持续性的目标发展;第三,两者之间实现协调发展就能够使城乡发展进程中所遇的问题迎刃而解,成为解决这些问题的重要保障;第四,生态文明实际上是发展的最终目的,而新型城镇化却是达到这个目标的手段及工具,新型城镇化能为生态文明提供服务。

(二)新型城镇化需要生态文明建设

新型城镇化,"新"在发展理念和方式。集约、智能、绿色、低碳,应该贯彻到城镇化的生态文明过程与行动上。首先要改变的是人的观念、体制和行为。应该在思维模式和理念上实现从工业文明向生态文明的转变,应将生态文明建设内化为政府部门与公众共同的认知与行动,实现集约发展与绿色发展。要积极利用信息化手段大力普及生态文明知识,加强对生态环境保护重要性的引导,激发公众树立起敬畏、尊重和自觉保护自然的意识,倡导公众形成符合生态文明要求的工作学习方式和生活方式。

十八大报告指出要建设生态文明,是关系人民生活、关系民族未来的长远大计。面对资源约束趋紧、环境污染严重、生态系统退化的严峻形势，必须树立尊重自然、顺应自然、保护自然的生态文明理念，把生态文明建设放在突出地位，融入经济建设、政治建设、文化建设、社会建设各方面和全过程，努力建设美丽中国，实现中华民族永续发展。生态文明是人类文明发展的一个新的阶段，即工业文明之后的文明形态；生态文明是人类遵循人、自然、社会和谐发展这一客观规律而取得的物质与精神成果的总和；生态文明是以人与自然、人与人、人与社会和谐共生、良性循环、全面发展、持续繁荣为基本宗旨的社会形态。从人与自然和谐的角度，吸收十八大成果的定义是：生态文明是人类为保护和建设美好生态环境而取得的物质成果、精神成果和制度成果的总和，是贯穿于经济建设、政治建设、文化建设、社会建设全过程和各方面的系统工程，反映了一个社会的文明进步状态。所谓生态文明，是人类文明的一种形式。它以尊重和维护生态环境为主旨，以可持续发展为根据，以未来人类的继续发展为着眼点。

建设生态文明必须以科学发展观为指导，从思想意识上实现三大转变：必须从传统的"向自然宣战"、"征服自然"等理念，向树立"人与自然和谐相处"的理念转变；必须从粗放型的以过度消耗资源、破坏环境为代价的增长模式，向增强可持续发展能力、实现经济社会又好又快发展的模式转变；必须从把增长简单地等同于发展的观念、重物轻人的发展观念，向以人的全面发展为核心的发展理念转变。还要正确处理建设生态文明与推进新型工业化的关系。在工业化的进程中，绝不能重蹈先污染后治理的老路，必须走科技含量高、经济效益好、资源消耗低、环境污染少、人力资源得到充分发挥的新型工业化道路。要坚决克服因追求产值而忽视环境保护，导致对资源过度开发和浪费的现象。要转变经济发展方式，大力调整产业结构，努力降低资源消耗，加强环境保护，充分挖掘人力资源，使生态文明成为经济发展的不竭动力，实现永续发展。

（三）新型城镇化建设中的生态文明理念

近十年来，我国城镇化率大约每年提高 1 个百分点，城镇人口以每年 2000 万人的速度递增，到 2020 年，我国城镇化率将达到 60% 左右，城镇常住人口为 8.5 亿人，城镇人口净增 1.2 亿人。在越来越多的老百姓享受到推进新型城镇化建设成果的同时，也必然面临着前所未有的生态高负荷期。因此，将生态文明理念和原则全面融入城镇化建设的全过程，走集约、智能、绿色、低碳的新型城镇化道路刻不容缓。城镇化是农村人口不断向城镇转移，二、三产业不断向城镇聚集，社会从传统农业向工业化、现代化过程迈进的自然历史过程。生态文明作为一种理念，从人与自然关系的角度来反映人类文明的程度，强调人与自然环境的相互依存、相互促进、共处共融，主张建设以资源环境承载力为基础，以自然规律为准则，以可持续发展为目标的资源节约型、环境友好型社会。党的十八届三中全会站在"五位一体"总体布局的战略高度，提出要加快生态文明制度建设。中央城镇化工作会议要求，根据资源环境承载能力构建科学合理的城镇化布局。既提出"城镇建设要体现尊重自然、顺应自然、天人合一的理念，依托现有山水脉络等独特风光，让城市融入大自然，让居民望得见山、看得见水、记得住乡愁"，也明确"要注意保留村庄原始风貌，慎砍树、不填湖、少拆房，尽可能在原有村庄形态上改善居民生活条件"。目前，我国经济增长进入"换挡期"，经济发展进入"转型期"，新型城镇化成为我国新一轮经济持续平稳增长的新引擎，将生态文明理念融入新型城镇化建设的全过程，是中国特色新型城镇化建设、缓解资源环境压力的重要途径，是建设美丽中国的重要基石。

（四）生态文明建设是新型城镇化的根本保障

生态文明建设既是新型城镇化的出发点，也是新型城镇化的重要途径和根本保障。当前我国正迎来城镇化建设的黄金期，城镇化发展将成为今后经济社会发展的一大"红利"。各地政府必将坚定不移地遵循生态文明建设规律，致力于统筹推动工业化和城镇化良性互动、城镇化和农业现代化相互协调，努力改善需求结构、优化产业结构、加快经济结构战略性调整，实现经济社会可持续发展。

生态文明建设有利于观念创新。要在区域分工和国内竞争中占有一席之地，需要以生态文明建设为载体，以创新的思维，全面统筹，加快经济结构及经济增长方式的转变，传统产业向现代产业的转换，加快完成产业结构和布局的调整，提高省域综合实力和竞争力，开创全省经济发展的新局面，促进全省国民经济持续、快速、健康发展。生态文明建设有利于制度创新。生态文明作为一种新的人类文明形态，建立在对工业文明生产方式、生活方式批判的基础之上。生态文明建设本能地要求新型城镇化进程与生态文明理念相适应的制度体系，从而为新型城镇化的制度创新创造机遇。只有对包括传统的基层管理、户籍制度、财税制度等等在内的制度体系进行改革和创新，新型城镇化进程才有可能健康推进。

生态文明建设有利于科技创新。当今时代，科技创新能力成为国家实力最关键的体现。迄今为止的科技发展历史表明，并非所有的科技都是符合生态文明价值观的，有史以来特别是近代以来的许多科技只是助长了人类对大自然的索取，由此导致了愈演愈烈的生态危机。生态文明建设呼唤绿色科技、生态科技，而新型城镇化为科技创新提供了新的实践平台。

（五）生态文明建设是推进新型城镇化的重要途径

生态文明建设的问题从本质上讲就是一个发展问题，新型城镇化的成效最终要体现在经济发展质量、生态环境质量和人的生活生命质量的提高上，这也是衡量生态文明建设水平高低的重要标准，说到底就是如何科学发展、低碳发展、绿色发展。而生态环境的给力与否将直接影响区域经济社会发展的质量。当前，我国面临加快调整产业结构、推进经济转型、寻找新的经济增长点的重要任务，加强生态保护，建设生态文明，可以促进原有的生态资源有序开发和优质转化，可以促进新农村建设和提高城镇化水平，可以提高人民的生态文明意识和整体素质，从而实现中国特色新型城镇化的战略目标。生态文明建设有助于促进经济转型。生态文明建设为推进科技创新、加快产业和产品转型升级提供了新动力，推动了诸如环保产业、循环经济、低碳经济、绿色有机农业、现代服务业的发展，也拓展了新兴产业的成长空间、经济社会发展的承载空间。生态文明建设致力于将已有的生态和区位优势转化为经济优势，对新型城镇化的向好发展至关重要。生态文明建设有助于形成新的发展优势。

生态文明建设推动产业结构转型升级、发展方式实现转变，表现为资源节约、环境友好、代际公平、人与自然和谐相处；新型城镇化某种意义上是生态文明建设背景下区域中心的再调整和重新布局，普遍的城镇化将培育更多的"增长极"，为区域经济社会的发展注入活力。可以这样说，生态文明建设水平的提高，将大大促进新型城镇化进程中发展方式的根本转变，从而形成一定区域内新的后发优势。

生态文明建设有助于实现全社会共同富裕。生态文明建设与新型城镇化是一个问题的两个侧面，二者的完美融合，是扩大内需、拉动经济增长的重要途径，加大对生态环境支撑工程、符合转型升级导向的产业项目的投入。既能持续拉动经济增长，又能增强可持续发展的后劲；同时确保财政稳定增收，真正实现开发一方资源、发展一方经济、富裕一方百姓。

五、中国新型城镇化面临的困境

(一)思想观念的困境

农村城镇化归根结底是人的城镇化,即将农村居民转变为城镇居民。因此,农村城镇化最终必须体现为农村居民素质的提高及其生产生活方式的改变,必须使农村居民在思想意识、生产能力及生活习惯等各方面真正与城镇居民同步。但是,长期以来的相对封闭环境,造成了许多农村居民思想观念的僵化,尤其是在经济贫困的地方。主要表现为:小农经济、自给自足的思想严重;"多子多福"思想和"等、靠、要"的习惯盛行;故土难离的思想根深蒂固;小富即安思想作祟,没有敢想敢干的创业精神,甚至有部分农民产生了懒汉的思想,小钱不愿挣,大钱挣不来。实践告诉我们,思想支配行为,思路决定出路,一切落后都源于思想守旧,一切发展都始于开拓创新。思想观念的困境将构成新型城镇化建设重要的绊脚石。

(二)支农资金的困境

尽管改革开放医疗国家财政支农资金投入总额的增长幅度较大,但与我国农业的重要地位和发展要求相比,政府对农业的支持总量仍是低水平的。财政用于农业占全国财政支出的比重在下降,1978年财政用于农业占全国财政支出的比重为13.43%,1980年下降为12.20%,1990年下降至9.98%,2011年进一步下降到9.09%,如图2-12所示:

图2-12 1978~2011年我国财政支出与支农支出总额

同时，从地方财政支农情况来看，也存在许多的不合理现象，支农绩效不高。据审计署 2009 年 5 月 20 日发布的 2009 年第 4 号公告，公布了"10 省区市财政支农资金管理使用情况审计调查结果"。结果披露：第一，部分地方财政支农投入未达到法定要求。据对 10 省区市(包括 10 个省级、113 个市级和 980 个县级)的数据分析，农业总投入增长幅度未达到财政经常性收入增长幅度的省市县个数占总数的 33%，财政支农投入增量未达到上年增长水平的省市县个数占总数的 18%；第二，部分地方未按规定对财政支农投入进行统计和考核。未按规定对固定资产投资用于农村的增量、土地出让收入用于农村建设的增量和建设用地税费提高后新增收入主要用于"三农"的部分 3 项指标进行统计和考核的地区，分别占 80%、75% 和 87%；第三，10 省区市财政和有关主管部门违规使用资金 26.93 亿元，其中用于建房买车 5837.4 万元，不规范管理资金 45.75亿元，配套资金不到位 65.97 亿元。

（三）技术人才的困境

20 世纪 60 年代，美国经济学家舒尔茨和贝克尔创立的人力资本理论，开辟了人类关于人的生产能力分析的新思路。该理论突破了传统理论中的资本只是物质资本的束缚，将资本划分为人力资本和物质资本，并把人的生产能力的形成机制与物质资本等同，提倡将人力视为一种内含与人自身的资本——各种生产知识与技能的存量总和。之后，经济学、管理学界也越来越重视人力资本的作用，如卢卡斯、丹尼森、库兹涅茨、索洛等都分别对人力资本对经济增长的贡献进行了理论与实证上的研究。我国是个 13 亿人口的农业大国，其中乡村人口 7 亿多，面对经济全球化的挑战，只有大力开发农村人力资源，建立起农业和农村经济赖以长期稳定发展的人力资本基础，才能保证农业和农村经济在新世纪的发展中立于不败之地。但是长时期的农村经济落后局面，导致了农村技术人才的缺乏。我国平均每万亩耕地不足 2 名技术人员，平均每 7000 头牲畜只有 1 名畜牧科技人员，全国 5 万多个乡镇中，平均每万名农业人口中仅有 6 名技术人员。另外，中国科协对中国公众科学素养的调查显示，具备科学素养的农村居民只占 0.4%，仅及我国城市居民比例 3.1% 的 1/8。此外，农村地区就业人员参加的职业培训方面也较为落后。与其他国家相比，我国农业就业人口当中参加职业培训的比例也是相当的低。据资料显示，芬兰为 46%（1990年），美国为 38%（1991 年），瑞士为 38%（1993 年），挪威为 37%（1991 年），瑞典为36%（1993年），加拿大为30%（1991年），法国为27%（1992年），德国为27%（1991年）。而我国的情况是，许多农民终身没有接受过职业训练，也没有参加过任何培训活动。由此可见，要保证新型城镇化建设的顺利实施离不开人们文化素质的提升，我国农村教育事业的发展还任重道远。

（四）生态环境的困境

1. 饮水安全隐患

全国仍有3亿多农村人口饮水达不到安全标准，其中因污染造成饮用水不安全人口达到9000多万人，有6300多万人饮用水含氟量超过生活饮用水标准。建设部2007年对全国9省43个县的74个村庄开展的一项农村人居环境调查显示，41%的村庄没有集中供水;96%的村庄没有排水沟渠和污水处理;40%的村庄雨天出行难，晴天是车拉人，雨天是人拉车;70%的村庄畜禽圈舍与住宅户混杂;90%的村庄使用传统的旱厕;90%的村庄垃圾随处丢放。

2. 生态破坏严重

农民生产过程中大量施用农药和化肥。资料显示，2008年我国农业化肥施用量为5239万吨，比2000年的4146.4万吨增加了1092.6万吨，平均每年以136.6万吨的速度递增。为了有效抵抗病虫害对农作物的侵害，最大限度保证农田产量，农民大量施用农药、化肥，其中的有害物质长期渗透，对土壤结构造成极大破坏。

3. 工业污染加剧

许多地区乡镇企业布局分散、工艺技术落后、经营粗放，主要集中在造纸、印染、电镀、化工、建材等产业，大部分企业没有污染治理设施，造成严重的环境污染。而且随着城市污染控制力度加大，城市工业污染向农村转移，一些被关闭的严重污染企业被转移到农村。全国乡镇工业废水化学需氧量、粉尘和固体废物的排放量占全国工业污染物排放总量的比重均达到30%以上。城市污染工业向农村转移，还引发大量农业用地被侵占，因工业固体废弃物堆存而被占用和毁损的农田面积已超过13.3万公顷。

六、中国新型城镇化发展策略及路径选择

（一）中国新型城镇化的发展策略

中国城镇化是在人口多、资源相对短缺、生态环境比较脆弱、城乡发展不平衡的背景下推进的。中国城镇化必须从基本国情出发，遵循城镇化发展规律，积极稳妥地走中国特色新型城镇化道路。要按照工业化、信息化、城镇化和农业现代化同步发展的新要求，紧紧围绕城镇化转型发展，以人口城镇化为核心，以城市群为主体形态，以综合承载能力为支撑，以完善体制机制为保障，全面提高城镇化质量。中国的城镇化，一定不能操之过急，要理顺生产关系，理清中国目前社会面临的社会矛盾是什么，要先解决什么，后解决什么。这或许是实现经济可持续、实现有质量的增长的绝佳机会。新型城镇化就是要摒弃城市面积扩张和简单的人口比例增加，以改善民生为目的，消除制度屏障，破解"双二元"结构，建立公平利益分配机制，保障人民利益，促使资源公平合理分配，基本公共服务均等化，使城镇化过程能增进人民福利。

1. 从宏观和微观的角度

培育区域中心城市，形成"发展极"和等级次序相对合理的大中小城市序列，带动城乡协调发展。适当选择城市群和都市圈的空间布局与发展道路，形成城市之间有机组织、合理分工与合作的共赢模式，增强区域整体竞争力。从微观的角度，注重建设特色城镇，避免千篇一律。根据不同地区，不同人文自然环境，建设专业化特色城镇。

2. 先产业化，后城镇化

中国是一个农业人口占绝对优势的国家。所以，城镇化过程中一定不能忽视"三农问题"。更为重要的是，城镇化的首要任务是解决农民生产问题，而不是生存问题。生产是农民赖以生存、可持续发展的根基，也是泱泱大国解决吃饭问题的基础。要通过制度建设合理协调农业产业化的资源配置，调动从业人员的积极性。忽略农业生产，忽视农业产业化，就是把农民的生存问题寄希望于房屋拆迁，等搬迁所获财富用尽之后，便会患上未富先奢的懒惰病。目前城镇化过程中确实已经暴露出来这种倾向。改革开放三十多年的发展过程中，农民工为城市建设、对外贸易发展做出了不可磨灭的贡献，但他们的收入与付出是不对等的，农民工的劳动积极性严重挫伤。如果城镇化不解决好农业生产，

不仅影响城镇化进程，还会极大地伤害其他行业发展，伤害国民经济主干。同样，城镇化离不开工业化。生产可能性受制于资源。中国工业化必须脱离资源消耗、能源支撑的资源消耗性发展道路。特别要减少耗能型的出口型产业。通过扩大进口进行全球化资源配置。

3. 集约发展

所谓集约发展，就是不能浪费土地。对于一个人口大国，节流比开源更重要。城镇化不能一味地建新城，而是尽最就地取材，改造老城，节约发展。同时，要采取多元形态，大、中、小城市协调发展，不搞一刀切。特别强调的是，城市化、工业化、农业现代化要同步发展。在发展过程中，政府和市场都要发挥作用，不能由政府压制市场、市场能解决的政府绝不要插手。

4. 城乡统筹发展

中国经济增长最大的潜力在城镇化，最大的内需在新农村建设。城镇化不仅是城镇建设问题，更是统筹城乡发展的战略问题。城乡关系是国民经济的重要组成部分，同时也是人口、资源、环境等问题的焦点。发展中国家一般都是以广大贫困落后的农村地区作为发展起点，其发展的重要内容是城镇化。因此，推进城镇化进程的关键是城乡统筹发展问题。

（二）中国新型城镇化的路径选择

1. 深化农村居民的思想解放

思想决定命运，思想决定高度，城镇化建设的顺利推行最重要的一个方面就是思想观念的转变。当前，中华民族正处于创新变革的伟大时代，我们应在深入贯彻落实十八大精神的前提下，进一步加强对农村居民的解放思想、深化农村改革，为加快城镇化建设提供重要的思想保证。第一，相关政府部门应该加强宣传，打破思想僵化的不利局面，让当地农民群众养成学科技、用科技、优生优育的好习惯；第二，增强农民勇于创新、艰苦创业的意识，使他们逐步接触、接受、学习和运用各种新思维，培养他们的现代竞争意识和竞争能力，使其逐步增强在城镇生存生活的能力；第三，坚持可持续发展战略，城镇化建设应与农村人口、资源、环境相协调，促使农村走集约化发展道路。

2. 加大财政资金的支持力度

有关学者估计，到2020年，我国城镇总人口将增加3亿左右，其中，每年平均有1600多万农民移居城镇。而快速的城镇化进程除了依托优惠的政策措施以外，资金的大力支持起着极其关键的作用。有学者测算，按2万人的小城镇规模，基础设施建设人均约需资金1万元，建设1万个这样的小城镇共需资金2万亿元；若同时解决3亿人的住宅问题，又需资金约4万亿元。按照15年的建设周期，两项合计平均每年也需投入资金4000亿元。因此，我国政府不但要逐步加大财政支农资金的比重，而且在政策上需要切实做到落实到位。目前还存在财政支农政策不规范的现象，具体表现为一些地方财政支农政策随意更改，支农资金落实缺乏规范管理，制订计划多，落实计划少，支农资金随意挤占，造成支农政策无法落实，影响了支农资金的投入。要坚持"有所为、有所不为"，不断优化财政支出结构，进一步加大对农业结构调整和农村社会公共事业的投入力度。

3. 鼓励农村固定资产投资

由于农村地区的公共品投入严重不足，公共积累水平很低，加上农村经济工业化带来的环境问题越来越严重，致使农村地区的生活条件与城镇相比差距越来越大。统计资料显示，1980年全国同定资产投资总额为910.9亿元，其中农村固定资产投资总额为133亿元，占总额的14.6%，城镇固定资产投资总额为777.9亿元，占总额高达85.4%。2012年全国固定资产投资总额为374676亿元，农村固定资产投资总额为9841亿元，仅占总数的2.6%，城镇固定资产投资总额为364835亿元，占总数的比例上升到97.4%。在今后的新型城镇化建设的过程中，需要进一步加大农村公共产品的投资力度，着力提升农村基础设施和生产条件的改善，使城镇化的益处能够惠及千家万户。

4. 增强金融支农功能

世界各国的成功经验已经证明，资本扩大是城镇化的原始动力，同时也是城镇化得以实现的重要手段。但是，我国长期以来执行的是"工业化主导、城市化现行"的改革战略，致使农村资源一直不断流向城市。蔡昉(2008)认为，在1980～2000年期间，以2000年不变价格计，通过各种渠道从农业吸取了1.29万亿元的资金剩余用于工业发展。如果从城乡关系看，同期有大约2.3万亿元资金从农村流入城市部门。此外，我们虽然已经形成了相对完善的农村金融体制，建立起了包括中国农业银行、农业发展银行、农村信用社、农村商业银行、农村合作银行、村镇银行以及邮政储蓄机构在内的多层次农村金融体系，但是金融支农总量还是非常有限。截至2012年末，我国金融机构各项贷款总额67.3万亿元，其中全部金融机构本外币农村(县及县以下)贷款余额为14.5万亿元，只占总额的21.5%。

在多样化的现代金融服务已经成为城镇经济生活中的不可或缺的要素的情况下，我们需要逐步加强农村金融政策扶持力度，逐步构建完善的农村金融市场体系，增强支农功能。为此，各地金融机构应在配合产业政策的前提下，大力支持城镇工业化、农业产业化以及第三产业的发展。同时，金融机构应放宽向城镇基础设施贷款的限制，如城镇能源供应、道路改造、美化绿化、商贸设施等工程建设，逐步提高城镇硬件发展水平，提升城镇的整体形象。

5. 改善农村义务教育办学条件

从城乡义务教育办学条件情况来看，二者差距非常明显。2010 农村初中生均图书室 0.16 个、生均危房面积 1.31 平方米，而城市初中生均图书室为 0.20 个、生均危房面积 0.27 平方米；城乡师资力量对比来看，2010 年农村初中 1271542 名专任教师中，拥有本科及以上学历 697035 人，占总数的 54.8%，而城市初中 705956 名专任教师中，拥有本科及以上学历 583639 人，占比高达 82.7%。今后需要逐步改善农村义务教育办学条件，改善办学设施，大力引进一批国内外优秀的大学生进驻农村教育系统，保障农村义务教育拥有优质的软硬件环境。

6. 注重农民工技能培训

党的十八届三中全会指出，要形成以工促农、以城带乡、工农互惠、城乡一体的新型工农城乡关系，让广大农民平等参与现代化进程、共同分享现代化成果。要想使农民工能尽早融入城镇化浪潮、参与现代化进程中，他们生存技能的提升就显得尤为重要。据国家统计局调查结果，2012 年全国农民工总量达到 26261 万人（其中，外出农民工 16336 万人，本地农民工 9925 万人），但是在农民工中，接受过农业技术培训的只有 10% 左右，接受过非农职业技能培训的占 26%，既没有参加农业技术培训也没有参加非农职业技能培训的农民工高达 68%。因而相关部门需要加强培训，增加就业能力，建立农民工与用人单位的对接机制。各地财政部门要加强政策支持，加大对农民工培训基地的经费投入，注重农民工技能培训数量与质量的统一，逐步完善农民工培训补贴政策和机制，发挥各类职业培训机构作用。比较如表 2-7 所示：

表 2-7 中国新型城镇化的发展策略及路径选择比较

中国新型城镇化	发展
中国新型城镇化的发展策略	从宏观和微观的角度，先产业化、后城镇化，集约发展，城乡统筹发展
中国新型城镇化的路径选择	深化农村居民的思想解放，加大财政资金的支持力度，鼓励农村固定资产投资，增强金融支农功能，改善农村义务教育办学条件，注重农民工技能培训

七、中国新型城镇化的注意问题及发展趋势

（一）中国新型城镇化进程中需要注意的问题

1.科学编制城乡规划，增强规划的控制和约束功能

城乡规划是用于城乡建设和发展的基本依据，是政府科学决策的基础，科学的城乡规划是城镇化健康协调发展的关键，也是城镇化建设的框架蓝图。坚持科学规划，切实增强规划引领城镇发展的纲领性作用，优化城镇空间布局，促进中心城市、县城和小城镇协调发展。其次，城乡规划在城镇化发展中遵循适度超前、量力而行的原则，在科学预测未来城镇发展中如交通压力、停车问题、地下空间等有可能导致"城市病"的问题进行有效规划。加强了县城城市道路、供水、污水处理、垃圾填埋场、供电、通讯、绿化等城市基础设施建设，教育、文化体育等市政工程建设力度加大，提升城市的功能和品位。城镇建设，规划先行，要坚持按照规划蓝图建设，严禁任何单位和个人不按要求擅自开工建设，对违反城市规划的行为要严肃查处。在建设过程中需要进行微调的方案要按照规定严格把关，切实增强规划的严肃性和有效性。

2.创新投融资体制，为城镇化建设提供有效的金融支持

投融资体制主要是指在工业化和城镇化建设中，经营和管理总体规划范围内全部社区的基本制度和主要方法，其内容包括投融资决策制度，投融资组织结构，投融资主体行为，投融资收益分配，投融资资金筹措及投融资监督体系建设等。城市建设中的投融资体制改革创新内容主要涉及城市基础设施建设、维护，城市文化、教育、科技、体育医疗卫生等社会公益事业及环境保护、绿化美化、供水、供电、天然气等市政公用事业领域。投融资制度的建立及投融资体制

的改革是城镇化建设的内在需要，也是弥补财政资金不足的必要手段。在城市建设的初始阶段，城市基础设施、公益事业及市政设施的建设必然要先行，其资金缺口巨大对于保运行、保正常的政府财政支出来讲是无能为力的。在投融资体制改革创新方面，以科学发展观为指导，学习和借鉴发达地区的成功经验和做法，积极创新理念，按照政企分开、政事分开原则，建立和完善政府为主导，市场化运作，企业化经营的政府投融资平台，整合各类资源，放大财政资金利用效益。规范运营模式，完善法人治理结构，强化监督管理，确保运行效果，为城市建设提供坚实的财力后盾。

3. 完善城市功能设施建设，增强城市综合承载能力

随着城市化的发展及人民群众生活水平和自身素质的提高，人们对城市的服务功能有着越来越高的期望，停车难、噪音大等问题已经成为困扰城市生活的大难题，城市的绿化率、污水处理、生活垃圾处理及环境保护的功能方面都对未来城市的建设和发展提出了严峻的挑战，这些问题得不到有效解决增加了广大市民的不满。在城市化进程中，完善城市各项服务设施建设，加强城市的科学管理已经刻不容缓。未来城市的发展迫切要求城市基础设施和公共设施功能完备、优化，城市文化需要充分挖掘，城市个性充分彰显，城市的综合管理水平、防灾减灾能力进一步提高。这充分要求铜仁今后在城市的建设上严格按照规划要求，在城区供水及垃圾污水处理能力建设上不打折扣，对于过去建设中出现的侵占公用设施的不规范行为进行有力纠正。要积极改善城乡电网、信息网络覆盖率，加强城市排水、消防、防灾、减灾能力的建设；大力发展低碳经济、循环经济，积极推进节能减排，形成节能降耗的良好局面。加大对教育、医疗卫生的投入，满足人们的就学、看病需求，高标准的规划和建设文化体育休闲娱乐设施，满足人们精神文化需求。尽快理顺体制机制，调整职能职责，解决多头管理问题，加强城市综合执法管理队伍建设，充实和提高城市执法队伍力量和能力，探索科学化、信息化、网格化管理模式，推行"柔性执法"，加强宣传教育力度，采取多种形式提高市民素质，构建和谐的城市环境。

4. 加快保障性住房建设，不断满足中低收入群体住房需求

目前，我国城市居民的住房供应主要是商品房建设者，多元的住房供应主体比较薄弱。政府主导的保障性住房供应由于各级政府财力有限，以及其对于高价出让土地的冲动，难以形成有效的供应机制，中低收入群体住房压力较大。而推动城镇化建设，广大市民住房需求的满足则是具有刚性约束的条件，

如二战后,英国的保障性住房一度高达60%,城市型国家新加坡的公租住房政策则相对比较合理和完善,这些是保证广大中低收入群体住房需求和降低生活成本的有效途径。因此,我们要加大廉租房建设,并在质量上和配套设施上予以完善,从而将更多的人口吸引并稳定在城镇人口范畴内。同时,要研究小城镇住房建设的政策扶持力度,科学规划以避免农民乱建住房行为导致资源浪费和环境污染,引导更多的农民朝着符合城镇发展需要的方向建设住房。

5. 大力发展工业经济,通过工业化推动城镇化进程

工业化推动城镇化,城镇化促进工业化发展,两者彼此互动、相互依存。工业的发展可以提供更多有效的就业岗位,可以促进财力的增强,其先进的管理模式和经营模式可以为城镇化的发展提供强大的动力。目前,铜仁的工业对于城镇化的贡献力度还不大,我们一定要按照省委省政府"两加一推"主基调,工业强市战略部署,围绕资源加工、建材、特色农产品加工、精细化工及清洁能源建设等方面加大工业建设力度,扎实有效开展招商引资工作,延长产业链条,提高产品附加值,切实增强工业企业实力,通过工业经济的较快发展,推动城镇化进程。

(二)中国新型城镇化的发展趋势

"十二五"、"十三五"时期,是加快我国城镇化进程、推动城市发展转型的重要时期。要从我国基本国情和上述城市发展新特点出发,以科学发展为主题,以转变经济发展方式为主线。中国新型城镇化从既要提高城镇化率,又要向提升城镇发展质量转变;从不完全城镇化向全面城镇化转变;城市发展重心从关注经济增长向更加关注城市品质整体提升转变;产业结构从产业链低端向中高端转变;以城市发展转型为核心,加快向低消耗、低污染、低排放、高效率、和谐有序的新型城市发展模式转变;城市从过去城乡分割向城乡统筹发展、城乡一体化转变。按中央要求,今后的一项重要任务是,积极稳妥推进城镇化,合理确定大中小城市和小城镇功能定位、产业布局、开发边界,形成基本公共服务和基础设施一体化、网络化发展的城镇化新格局。未来中国城镇化水平必将与我国现代化进程相适应,并呈现出的发展趋势有:

1. 中国区域经济协调发展,新型城镇化稳妥推进

世界城市化普遍规律表明,当城市化率达30%～70%时,城市化步伐处于加快发展阶段。1998年,中国城镇化率达30.4%,从那时起,中央将积极稳妥

地推进城镇化,提高城镇化水平作为我国经济社会发展的重大战略提出来。以科学发展观为统领,实施全面、协调、可持续发展。加快推进区域经济协调发展和新型城镇化,逐步缩小区域发展差距,对转变经济发展方式,促进经济结构战略性调整优化,全面建设小康社会,推进现代化建设具有重要意义。

这几年,中国城镇化已进入快速发展期。人口城镇化率每年增1个百分点左右,有的年份甚至增长1.5个百分点。今后10年,中国城镇化率每年仍将提高1~1.2个百分点。2010年,中国城镇化水平达47.5%;预计到2020年,中国城镇总人口将达到8.12亿,那时我国城镇化率将达到58%,甚至接近60%;到2030年,全国总人口将达15亿,城镇总人口将为10.5亿,届时中国城镇化率将为70%。

2. 形成大中小城市和小城镇协调发展的城镇网络体系

经济全球化和知识经济迅速崛起,将使城市以前所未有的速度和规模加快发展。中国只要坚持实施新型城镇化战略,充分利用现代交通手段,城市空间布局将日趋合理,形成以大城市为骨干,中小城市为主体,小城镇为基础,发挥大城市辐射带动作用,完善区域性中心城市功能,构建大中小城市和小城镇协调发展的城镇网络体系。今后要努力提高城镇综合承载能力,发挥大城市对中小城市和农村的辐射带动作用,推进新型城镇化和建设新农村的良性互动。当今中国,城市规模呈多样化发展,大城市圈、城市群、城市带成为中国城市化的主导。除继续发展长江三角洲、珠江三角洲、京津冀都市圈、胶东半岛、辽东半岛五大城市密集区、城市群外,在中西部地区围绕几座大城市形成新的聚集带;中国城市化呈现明显的大城市化特征,城市布局改变了单中心、摊大饼,不断向外扩张的格局,这有利于发挥大城市圈作用,在一些大城市、中等城市周围,形成一批卫星城;沿铁路干线和东部沿海分布的城市带;建成一批星罗棋布、富有生机的小城镇。

3. 京津冀区域经济一体化,促进环京津、环渤海城市集群发展

要遵循城镇化发展规律,以大城市为依托,以中心城市为重点,逐步形成城市圈、城市带和集群发展的城市群。发展以首位大城市为主体,并在区位优势强、地理位置近、发展基础好、生态环境适宜的地区形成繁荣昌盛、辐射力强的城市群。目前,广东省正在编制珠三角城乡规划、产业布局、基础设施建设、环境保护、基本公共服务等五位一体的发展规划,以推动广佛肇(广州、佛山、肇庆)深莞惠(深圳、东莞、惠州)、珠中江(珠海、中山、江门)三个经济圈建设。

当今世界，城市群是推进城市化的主体形态。城市群是指在城市化进程中，在一定区域范围内，由若干不同性质、类型和规模的城镇，在区域经济发展、交通通讯和市场纽带相联系而形成的城镇网络群体。城市群的重要特征是功能高端化、分工合理化、城乡一体化、交通网络化和发展现代化。城市群的快速发展，是壮大区域经济社会整体实力，提升区域综合竞争能力的重要途径。

4."数字城市"、"智慧城市"建设加快，不断提高城市信息化和管理现代化

信息化为城市可持续发展提供了新的发展途径，也将为人类创造美好的生活前景。信息化是解决城市规划与设计、交通与物流、资源节约与环境保护的重要手段，推动城市管理和服务向智能化、便捷化方向发展，使城市经济更加发展，社会更加进步、文化更加繁荣，环境更加宜居，城市更加和谐，生活更加美好。推进城市管理数字化、智慧化、科学化、规范化，做到城市建管并重，以管促建，塑造经济繁荣展、社会文明进步、环境和谐宜居的城市形象。提高城市现代化管理水平，要坚持市场机制，市场在资源配置中发挥基础性作用，同时要加强政府的宏观调控。一要加快户籍制度改革，建立城乡统一的户籍管理制度，让进城农民工和农村转移人口，真正享有城镇原有人口同等的权益和福利待遇；二要完善土地收储制度，加快土地流转，发挥土地效益；三要激活社会资本，形成投融资主体多元化，筹集社会资金市场化。

当今世界正在经历一场以信息技术为主要标志的科技革命。科技创新成为人类文明进步的灵魂和力量源泉。今后，数字城市必将成为城市信息化建设的热点，成为提高城市综合管理能力的重要载体。数字城市是集城市规划、设计、建设、管理以及城市生产、服务、生活于一体的，充分利用数字化信息处理技术和网络通信技术，将城市各种资源及数字信息加以整合并充分利用；加快电信网、广播电视网、计算机网建设，促进"三网融合"，借助统一的高速公用互联传输网，服务于政府、企业、科教文卫、社区、治安和社会公众的智能化信息网络系统；服务于人口、资源、环境、经济和社会可持续发展的信息基础设施和应用体系；形成以城市地理信息系统、城市交通智能化系统为主的多层次信息化网络，提高城市信息化水平和城市管理现代化水平；建立电子商务，促进流通，方便群众，降低营销费用；建立电子政务，使党委、政府信息采集、交换、发布、使用走向数字化，促进办公自动化、管理信息化，这将有利于增强政务透明度，提高办公效率，降低办公费用。

5.加强低碳绿色城市建设，促进可持续发展是新型城镇化发展的趋势

要创新发展理念。近几年，国际国内都有人提出绿色城市化新理念。英国霍华德提出建设"园林城市"的理念。城市发展方式由高碳化向低碳化转变，是城市未来的发展趋势。未来我国城市发展应从粗放型发展模式向集约型发展模式转变，即向低消耗、低排放、高效率及和谐有序的新型发展模式转变，全面提升城市发展质量。建设低碳城市，是人类应对全球气候变暖，减少温室气体排放，实施科学发展和可持续发展的重要途径。通常，城市温室气体排放约占总排放量的75%左右。显然，建设低碳城市对一个国家或地区实现减排目标至关重要。现代城市最终追求是经济的繁荣发展，社会文明进步，环境和谐宜居。发展低碳经济，建设低碳城市是转变经济、城市发展方式的着力点之一。建设低碳城市，是在保持一定经济增长速度下，使能源、原材料消耗和温室气体 CO_2 排放量处于较低水平，走低消耗、低污染、低排放、高效率经济发展之路。

城镇可持续发展是人类社会在21世纪面临的最紧迫问题之一。加强生态建设，实现城镇可持续发展是中国新型城镇化的又一重要目标。随着城镇化率的提高，居住在城镇的人口大量增加，人们的就业、能源、交通、环境、居住和其他社会问题必将凸显。因此，在新型工业化、城镇化和农业现代化进程中，要坚持可持续发展战略，力争做到经济、社会和人口、资源、环境的协调发展，人民的物质生活、精神文明和文化水平大幅提高，生态环境得到明显改善。

本章小结

本章分析了中国低碳工业化和城镇化进程，重点论述了中国特色的新型城镇化。低碳绿色发展是当今发展的主题，是应对能源短缺和气候危机的必然选择。中国低碳发展的关键在于走低碳工业化道路，以低碳的生产方式和低碳产业逐渐替代高碳的生产方式和高碳产业，实现低碳工业化。低碳工业化的基础是技术创新，通过改进低碳技术和优化能源结构，制定促进低碳工业化的策略，加快中国低碳工业化进程。中国正处在工业化和城镇化的关键阶段，在能源危机和气候危机的大背景下，中国必须走低碳工业化道路。

中国已进入快速城镇化时期。城镇化是世界各国走向工业化过程的必然结

果，城镇化是工业化过程中的产物，城镇化与工业化有着很密切的内在联系。与世界各国城镇化、工业化同步性趋势不同，中国的城镇化走了一条滞后于工业化的道路。通过对中国的工业化、城镇化进程的分析，依据城镇化模式由工业化状况决定，城镇化模式影响工业化进展，分析工业化不同阶段和制度形式对城镇化模式的影响和要求，有利于探讨低碳绿色城市发展模式和策略选择。

新型城镇化是经济社会发展的必然趋势，也是工业化、现代化的重要标志。中国特色新型城镇化是在国家主体功能区规划指导下的城镇化，是充分考虑中国国情的城镇化。生态文明建设既是新型城镇化的出发点，也是新型城镇化的重要途径和根本保障。在借鉴国外城镇化经验的基础上，结合中国自己的国情，分析中国新型城镇化面临的困境，寻求中国新型城镇化发展策略及路径选择，论述中国新型城镇化的注意问题及发展趋势，坚定不移走中国特色新型城镇化道路。遵循生态文明建设规律，坚持可持续发展战略，统筹推动工业化和城镇化良性互动，优化产业结构，加快经济结构战略性调整，实现中国特色新型城镇化，实现经济社会和环境可持续发展。

| 第三章 |

中国新能源管理与可持续发展

第一节　中国新能源管理

能源是人类社会赖以生存和发展的重要物质基础，新能源的开发利用极大地推进了世界经济和人类社会的发展。中国已经成为世界第二大能源消费国，大力发展中国新能源，可以解决能源和环境问题，促进经济社会和谐发展。

一、新能源概念

能源是指自然界赋存的已经查明和推定的能够提供热、光、动力和电能等各种形式的能量来源。包括一次能源和二次能源，是整个世界发展和经济增长的最基本的驱动力，是人类活动的物质基础。在当今世界，能源的发展，能源和环境，是全世界、全人类共同关心的问题，也是中国社会经济发展的重要问题。但是，人类在享受能源带来的经济发展、科技进步等利益的同时，也遇到一系列无法避免的能源安全挑战，能源短缺、资源争夺以及过度使用能源造成的环境污染等问题威胁着人类的生存与发展。

新能源是指在新技术基础上，系统地开发利用的新能源，指传统能源之外的各种能源形式，直接或者间接来自于太阳或地球内部所产生的热能，包括太阳能、风能、生物质能、地热能、核聚变能、水能和海洋能以及由新能源衍生出来的生物燃料和氢所产生的能量。新能源包括各种新能源和核能。传统能源是指在现阶段科学技术水平条件下，人们已经广泛使用，技术上比较成熟的能源，如煤炭、石油、天然气、水能、木材等。新能源相对于传统能源，普遍具有污染少、储量大的特点，对于解决当今世界严重的环境污染问题和资源（特别是化石能源）枯竭问题，具有重要意义；同时，由于很多新能源分布均匀，对于解决由能源引发的战争也有着重要意义。但是由于新能源的能量密度较小，或品位较低，或有间歇性，按已有的技术条件转换利用的经济性尚差，还处于研究、发展阶段，只能因地制宜地开发和利用；但新能源大多数是再生能源，资源丰富，分布广阔，是未来的主要能源之一。如图3-1所示：

图3-1　中国新能源

二、中国新能源管理的理论基础

我们以管理学的系统论思想为理论基础，以中国新能源产业为研究对象，基于系统论的研究方法，研究新能源产业的发展，从产业发展现状分析入手，分析研究中国新能源发展的问题和对策。系统论是研究系统的一般模式、结构和规律的学问，它研究各种系统的共同特征，用数学方法定量地描述其功能，寻求并确立适用于一切系统的原理、原则和数学模型，是具有逻辑和数学性质的一门科学。

系统论的出现，使人类的思维方式发生了深刻地变化。系统论反映了现代科学发展的趋势，反映了现代社会化大生产的特点，它为现代科学的发展提供了理论和方法，为解决现代社会中的各种复杂问题提供了方法论的基础，系统论思想正渗透到每个领域。系统一词，来源于古希腊语，是由部分构成整体的意思。系统思想源远流长，但作为一门科学的系统论，人们公认是美籍奥地利人、理论生物学家 L. V. 贝塔朗菲（L. Von. Bertalanffy）创立的。系统论认为，整体性、关联性、等级结构性、动态平衡性、时序性等是所有系统的共同的基本特征。系统论的核心思想是系统的整体观念。贝塔朗菲强调，任何系统都是一个有机的整体。系统论的基本思想方法，就是把所研究和处理的对象，当作一个系统，分析系统的结构和功能，研究系统、要素、环境三者的相互关系和变动的规律性，并优化系统观点看问题，世界上任何事物都可以看成是一个系统，系统是普遍存在的。

把新能源产业规划的制定作为一个系统整体，以管理学的系统论思想作为指导，立足于宏观分析层面，以政府视角为着眼点，重点研究其与上一层的宏观经济系统及下一层的不同新能源产业子系统，以及新能源产业所包括的子系统之间的关系，以此为基础进行归纳和演绎分析，探索新能源产业发展过程中政策引导对系统产生的作用过程，进而为政府决策提供依据。

三、中国新能源发展的现状

据估算，每年辐射到地球上的太阳能为 17.8 亿千瓦，其中可开发利用 500 ~ 1000 亿度。但因其分布很分散，目前能利用的甚微。地热能资源指陆地下 5000 米深度内的岩石和水体的总含热量。其中全球陆地部分 3 公里深度内、150℃以上的高温地热能资源为 140 万吨标准煤，目前一些国家已着手商业开发利用。世界风能的潜力约 3500 亿千瓦，因风力断续分散，难以经济地利用，今后输能储能技术如有重大改进，风力利用将会增加。海洋能包括潮汐能、波浪能、海水温差能等，理论储量十分可观。限于技术水平，现尚处于小规模研究阶段。

中国作为世界上最大的发展中国家，是一个能源生产和消费大国。能源生产量仅次于美国和俄罗斯，居世界第三位；基本能源消费占世界总消费量的 1/10，仅次于美国，居世界第二位。中国已经成为世界能源市场不可或缺的重要组成部分，对维护全球能源安全，正在发挥着越来越重要的积极作用。中国又是一个以煤炭为主要能源的国家，发展经济与环境污染的矛盾比较突出。上个世纪 90 年代以来，中国经济的持续高速发展带动了能源消费量的急剧上升，中国由能源净出口国变成净进口国，能源总消费已大于总供给，能源需求的对外依存度迅速增大。煤炭、电力、石油和天然气等能源在中国都存在缺口，其中，石油需求量的大增以及由其引起的结构性矛盾日益成为中国能源安全所面临的最大难题。

目前，全世界都极为关注新能源的开与发利用问题，新能源领域的起步对于中国是一个发展契机。与发达国家相比，中国具有明显的成本优势；与其他发展中国家相比，中国具有明显的产业配套优势。中国能源资源总量比较丰富。中国拥有较为丰富的化石能源资源。其中，煤炭占主导地位；人均能源资源拥有量较低，中国人口众多，人均能源资源拥有量在世界上处于较低水平。煤炭和水力资源人均拥有量相当于世界平均水平的50%，石油、天然气人均资源量仅为世界平均水平的1/15左右。耕地资源不足世界人均水平的30%，制约了生物质能源的开发；能源资源赋存分布不均衡。中国能源资源分布广泛但不均衡。煤炭资源主要赋存在华北、西北地区，水力资源主要分布在西南地区，石油、天然气资源主要赋存在东、中、西部地区和海域；能源资源开发难度较大。与世界相比，中国煤炭资源地质开采条件较差，大部分储量需要井工开采，极少量可供露天开采。石油天然气资源地质条件复杂，埋藏深，勘探开发技术要求较高。未开发的水力资源多集中在西南部的高山深谷，远离负荷中心，开发难度和成本较大。新能源资源勘探程度较低，经济性较差，缺乏竞争力。新能源的利用技术尚不成熟，只占世界所需总能量的很小部分，今后有很大发展前途。中国政府正在以科学发展观为指导，加快发展现代能源产业，坚持节约资源和保护环境的基本国策，把建设资源节约型、环境友好型社会放在工业化、现代化发展战略的突出位置，努力增强可持续发展能力，建设创新型国家，继续为世界经济发展和繁荣作出更大贡献。

中国新能源发展非常快。中国的风电连续几年成倍增长，2009年新增风力装机1000多万千瓦，世界第一，其次是美国和德国。从累计装机来看，第一位是美国，第二位是德国，中国排名第三，累计达2200万千瓦。中国的太阳能和生物质能发展也非常快。中国的新能源发展，已是国际先进水平。而且"十二五"期间中国新能源发展将迎来井喷。根据GTM研究为太阳能产业协会所准备的一份报告，2010年，美国成为太阳能产品的净出口国，这归功于中国、德国和日本对美国制造的多晶硅和固体设备的强劲需求。美国太阳能产品出口到中国的总额达2.47亿美元至5.4亿美元。与2010年相比，中国今年对新能源的投资增加了40%，达到540亿美元，几乎占 G20 国家对绿色经济投资总额的三分之一。中国仅在 2010 年太阳能领域占世界市场份额就从 36% 升到 45%。目前世界最大的太阳能能源企业也来自中国。此外，风能利用方面中国也发展迅猛，中国在新能源领域的成就有目共睹。在 2004 年时，中国 90% 的风电设备还是外国进口的，而到 2010 年，90% 的设备都是国产的。

四、中国新能源发展的问题和对策

中国政府正在以科学发展观为指导，加快发展新能源，节约资源和保护环境，努力增强可持续发展能力，建设创新型国家，继续为世界经济发展和繁荣作出更大贡献。在科学发展观的指导下，中国制定了一系列支持新能源发展的各项法规和政策，中国的新能源发展势头较好，已经初具规模，并且前景广阔。但是在新能源发展上，中国还存在一些问题，还需要相应的管理对策。

（一）调整能源结构，大力发展新能源

按照中央贯彻落实科学发展观、加快经济发展方式转变的思路，中国把加快能源发展方式转变放在工作第一位。围绕中国在哥本哈根会议向国际社会作出的承诺，重点加快发展新能源，加快能源结构调整。发展新能源是中国"十二五"时期经济社会发展的重要任务，是发展战略性新兴产业的重要内容，是中国经济发展新的增长点。"十二五"时期加快转变经济发展方式，必须加快产业结构转型升级，培育发展战略性新兴产业，而发展新能源与新能源是培育发展战略性新兴产业的重要内容。保障能源安全，发展低碳绿色经济，中国必须调整能源结构，建立低碳、清洁、高效、多元的能源结构，实施科学、绿色、低碳能源战略。加快推进中国能源结构的战略性调整，就是要在中国现代化建设进程中，减少对化石能源资源的需求与消费，降低对国际石油的依赖，降低煤电的比重，加快洁净煤技术的研究与开发，继续发挥煤炭能源的作用，加快发展太阳能、风能与生物质能等新能源，大力发展水电与核电，充分支持海洋能、核聚变能等未来新能源的研究与开发，建立中国可持续发展的能源体系。

（二）新能源发展的国家政策支持力度进一步加大

完善政策体系，加大支持力度。落实国家扶持新能源产业发展的税收、补贴政策等。"十二五"期间，中国把新能源产业列入了国家重点支持的七大领域之一，不但国家政策支持，各地方也制定了很多优惠政策鼓励企业发展新能源产业。2011 年 3 月 16 日发布的《中华人民共和国国民经济和社会发展第十二个五年规划纲要》提出，"大力发展节能环保、新一代信息技术、生物、高端装备制造、新能源、新材料、新能源汽车等战略性新兴产业。节能环保产业重点发展高效节能、先进环保、资源循环利用关键技术装备、产品和服务。""新能源产业重点发展新一代核能、太阳能热利用和光伏光热发电、风电技术装备、智能电网、生物质能。"

（三）新能源发展规划要更加科学

加快能源结构的调整，把能源发展得不仅量大，更重要是质优。中国未来五年发展新能源的基本思路是，力促水电发挥新能源的主体作用，将风电作为新能源的重要新生力量，将太阳能作为后续潜力最大的新能源产业，同时推动生物质能多元化发展。未来五年主要新能源行业的发展目标初步确定为，光伏发电装机目标为 500 万千瓦，风电装机目标为 9000 万千瓦。但预计光伏和风电产业超越目标的可能性很大。未来五年还应大力落实电网接入政策，加快电网配套设施建设进程，以满足新能源产业高速发展对电网的需求。中国新能源未来五年应力求与电网发展进行衔接，重点解决大型风电基地等新能源的并网瓶颈问题。

根据新能源发展规划，预计到 2020 年，中国新能源发电装机 2.9 亿千瓦，约占总装机的 17%。其中，核电装机将达到 7000 万千瓦，风电装机接近 1.5 亿千瓦，太阳能发电装机将达到 2000 万千瓦，生物质能发电装机将达到 3000 万千瓦。预计到 2020 年将大大减缓对煤炭需求的过度依赖，能使当年的二氧化硫排放减少约 780 万吨，当年的二氧化碳排放减少约 12 亿吨。规划期累计直接增加投资 5 万亿元，每年增加产值 1.5 万亿元，增加社会就业岗位 1500 万个。可以预见，中国新能源产业的发展前景将十分广阔。

（四）新能源发展需要制度创新

中国的新能源产业进入了快速发展阶段，新能源技术不断进步，产业规模迅速提高，新能源装备制造业水平和产业化技术研发水平提升迅速。"十二五"期间将是中国新能源产业从起步阶段步入大规模发展的关键转折时期。但随着产业规模的不断扩大，诸多问题也逐渐显现出来，成为制约中国新能源产业规模化述问题，就必须通过制度创新为新能源发展创造条件，制度创新内容主要包括改革立法体制、改革决策机制、引入激励机制和完善政策框架等。

（五）新能源发展需要技术创新，加大新能源科技研发力度

科学技术是第一生产力，是新能源发展的动力源泉。在低碳绿色经济时代，新能源的开发与利用已成为各国提升国际竞争力的重要途径。为了找出影响中国新能源发展的关键影响因素及规律，利用 1990 ~ 2008 年间的二氧化碳排放量、能源价格、新能源消耗量占总能源消费量比重等数据，构建了一个回归方程。分析发现 1990 ~ 2008 年，工业排放带来的环境问题并没有成为影响新能源发展的主要因素，新能源的发展主要还是由能源价格所决定的，新能源仍然没有成为能源消费领域的主要组成部分，发展新能源依然是规避未来国际能源市场供需风险的途径。通过对新能源产品成本的分析，可知造成中国新能源发展现状的根本因素是较高的生产成本及落后的技术。因此，新能源发展成败的关键依然是技术创新。

对于科技创新水平相对不高的中国来说，新能源发展所需的技术的瓶颈。如成本相对较高，市场竞争力弱；技术研发投入不足，自主创新能力不强；产业体系薄弱，配套能力不强；行业管理松散，标准体系和人才建设严重滞后；政策体系不完善，措施不配套等。分析其深层次原因，主要是对发展新能源的战略性仍然认识不足，电网体制僵化，缺少灵活、合理的定价机制。其中，全国各大电网能否相互支撑，实现同步连接已成为制约中国大规模发展新能源电力的最大瓶颈。要解决上创新是个极大的瓶颈。中国要加大新能源科技创新，增强自主创新能力，提升引进技术消化吸收和再创新能力，突破能源发展的技术瓶颈，提高关键技术和重大装备制造水平，开创能源开发利用新途径，增强发展后劲。企业需要潜心研究科技创新，

在掌握核心技术方面下功夫，现在的技术还不成熟，还有很多地方要靠技术和科技来提高，不是简单地扩大了制造能力，就能在新能源市场上站得住脚的。

（六）新能源发展要均衡

风电装机方面要更快发展。理论上，全国风力资源 26 亿千瓦，目前风电装机容量仅 2200 万千瓦，还有很大的发展空间，要注重技术和规模化生产。太阳能光伏发电又迎来了新一轮的快速增长，并吸引了更多的战略投资者融入到这个行业中来。核电要大力发展，核安全更重要。全球在役核反应堆 436 个，中国只有 11 个，占全国电力装机容量的比重不到 2%。美国在上世纪六七十年代核电建设高峰期，同时在建项目达到 61 个，法国最高峰同时在建 40 个，中国目前在建规模才 21 个。国家已确定要加快发展核电，但速度会控制在"前低后高"，把基础打得更扎实更安全。中国核文化的核心就是安全，这比发展多大规模更重要。

（七）新能源发展要加大国际合作力度

新能源作为清洁、可持续利用的能源，为解决人类未来能源供应问题提供了重要的途径和手段。为提升新能源在中国和全球的发展和应用技术水平，共同应对全球气候变化，节约能源资源，实现经济社会可持续发展，建设和谐世界，需要加强中国与世界各国在新能源方面的国际科技合作。中国能源发展在立足国内的基础上，坚持以平等互惠和互利双赢的原则，以坦诚务实的态度，与国际能源组织和世界各国加强能源合作，积极完善合作机制，深化合作领域，维护国际能源安全与稳定。

通过国际科技合作开展技术创新，开发高效与环境友好的能源利用新技术，提高能源利用的总体水平，推动能源新结构的转型与发展。发展新的国际交流与合作模式，促进各国技术优势互补，建立技术合作平台。在吸引国外先进技术向中国转移的同时推动中国的先进技术走出去，加强与发展中国家的科技合作；促进新能源技术的引进、消化、吸收和再创新，与国外联合建立先进技术应用示范项目；以企业为主体，强化产学研合作，加快新能源科研成果的转化；建立与发展一批大的示范项目，促进新能源技术创新；合作培养从事新能源研究与开发的高层次专业人才队伍。

（八）需要健全服务体系，完善标准体系

鼓励发展以工程建设、技术咨询、检测认定、知识产权保护、风险投资为主的产业服务体系。加快制定、修订新能源技术、产品在能效、建设设计等方面的标准和规范，逐步建立产品和工程标准体系，完善产品质量检测和认证体系。加强新能源利用的宣传教育与知识普及，倡导绿色能源消费理念，增强社会认同，营造有利于新能源产业发展的良好环境。

只有大力发展新能源，才能保证中国能源供应安全，调整优化能源结构，促进战略性新兴产业发展，实现能源与经济、社会、环境的协调发展与可持续发展。目前中国风电、太阳能发电产业已经具备一定的产业基础，具备加快发展的条件，应该作为战略性新兴产业的重要领域。中国应当积极实施新能源产业振兴规划，加大科技研发力度，做大做强新能源装备制造业，综合运用财政、税收、信贷政策，加快推进新能源产业发展，促进经济社会发展方式转变，更好地推动中国经济社会可持续发展。

第二节　能源效率评价

一、关于能源效率的研究文献

（一）评估中国的能源利用水平

通过进行能源效率的国际比较来评估当前中国的能源利用水平。大多数比较发现，如果按照汇率法计算，中国能耗强度是日本的 8～9 倍，是世界平均水平的 2～3 倍，但如果按照 PPP 法计算，则差距明显减少（王庆一，2005；施发启，2005）。部分学者对人民币汇率进行一定调整后的估算结果表明，能耗强度是日本的 4～5 倍，总体上能耗水平仍然较高（金三林，2006）。如果用能源物理效率作为指标进行比较，则我国比国际先进水平（日本，2002 年为 43%）低 10% 左右，大致相当于欧洲 1990 年初的水平，日本 1970 年中期水平（蒋金荷，2004；王庆一，2005）。

(二)众多学者对宏观经济进行时间序列分析

主要考察中国能源效率变动的趋势以及背后的驱动力。大多数研究认为,在1978~1999年间,中国的能源生产效率得到了提高,但在2000年左右开始出现下降(史丹,2002;孙鹏等,2005;金三林,2006)。对于能源生产率变动的原因,一般认为主要有以下几个因素:第一,产业结构的调整促使各种要素,包括能源,从低生产率的行业流向高生产率的行业,从而降低了能源消耗强度(Samuels et al. 1984;Richard,1999;史丹,2002;吴巧生、成金华,2006),但也有学者认为产业结构变化对能源效率的作用正在逐渐消失(史丹,2003),甚至产生了负面影响(王玉潜,2003);第二,技术进步和创新使得降低能耗在技术上成为可能(Fisher Vanden,2006;李廉水,周勇,2006),但由于技术进步会产生回弹效应(Rebound Effect),使得最终对能源效率有何种影响难以界定(Khazzoom,1980);第三,此外还有学者认为能源效率的改善依赖于全要素生产率的提高,也就是要配合其他投入要素的投入比例来提高能源效率(Boyd and Pang,2000)。

(三)其他一些研究关注于中观层面

对行业或区域的能源生产率进行了研究,并尝试对行业(地区)间能源生产率差异的影响因素进行解释和收敛性验证。高振宇、王益(2006)计算了各省1995~2003年间的能源生产率,并进行了聚类分析,将全国划分为能源高效、中效和低效区,并认为经济发展水平、产业结构、投资及能源价格是影响能源生产率的主要因素。史丹(2006)同样计算了区域间的能源生产率,并在各地区能源生产率趋同条件下计算了节能潜力,认为影响区域能源生产率的主要原因包括产业结构、人均GDP、能源消费结构、对外开放程度和地理区位。Jinli Hu(2006)等人基于省级数据进行了DEA分解,在全要素生产率框架下计算了能源效率。李廉水、周勇(2006)用能源生产率来表示能源效率指标,通过对35个工业行业进行Malmquist分解,并将分解后的技术进步、技术效率和规模效率作为解释变量,去估算各因素对能源效率的关系。结果发现,技术效率而非技术进步是工业部门能源效率提高的主要原因,但后者的作用将逐渐增强。

二、能源生产率与能源效率

生产率是指生产过程中产出与所需投入之间的比率。Patterson（1996）曾经按照投入—产出的不同变量对能源生产率做过一个详细的分类，本文所讨论的生产率主要是指"能源实物投入—GDP"这一传统指标，按照投入要素的数量，又可以区分为单要素生产率、多要素生产率或全要素生产率。考虑一般化的三要素生产函数（Rashe and Tatom，1977；赵丽霞，1998）为：

$$Y = Af(X_i) = Af(K, L, E) \qquad (3-1)$$

其中 Y 是代表产出变量，X_i 是所有的投入要素（其中 K，L，E 分别代表资本、人力和能源要素），那么单要素生产率（Single Factor Productivity）是指某一投入要素和产出之间的关系（Y/X_i），大多数文献中能源生产率（Energy Productivity）表示为 EP = Y/E，能源生产率与统计年鉴上的能源消耗强度（Energy Intensity）EI = E/Y 互为倒数。多要素生产率（Multi - Factor Productivity）是对投入要素根据一定的权重进行加总后得到的投入—产出之间的关系，简单表达为 $Y/X = Y/\sum W_i X_i$。其中 W_i 为各要素 X_i 的权重，一般可用要素 X_i 的产出弹性来表示。

效率包括两部分：技术效率和配置效率（Farrell，1957）。前者是指现有资源最优利用的能力，即在给定各种投入要素的条件下实现最大产出，或者给定产出水平下投入最小化的能力（Lovell，1993）；后者则要求在一定的要素价格条件下实现投入（产出）最优组合的能力。如果在完全竞争的市场中，各要素的产出弹性等于投入要素占总成本的比重，此时配置有效率，因此更多情况下对效率的考察和测度都是针对技术效率的，本文也将遵循这一思路，下面所指的能源效率均意味着能源的技术效率。能源生产率和能源效率之间的关系如图 3 - 2 所示：

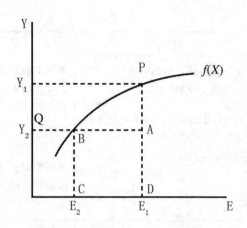

图 3 - 2 能源生产率与能源效率

f(x) 表示生产前沿(Frontier)，也就是在不存在效率损失的情况下所能达到的最优生产可能边界，横轴代表所投入的能源要素 E，如果投入数量 E_1，则对应着前沿上的点 P，此时可以产出 Y_1 水平，但由于各种损耗、管理上的无效、技术水平落后、规模不经济以及 X 效率，使得最终实际的产出只能达到点 A，实际产出为 Y_2，那么此时的能源生产率即为(Y_2/E_1)，而效率的测度则可根据投入角度或者产出角度区分为两种，从产出角度来说，最优产出水平为 Y_1，实际产出 Y_2，产出损失为 $AP = |Y_1 - Y_2|$，效率 $TE_0 = Y_2/Y_1 = DA/DP = (1 - AP/DP)$，也就是衡量投入不变时 A 点距离生产边界最优点 P 的距离与程度。同样的，从投入角度来说，投入过量(Input Excess)为 $BA = |E_1 - E_2|$，效率 $TE_1 = E_2/E_1 = QB/QA = (1 - BA/QA)$，衡量的是产出不变时 A 点距离生产边界最优点 B 的距离与程度。由此可见，生产率和效率之间并不是等同的概念，两者存在以下差异，见表3 - 1所示：

表3 - 1   **生产率与效率的比较**

	生产率	效率
定义	生产过程中产出与所需投入之间的比率	投入资源最优利用的能力
表达式	单要素:Y/X_i 多要素:$Y/\sum W_i X_i$	投入法:最优投入/实际投入 产出法:实际产出/最优产出
值的大小	$[0, +\infty)$	$[0,1]$

	生产率	效率
比较标准	不同经济体之间横向比较，或者自身纵向比较	等于 1 表示有效率，小于 1 表示存在无效率
是否有量纲	有，根据选取的 X，Y 单位来决定	无量纲
优点	计算简单	能够衡量投入要素被实际生产所利用的程度，更体现效率因素
缺点	只是单一考虑某一种要素与产出之间的关系，没有考虑其他配合要素的影响，不能体现出技术效率的真实变化	计算较为复杂可能基于投入法和产出法的效率值不相等

能源生产率只是衡量了能源投入与产出之间的一个比例关系，其作为测度能源效率的一个指标存在很大的局限性（Patterson，1996；Hu，2006）。其度量单位会随着所选取的变量的单位而变化，可能是实物指标也可能是经济指标，一般来说，生产率都是正数，如果变量的度量衡发生变化，生产率也会随之改变，将能源生产率作为一个效率指标的最大缺陷在于：它不能度量潜在的能源技术效率（Wilson et al.，1994），其他因素诸如经济中产业结构的变动（Jenne and Cattell，1983）、能源要素同其他要素之间，或者不同的能源要素之间的相互替代（Renshaw，1981）等都会影响到生产率的大小，但这并不表示实际的技术效率发生了变化，因此使用这样的单一指标难以体现出"效率"因素。能源效率是度量在当前固定能源投入下实际产出能力达到最大产出的程度，或在产出固定条件下所能实现最小投入的程度，它是一个不大于 1 的正数，且无量纲，因此不会受变量单位变化的影响。它的优点在于能够很好地测度出能源要素以及其他要素在生产中的技术效率，但如果在可变规模报酬条件下，基于投入法和基于产出法计算出来的非效率单元的效率值会出现差异（Fare Lovell，1978），这对于进一步分解出规模效率增加了难度。

三、基尼系数和洛伦兹曲线

（一）基尼系数

基尼系数是经济学中综合考察经济社会中居民收入分配差异状况的指标，可较为直观地反映不同收入的居民在收入分配中所处的位置及分配公平的大致程度，在国际上得到了广泛的应用。基尼系数的计算如图3-3洛伦兹曲线所示，设实际收入分配曲线和收入分配绝对平等曲线之间的面积为A，实际收入分配曲线右下方面积为B，并以A除以（A＋B）的商表示不平等程度，该值被称为基尼系数。基尼系数是反映收入公平性的判断指标，该数值越小，社会收入分配就越趋于平均；反之则表示社会收入差异越大。基尼系数作为一个综合考察居民内部收入分配差异状况的分析指标，其经济含义是：在全部居民收入中，用于进行不平均分配的那部分收入占总收入的百分比。按照国际惯例，基尼系数在0.2以下，表示居民之间收入分配"绝对平均"；0.2～0.3之间表示"相对平均"；0.3～0.4之间表示"比较合理"；0.4～0.5之间表示"差异偏大"；0.5以上表示"高度不平均"。

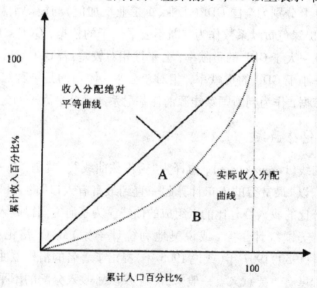

图3-3 洛伦兹曲线

基尼系数有多种求法，笔者采用梯形面积法求取中国能源消耗分配的基尼系数，将洛伦茨曲线下方的面积近似为若干梯形进行计算，其公式如下：

$$G_{Gini} = 1 - \sum_{i=1}^{n} (X_i - X_{i-1})(Y_i + Y_{i-1}) \qquad (3-2)$$

式中，X_i 为评估指标的累计比例，以%计算；Y_i 为能源的累计比例，以%计算；i 为分配对象数量。当 $i=1$ 时，(X_{i-1}, Y_{i-1}) 看作 $(0, 0)$。

(二)绿色贡献系数

根据基尼系数的内涵，中国能源消耗基尼系数反映的是国家能源消耗内部公平性，体现在一定的单元内部。如果其中的某个内部单元的经济贡献率低于其能源消耗占全国总量的比例，则属于侵占了其他单元的分配公平性；相反，则是对其他单元公平性的贡献。这一数值体现的是控制单元之间的外部影响，称之为外部公平性。从这个角度考虑，可以用绿色贡献系作为评价内部单元能源消耗公平性的指标。

绿色贡献系数(GCC) = 经济贡献率/能源消耗比率：

$$GCC = (G_i/G)/(P_i/P) \qquad (3-3)$$

式中：G_i、P_i 分别为地区 GDP(工业、重工业增加值)与能源消耗量(工业能源消耗量)；G、P 分别为全国 GDP(工业、重工业增加值)与能源消耗量(工业能源消耗量)。以绿色贡献系数作为判断不公平因子的依据，GCC < 1，则表明能源消耗的贡献率大于 GDP 的贡献率，公平性相对较差；若 GCC > 1，则表明能源消耗的贡献率小于 GDP 的贡献率，相对较公平，体现的是一种绿色发展的模式。以此为依据，作为判断国家能源消耗基尼系数不公平因子的判断依据。

(三)洛伦兹曲线

洛伦兹曲线(Lorenz curve)，也译为"劳伦兹曲线"。就是，在一个总体(国家、地区)内，以"最贫穷的人口计算起一直到最富有人口"的人口百分比对应各个人口百分比的收入百分比的点组成的曲线。为了研究国民收入在国民之间的分配问题，美国统计学家(或说奥地利统计学家) M. O. 洛伦兹(Max Otto Lorenz, 1876～1959)1907 年(或说 1905 年)提出了著名的洛伦兹曲线。洛伦兹曲线的弯曲程度有重要意义。一般来讲，它反映了收入分配的不平等程度。弯曲程度越大，收入分配越不平等，反之亦然。特别是，如果所有收入都集中在一人手中，而其余人口均一无所获时，收入分配达到完全不平等，洛伦兹曲线成为折线 OHL。另一方面，若任一人口百分比均等于其收入百分比，从而人口累计百分比等于收入累计百分比,则收入分配是完全平等的,洛伦兹曲线成为通过原点的45度线OL。一般来说,一个国家的收入分配,既不是完全不平等,也不是完全平等,而是介于两者之间。相应的洛伦兹曲线,既不是折线OHL,也不是45度线OL,而是像图中这样向横轴突出的弧线OL,尽管突出的程度有所不同。将洛伦兹曲线与45度线之间的部分A叫做"不平等面积",当收入分配达到完全不平等时,洛伦兹曲线成为折线OHL,OHL与45度线之间的面积A+B叫做"完全不平等面积"。不平等面积与完全不平等面积之比,成为基尼系数,是衡量一国贫富差距的标准。基尼系数 G = A/(A + B)。显然,基尼系数不会大于1,也不会小于零。如下图中横轴OH表示人口(按收入由低到高分组)的累积百分比,纵轴OM表示收入的累积百分比,弧线(O – E1 – E2 – E3 – E4 – L)为洛伦兹曲线,如图3 – 3所示。

在中国能源消费洛伦兹曲线中,以各个省份GDP在全国GDP中的累计比重为横坐标,以各个省区的能源消费在全国能源消费中的累计比重为纵坐标,对角线为绝对公平线。如果能源消费洛伦兹曲线在绝对公平线的下方凸向横坐标轴,则表示经济效率高的省区获得了更多的能源配置,从能源效率角度来看是合理的,但是大部分能源集中在少数地区,更多其他地区的能源需求不能得到充分满足。如果能源洛伦兹曲线在绝对公平线上方凹向横坐标轴,则表明经济效率低的省区消费了更多的能源,造成了能源的浪费,形成能源效率不均衡、能源配置不合理的局面,如图3 – 4所示:

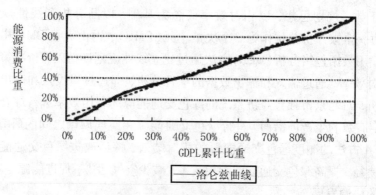

图3 – 4 中国能源消费洛伦兹曲线

上图中,可以看到GDP累计比重在40%以前,能源消费洛伦兹曲线处于绝对公平线的上方并且向上凸,意味着大多数能源被经济效率低的地区所消费，能源效率不合理，能源配置不均匀。洛伦兹曲线和绝对公平线之间的面积就是由于低效率地区消耗多数能源所造成的能源浪费。GDP 累计比重在 40%～75% 之间时，洛伦兹曲线贴近绝对公平线，此时的能源效率相对合理。GDP 比重超过 80% 后，能源消费洛伦兹曲线位于绝对公平线下方并且向下凸，说明经济效益大的地区消费了比较多的能源，可能造成有些地区的能源供应不充足，影响经济的发展。可以看出，过大的能源效率差距、不合理的能源配置必将严重影响经济与能源之间的协调发展，阻碍中国经济的健康有序的发展。

四、基于 DEA 方法的能源效率评价

在北京发展中不仅要注重 GDP 的提高，同时还要重视能源的投入量和对周围环境质量的负面影响，从可持续发展的角度出发，处理好经济、能源、环境三者的协调关系，从而提高整体的效率水平，寻求经济效益和社会效益的最大化。如图 3-4 中的洛伦兹曲线，洛伦兹曲线和绝对公平线之间的面积就是由于低效率地方消耗多数能源所造成的能源浪费。GDP 累计比重在40%～75%之间时，洛伦兹曲线贴近绝对公平线，此时能源效率相对合理。GDP 比重超过80%后，能源消费洛伦兹曲线位于绝对公平线下方并且向下凸，说明经济效益大的地方消费了比较多的能源，可能造成有些地方的能源供应不充足，影响经济发展。可见，过大的能源效率差距、不合理的能源配置将严重影响经济与能源之间的协调发展，阻碍经济健康有序地前进。

基于数学规划思想，以相对效率概念为基础，以凸分析和线性规划为工具，把每一个被评价单位作为一个决策单元（DMU），再由大量 DMU 构成被评价群体，用数据包络分析（DEA）方法通过建立线性规划模型以评价决策单元之间的相对效率，通过输入和输出数据的综合分析，即通过对投入和产出比率的综合分析，对北京市社会经济系统的绿色交通能源的利用效率进行综合分析评价，确定有效的生产前沿面，进行绿色交通能源和空气质量之间的研究，得出基于 DEA 方法的测度绿色交通能源的相对绩效，探讨改进绿色交通能源利用效率的途径，提高绿色交通能源利用效率，减少空气污染，促进能源、经济和环境之间的协调发展。

（一）DEA 方法

Farrell（1957）首先提出可以通过构造一个非参数的线性凸面来估计生产前

沿。但直到 Charnes，Cooper，Rhode(1978)发展出一个基于规模报酬不变(Constant Return to Scale，以下简称 CRS)的 DEA 模型之后才引起广泛关注和运用，之后 Banker，Charnes 和 Cooper(1984)扩展了 CRS 模型中关于规模报酬不变的假设，提出了基于可变规模报酬(Variable Return to Scale，以下简称 VRS)的 DEA 模型。DEA 是一种运用线性规划的数学过程，用于评价决策单元(DMU)的效率(Coelli，1996)。其目的就是构建出一条非参数的包络前沿线，有效点位于生产前沿上，无效点处于前沿的下方。假定有 N 个 DMU，每一个单元使用 K 种投入要素来生产 M 种产出，第 i 个 DMU 的效率即是求解以下线性规划问题：

$$
\begin{aligned}
&\underset{\theta,\lambda}{Min\ \theta} \\
s.t.\ &-y_i + Y\lambda \geq 0, \\
&\theta x_i - X\lambda \geq 0, \\
&\lambda \geq 0
\end{aligned} \qquad (3-4)
$$

其中 θ 是标量，λ 是一个 $N \times 1$ 的常向量，解出来的 θ 值即为 DMU_i 的效率值，一般有 $\theta \leq 1$，如果 $\theta = 1$，则意味着该单元是技术有效的，且位于前沿上(Coelli et al.，1998)。如果在上面方程中添加约束条件 $N_1'\lambda = 1$(其中 N_1 是 $N \times 1$ 向量)，则变为基于 VRS 假设的 DEA 模型，它构成了一个截面凸包，比 CRS 构成的圆锥包更为紧凑，同时可以将技术效率分解为纯技术效率和规模效率。但是在 VRS 假设下，基于投入法和产出法所计算的效率是不相等的(Fare，Lovell，1978)。此外，由于本文关注的是投入要素，因此本文将采用 CRS 假设下基于投入法的 DEA 模型。

(二)能源效率评价

由于传统的能源消耗强度指标存在不能度量能源要素同其他要素之间、不同能源要素本身之间的相互替代效应，不能反映能源利用的潜在技术效率，不能区分产业间能效利用水平的变化趋势等缺点，这里我们借鉴使用胡均立、王世全提出的全要素能源效率的概念在除能源要素投入外的其他要素(如资本、劳动力)保持不变的前提下，按照最佳生产实践，一定的产出(如 GDP)所需的目标能源投入量与实际投入量的比值。考虑规模报酬不变条件下投入导向的 DEA 模型，如图 3-5 所示：

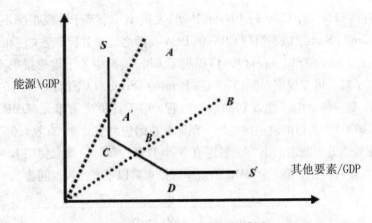

图3-5 基于投入的 DEA 模型

设有 A、B、C、D 四个决策单元(DMU),其单位化的产出 GDP 依赖于能源和其他要素的共同投入。由此确定了现实条件下的最佳前沿面 S-S,其中 C 点和 D 点在前沿面上,是有效的 A 点和 B 点在前沿面外,存在一定的效率损失。B′点是 B 点在前沿面上的投影,也就是说 B′是 B 改善的目标点,决策单元 B 存在 B′B 这一段的损失。考虑到能源投入的冗余问题,A 点位于前沿面上的投影 A′点可通过进一步减少能源投入达到 C 点,而保持产出不变,因此对于决策单元 A 而言,AA′和 A′C 是点 A 为到达目标点 C 所要调整的能源投入量,即存在径向调整量和松弛调整量两个部分。由此可将一个地区的全要素能源效率定义为:

$$TFEE = \frac{E_{target}}{E_{actual}} = 1 - \frac{E_{loss}}{E_{actual}} \tag{3-5}$$

$$E_{adjustment} = E_{loss} = E_{actual} - E_{target} \tag{3-6}$$

该定义包含了除能源要素投入以外的其他要素对能源效率的影响。其中,能源投入的目标就是最佳实践的能源投入最低水平。由于实际能源消费总是大于或者等于目标值,所以 TFEE 的值在 0 到 1 之间。当 TFEE 越接近于 1,说明其效率越高,需要的调整量越小;反之,若 TFEE 近于 0,表明其能源利用的低水平,需要的调整量也就越大。上述目标值与调整值都可以由下面的基于投入导向型的 DEA 模型计算获得。设有 N 个决策单元 DMU,其投入为 $X_j = (x_{1j}, \cdots, x_{mj})^T$,产出为 $Y_j = (y_{1j}, \cdots, y_{sj})^T$,m 为投入指标个数,s 为产出指标个数。

1. 则有下述所示 DEA 模型

(1)$\theta^* = 1$ 且 $s^{*+} = 0$,$s^{*-} = 0$ 则决策单元 j_0 为 DEA 有效,决策单元的经济活动同时为技术有效和规模有效。

（2）$\theta^* = 1$ 但至少某个输入或者输出大于 0，则决策单元 j_0 为弱 DEA 有效，决策单元的经济活动不是同时为技术效率最佳和规模最佳。

（3）$\theta^* < 1$ 决策单元 j_0 不是 DEA 有效，经济活动既不是技术效率最佳，也不是规模最佳。

$$\begin{cases} \min\left[\theta - \varepsilon\left(\sum_{j=1}^{m} s^- + \sum_{j=1}^{r} s^+\right)\right] \\ s.\,t. \\ \sum_{j=1}^{n} x_j \lambda_j + s^- = \theta x_0 \\ \sum_{j=1}^{n} y_j \lambda_j - s^+ = y_0 \\ \lambda_j \geq 0 \\ s^+ \geq 0,\ s^- \geq 0 \end{cases} \qquad (3-7)$$

DEA 有效的经济含义是有效的决策单元在当前的产出水平下，其投入不能再减少；非 DEA 有效是决策单元未能达到生产前沿面上，其投入要素存在剩余。另外，如果 $\sum_{j=1}^{n} \lambda_j = 1$，则该决策单元为规模有效，$\sum_{j=1}^{n} \lambda_j < 1$ 为规模效益递减，$\sum_{j=1}^{n} \lambda_j > 1$ 为规模效益递增；其投入的剩余可以通过下式计算得到：

$$\Delta x_0 = (1 - \theta^*) x_0 + s^- \qquad (3-8)$$

也就是目标资源投入量，这样也就可以得到资源的效率结果。

2. 根据以上，进行因素分析及指标确定时可以考虑以下因素

（1）产业结构。结构主义认为：要素从低收益部们向高收益部门流动，直接影响到经济资源的合理配置和经济资源的利用效率。塞缪尔等、理查德、魏楚等的研究都表明，产业结构调整（至少在部分时段）有利于产能源利用效率的提高。这里我们使用第三产业产值占 GDP 的比重来衡量，用 IS 表示。

（2）政府的影响力。市场经济体制之下，政府被认为是经济发展宏观调控的主导者。其所实施的财政政策和货币政策对很多行业尤其是能源效率的改变有显著影响。尤其目前国有经济仍是很多行业的主导。这里我们使用财政支出占 GDP 的比重来衡量政府对经济效率的影响力，用 GOV 表示。

（3）对外开放程度。目前经济发展的国际化程度日益提高，经过改革开放

30 年的发展，天津市经济发展的对外开放的总体格局已经定型，在这个过程中，我们可以充分利用国内及国外两种资源，优化资源配置促进我们经济发展的效率水平的提升。经济运行的外向化水平，衡量一个国家或地区的开放程度的通用指标是对外贸易比率，也就是出口总额与 GDP 的比重来反应地区参与国际贸易和分工的程度，用 EX 表示。

（4）制度因素。一定的经济制度把资本劳动等生产要素组织起来进行生产。短期看，在制度不变的情况下，生产要素的改变会影响产出水平，但长期看来，变化的制度会使得生产要素的生产效率发生变化。这种影响在中国经济的发展中事实证明是巨大的。这里我们使用国有工业产值比重来衡量，用 ZD 表示。

（5）技术进步。技术进步在效率提升过程中的作用是被普遍认可的。已有研究中该类指标一般使用专利申请数量，研发投入等来进行衡量，但这些技术领域的投入更多的局限于企业内，对我们分析的能源效率来讲，却更多的依赖于专业机构，同时现实来看很多都是国外技术的引进及吸收，自主知识产权的技术革新并不多见，基于以上分析，我们使用天津市实际利用外资的数额来代表技术水平的变动情况，用 TP 表示。

第三节　中国经济社会和环境的可持续发展

可持续发展是一种注重长远发展的经济增长模式，最初是 1972 年在斯德哥尔摩举行的联合国人类环境研讨会上提出的，指既满足当代人的需求，又不损害后代人满足其需求的能力，是科学发展观的基本要求之一。它们是一个密不可分的系统，既要达到发展经济的目的，又要保护好人类赖以生存的大气、淡水、海洋、土地和森林等自然资源和环境，使子孙后代能够永续发展和安居乐业。发展是可持续发展的前提；人是可持续发展的中心体；可持续长久的发展才是真正的发展。

一、可持续发展的概念和内涵

（一）可持续发展的概念

可持续发展是人类对工业文明进程进行反思的结果，是人类为了克服一系列环境、经济和社会问题,特别是全球性的环境污染和广泛的生态破坏,以及它们之间关系失衡所做出的理性选择,中国共产党和中国政府对这一问题也极为关注。

可持续发展是建立在社会、经济、人口、资源、环境相互协调和共同发展的基础上的一种发展,其宗旨是既能相对满足当代人的需求,又不能对后代人的发展构成危害。1987年,世界环境与发展委员会出版《我们共同的未来》报告,作者 Gro Harlem Brundtland,将可持续发展定义为:"既能满足当代人的需要,又不对后代人满足其需要的能力构成危害的发展",得到了国际社会的广泛共识。1991年,中国发起召开了"发展中国家环境与发展部长会议",发表了《北京宣言》。1992年6月,联合国在里约热内卢召开的"环境与发展大会",通过了以可持续发展为核心的《里约环境与发展宣言》《21世纪议程》等文件。随后,中国政府编制了《中国21世纪人口、资源、环境与发展白皮书》,首次把可持续发展战略纳入我国经济和社会发展的长远规划。1997年的中共十五大把可持续发展战略确定为我国"现代化建设中必须实施"的战略。2002年中共十六大把"可持续发展能力不断增强,生态环境得到改善,资源利用效率显著提高,促进人与自然的和谐,推动整个社会走上生产发展、生活富裕、生态良好的文明发展道路"作为全面建设小康社会的目标之一。可持续发展主要包括社会可持续发展,生态环境可持续发展,经济可持续发展,如图3-6所示:

图3-6 可持续发展

(二)可持续发展的基本内涵

可持续发展是以保护自然资源环境为基础,以激励经济发展为条件,以改善和提高人类生活质量为目标的发展理论和战略。它是一种新的发展观、道德观和文明观。可持续发展注重社会、经济、文化、资源、环境、生活等各方面协调发展，要求这些方面的各项指标组成的向量的变化呈现单调增态势（强可持续性发展），至少其总的变化趋势不是单调减态势（弱可持续性发展）。中国人口众多，人均资源相对不足，就业压力大，生态环境突出。因此，对可持续发展问题非常重视。

突出发展的主题，发展与经济增长有根本区别，发展是集社会、科技、文化、环境等多项因素于一体的完整现象，是人类共同的和普遍的权利，发达国家和发展中国家都享有平等的不容剥夺的发展权利；发展的可持续性，人类的经济和社会的发展不能超越资源和环境的承载能力；人与人关系的公平性，当代人在发展与消费时应努力做到使后代人有同样的发展机会，同一代人中一部分人的发展不应当损害另一部分人的利益；人与自然的协调共生，人类必须建立新的道德观念和价值标准，学会尊重自然、师法自然、保护自然，与之和谐相处。中共提出的科学发展观把社会的全面协调发展和可持续发展结合起来，以经济社会全面协调可持续发展为基本要求，指出要促进人与自然的和谐，实现经济发展和人口、资源、环境相协调，坚持走生产发展、生活富裕、生态良好的文明发展道路，保证一代接一代地永续发展。从忽略环境保护受到自然界惩罚，到最终选择可持续发展，是人类文明进化的一次历史性重大转折。

二、可持续发展的意义和原则

（一）可持续发展的意义

实施可持续发展战略，有利于促进生态效益、经济效益和社会效益的统一；有利于促进经济增长方式由粗放型向集体型转变，使经济发展与人口、资源、环境相协调；有利于国民经济持续、稳定、健康发展，提高人民的生活水平和质量；从注重眼前利益、局部利益的发展转向长期利益、整体利益的发展，从物质资源推动型的发展转向非物质资源或信息资源（科技与知识）推动型的发展；我国人口多、自然资源短缺、经济基础和科技水平落后，只有控制人口、节约资源、保护环境，才能实现社会和经济的良性循环，使各方面的发展能够持续有后劲。

（二）可持续发展的基本原则

可持续发展的公平性原则，可持续发展的可持续性原则，可持续发展的和谐性原则，可持续发展的需求性原则，可持续发展的高效性原则，可持续发展的阶跃性原则。

1. 公平性原则

是指机会选择的平等性，具有三方面的含义：一是指代际公平性；二是指同代人之间的横向公平性，可持续发展不仅要实现当代人之间的公平，而且也要实现当代人与未来各代人之间的公平；三是指人与自然，与其他生物之间的公平性。这是与传统发展的根本区别之一。各代人之间的公平要求任何一代都不能处于支配地位，即各代人都有同样选择的机会空间。

2. 可持续性原则

是指生态系统受到某种干扰时能保持其生产率的能力。资源的持续利用和生态系统可持续性的保持是人类社会可持续发展的首要条件。可持续发展要求人们根据可持续性的条件调整自己的生活方式。在生态可能的范围内确定自己的消耗标准。因此，人类应做到合理开发和利用自然资源，保持适度的人口规模，处理好发展经济和保护环境的关系。

3. 和谐性原则

可持续发展的战略就是要促进人类之间及人类与自然之间的和谐。如果我们能真诚地按和谐性原则行事，那么人类与自然之间就能保持一种互惠共生的关系，也只有这样，可持续发展才能实现。

4. 需求性原则

人类需求是由社会和文化条件所确定的，是主观因素和客观因素相互作用，共同决定的结果。与人的价值观和动机有关。可持续发展立足于人的需求而发展人，强调人的需求而不是市场商品，是要满足所有人的基本需求，向所有人提供实现美好活愿望的机会。

5. 高效性原则

高效性原则不仅是根据其经济生产率来衡量，更重要的是根据人们的基本需求得到满足的程度来衡量。是人类整发展的综合和总体的高效。

6. 阶跃性原则

随着时间的推移和社会的不断发展，人类的需求内容和层次将不断增加和提高，所以可持续发展本身隐含着不断地从较低层次向较高层次的阶跃性过程。

三、可持续发展经济的理论与模式

(一) 可持续发展的能源与环境

能源安全，经济增长和环境保护是世界上任何国家的国家能源政策的驱动。随着世界人口的增长，平均增长速度是2%，需要越来越多的能源，如图3-7所示。所以我们要进行新能源的开发和利用，促进经济社会的可持续发展。

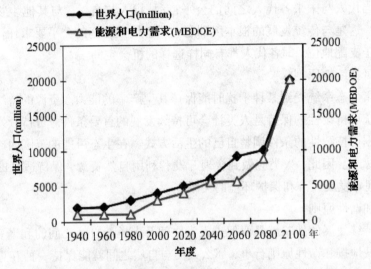

图3-7　年度、世界人口和能源需求

可持续发展概念被正式提出以后，就广泛应用于包括环境保护领域在内的许多领域之中，其内涵和外延也得到不断丰富和发展，派生出经济可持续发展、生产可持续发展、社会可持续发展等。可持续发展的核心内容是：人类在努力满足当代人的需求时，应当承认环境承载能力的有限性，不能剥夺后代人所必需的自然资源和环境质量。可持续发展首先是发展，并且是持续不断的良性循环，需要在改善和保护发展的源头——自然环境的前提下，合理调整传统的产业发展模式，协调经济、社会和自然环境之间的关系。

我们将资源分为硬资源和软资源两类，其中硬资源又分第一类硬资源（如矿产、森林）和第二类硬资源（如旅游资源和潮汐资源）。第一类硬资源是物质型的，它们具有消耗性，第二类硬资源是环境型的，它们具有退化性。目前，对第一类硬资源已有较完善的基于最优控制的理论,这种基于最优控制的理论认为资源可持续利用,利用目的在于在状态方程 $x = G(x) - u(t)$ 约束下,使 $J = \int_0^T L(x,u)e^{-\delta t}dt$ 达到最大。这里 x 为资源量,u 为开发量,$G(x)$ 为更新能力,为由经济目标确定的拉格朗日函数,δ 为贴现率,t 为时间,对于可更新资源来说,$G(x) \neq 0$,如利用期 $T \to \infty$,从而我们可能做到持续。

(二)可持续发展经济的模式

可持续经济发展包含两层意义:一是要经济发展,二是经济可持续。从社会总体上,保持总资本存量非减或有所增殖,这是可持续经济发展的必要前提,也是社会总体可持续发展的必要前提。这里所说的社会总资本是指包括人们通常所说的经济资本即实物资本或物质资本、人力资本和生态资本的总和。我们要从根本上解决人口、经济、社会和资源、环境、生态之间协调发展,保持生态、经济、社会的可持续性,必须确立三种资本相互转化与相互增殖的基础上保持社会总资本存量增加的观点。

可持续发展经济的最佳模式是物质、人力、生态三种资本共同增殖。走可持续发展道路是全人类的共同选择,但由于各国的国情和发展背景各有差异,可持续经济发展模式就有所不同,因而三类资本组合的状态也各不相同。从发展中国家来说,基本上都是在经济基础薄弱、科学技术水平低的条件下进行工业化和现代化建设的。在正常情况下,一些国家必然大力发展经济,推动科技进步,尽快增加物质资本和人力资本的积累,这是毫无疑义的。尤其是像中国这样的发展中社会主义大国,确立了社会主义市场经济体制模式,使我国进入经济快速、持续增长的历史时期,因而将长期面临人口、资源、环境与经济发展的巨大压力和尖锐矛盾。为了有效解决这种矛盾,我们党和国家制定和实行两个根本转变战略、科教兴国战略与可持续发展战略,作为实现我国跨世纪建设蓝图的基本国策与关键措施。实行两个根本转变的直接目标是驱动经济增长,加快经济发展,增强经济实力;实施科教兴国就是要切实地把我国现代化转移到依靠科技进步和劳动者素质提高的轨道上,增加发展的科技支撑能力;实施可持续发展战略的首要任务,就是合理分配和利用资源,保护与改善生态环境,增强发展的生态支撑能力。因此,认真实施这三大战略,从发展目标和发展趋势来看,应该说是能够保证三种资本共同增殖的。

四、促进经济社会和环境的可持续发展

在现代经济社会条件下，影响社会总资本增殖、实现经济可持续发展的因素很多，分析起来又很复杂。但在诸因素中起直接的、长期的、主要的作用因素，应该是劳动、资本、体制、技术、生态。这些因素是通过社会体制创新、技术经济创新和生态环境创新三种创新相互作用与相互推动着社会总资本存量增殖，确保经济及整个社会可持续发展。

（一）社会制度创新

社会制度创新是经济可持续发展的基本保证。所谓社会制度创新就是指能够使创新者获得追加利益的现存经济体制及其运行机制的变革，从而产生一种更有效益的制度的变迁过程。制度创新之所以能够推动经济增长就在于：一个效率较高的制度的建立，能够减少交易成本，减少个人收益与社会效益之间的差异，激励个人和组织从事生产活动，使劳动、资本、技术等因素得以发挥其功能，从而极大提高生产效率和实现经济增长。从可持续发展来说，能够保证经济可持续性的经济制度，不仅仅是指物质生产领域的经济体制及其运行机制的变革，而且包括精神生产、人类自身生产和生态生产等领域的体制及其运行机制的变革，使之都纳入社会主义市场经济的总体制之中。只有这样，才能真正实现物质再生产、精神再生产、人类自身再生产和生态再生产的相互适应与协调发展，才能促进物质资本、人力资本、生态资本共同增殖，从而确保经济可持续发展。

（二）技术经济创新

技术经济创新是经济可持续发展的主要动力。从经济学的观点来看，技术创新不仅仅是指技术系统本身的创新，更主要是把科技成果引入生产过程所导致的生产要素的重新组合，并使它转化为能在市场上销售的商品或工艺的全过程。科技与经济一体化的完整过程，也是新技术与经济发展的有效结合与协调发展，它是一种经济行为，在本质上是经济创新。只有在预期收益超过预期成本时，技术创新才得以实现。所以，技术创新的根本目的是推动科技发明创造成果在生产中的应用，促进新市场的开拓，提高生产效率和效益，取得经济收益的最大化，实现经济持续增长。技术创新不断出现，就不断引起社会生产与

再生产的扩大与发展，推动经济可持续发展。从实践上看，科技进步与创新确实已成为现代经济发展的主要因素，在发达国家经济增长中起了决定性作用，已成为经济持续发展的主要支柱。而技术创新则能够不断地、长期地推动经济发展，成为经济可持续发展的主要动力。

（三）生态环境创新

生态环境创新是实现经济可持续发展的不竭源泉。生态环境创新是指包括生态系统本身的变革，创造新的人工生态系统和经济社会系统生态化，即社会生产、分配、流通、消费再生产各个环节生态化过程。这是生态与经济一体化的完整过程。

三种创新相互作用推动着现代经济社会的可持续发展。我们把生态环境创新纳入现代经济健康发展和可持续发展理论模式，就很自然提出了社会制度创新、技术经济创新和生态环境创新各自在这个模式中的地位与作用问题，并运用它建立制度、技术、生态创新的三位一体的可持续经济运行理论。在这个三位一体的有机统一体中，三种创新相互作用与相互推动着现代经济健康发展与可持续发展，这是现代经济运行与发展的客观规律。这个规律不仅强调了制度在现代经济运行与发展的保障作用和科技的主导作用，而且突出了生态环境在现代经济健康和可持续发展的基础作用。

本章小结

本章讨论了新能源管理和经济、社会、环境的可持续发展，为下面论述低碳绿色经济发展和城市发展战略奠定基础。目前，能源的发展，能源和环境，是全世界和全人类共同关心的问题，也是中国社会经济发展的重要问题。能源是经济社会发展的重要物质基础，新能源是指在新技术基础上，系统地开发利用的新能源，指传统能源之外的各种能源形式，是中国能源优先发展的领域，新能源的开发利用极大地推进了世界经济和人类社会的发展。新的开发利用，对增加能源供应、改善能源结构、促进环境保护具有重要作用，是解决能源供需矛盾和实现可持续发展的战略选择。分析了能源效率的相关文献，比较了能源生产率和能源效率，讨论了基尼系数、洛伦兹曲线以及绿色贡献系数，用数据包络分析（DEA）方法通过建立线性规划模型以评价决策单元之间的相对效率，通过对投入和产出比率的综合分析进行能源效率评价，对北京市社会经济系统的绿色交通能源的利用效率进行综合分析评价。在北京发展中不仅要注重 GDP 的提高，同时还要重视能源的投入量和对周围环境质量的负面影响，从可持续发展的角度出发，处理好经济、能源、环境三者的协调关系，从而提高整体的效率水平，寻求经济效益和社会效益的最大化。

可持续发展是一种注重长远发展的经济增长模式，是科学发展观的基本要求之一。发展是可持续发展的前提，人是可持续发展的中心体，可持续长久的发展才是真正的发展。只有大力发展新能源，调整优化能源结构，促进战略性新兴产业发展，实现能源与经济、社会、环境的协调发展与可持续发展。加快推进新能源产业发展，促进经济社会发展方式转变，更好地推动中国经济社会和环境的可持续发展。

| 第四章 |

中国低碳绿色经济发展

第一节　中国循环经济

循环经济是以物质不断循环利用为特征，是统筹人与自然和谐发展的生态型经济。发展循环经济，是中国实现经济社会可持续发展的必然选择。为了保证循环经济良性发展，政府必须充分发挥宏观调控能力，通过制度创新和机制创新，建立健全与循环经济发展模式相适应的支持体系。

一、循环经济的涵义和原则

（一）循环经济的涵义

循环经济的思想萌芽诞生于 20 世纪 60 年代的美国。循环经济（Circular Economy）即物质闭环流动型经济，就是按照自然生态物质循环方式运行的经济模式，是指在人、自然资源和科学技术的大系统内，在资源投入、企业生产、产品消费及其废弃的全过程中，把传统的依赖资源消耗的线形增长的经济，转变为依靠生态型资源循环来发展的经济。循环经济倡导的是自然资源的低投入、高利用和废弃物的低排放，致力于解决人类社会经济发展对资源的无限需求和地球上有限资源之间的矛盾，从而实现经济和环境可以兼得的目标。它要求运用生态学规律来指导人类社会的经济活动，其目的是通过资源高效和循环利用，实现污染的低排放甚至零排放，保护环境，实现社会、经济与环境的可持续发展。传统经济是"资源—产品—废弃物"的单向直线过程，循环经济是"资源—产品—再生资源"的物质循环过程，以尽可能小的资源消耗和环境成本，获得尽可能大的经济和社会效益，从而使经济系统与自然生态系统的相互和谐，促进资源永续利用。因此，循环经济是对"大量生产、大量消费、大量废弃"的传统经济模式的根本变革。如图4-1所示：

图4-1　循环经济图示

（二）循环经济的原则

循环经济要求以"3R原则"为经济活动的行为准则，有助于改变企业的环境形象，使他们从被动转化为主动。第一是减量化原则，是循环经济的首要原则，即减少进入生产和消费流程的物质量（减物质化），其关键在于避免产生废弃物，要求用较少的原料和能源投入来达到既定的生产目的或消费目的，进而到从经济活动的源头就注意节约资源和减少污染。第二是再利用原则，即尽可能多次以及尽可能多种方式地使用人们所买的东西，通过再利用，人们可以防止物品过早成为垃圾。要求制造产品和包装容器能够以初始的形式被反复使用。第三是再循环原则，即尽可能多地再生利用或资源化，把使用过的物品返回企业，经过适当加工后再融入到新的产品之中，制成使用能源较少的新产品。要求生产出来的物品在完成其使用功能后能重新变成可以利用的资源。按照循环经济的思想，再循环有原级再循环和次级再循环两种情况。

二、循环经济的理论基础及运行模式

（一）循环经济的理论基础

循环经济倡导经济与环境的协调发展，是一种可持续的经济发展模式，循环经济的理论基础主要有：生态学理论、生态经济学理论、零排放理论、热力学"熵"理论、资源价值论。循环经济最主要的指导原理是生态系统原理。所谓生态系统是指在一定空间内，生物成分（生物群落）和非生物成分（物理环境）通过物质循环、能量流动和信息传递形成的一个功能整体，是一个不断演化的动态系统。生态经济学是生态学和经济学密切结合的科学，从总体上研究经济系统和生态系统之间的相互关系及其发展规律，具有很强的理论经济科学性质。在生态经济中，经济活动的目标包括对生态环境的保护，以保证整个经济、社会的可持续发展。循环经济发端于生态经济，把经济发展与生态环境保护和建设有机结合起来，使二者互相促进的经济活动形式，是在经济与生态协调发展的思想指导下，按照物质能量层级利用的原理，把自然、经济、社会和环境作为一个系统工程统筹考虑，立足于生态，着眼于经济。零排放理论是由欧洲实业家、前任联合国大学校长顾问 Gunter Pauli 首创的，是指无限地减少能源消耗和污染物排放直至为零的活动，即应用清洁生产、物质循环和生态工程等各种技术，实现对天然资源的完全循环利用，而不给生态环境遗留任何废物。在热力学中，高温热源向低温热源的移动是以扩散的形式移动的。熵经济学中的熵概念不仅用于描述热量的扩散也被用来描述物质的扩散。引入了物质熵的概念，就能描绘出作为物质熵向热量熵转化过程的一个环节的有机生产。随着经济的发展，大量的资源被肆意开采和浪费，越来越多的资源学和经济学家意识到自然资源本身是有价值的。在循环经济系统中，环境资源和自然资源是有价值的。循环经济以综合性指标来衡量发展，以实现社会的可持续发展为目标，重视污染预防和废物循环利用以及资源和能源的节约。发展循环经济需要有相应的科学技术作支撑，循环经济是随着技术的不断集成和提高而发展的，衡量科学技术进步对经济发展贡献率的计算方法如下式：

$$\frac{\triangle T}{T} = \frac{\triangle Y}{Y} \alpha \frac{\triangle K}{K} \beta \frac{\triangle L}{L} \qquad (4-1)$$

式中：$\frac{\triangle T}{T}$ 是技术进步的贡献率；$\frac{\triangle Y}{Y}$ 是国民生产总值增长率；$\frac{\triangle K}{K}$ 是资本增

长率；$\dfrac{\Delta L}{L}$ 是劳动增长率；α、β 是资本和劳动的产出弹性系数。

（二）循环经济的运行模式

按照经济社会活动的规模和所涉及的范围，循环经济可以分成大、中、小三种规模的循环方式。"小循环"模式是企业内部的循环，是指以一个企业内部或者一个农村家庭为单位，根据生态效率的理念，推行清洁生产，最终使所有的资源和能源都得到有效的利用，实现污染无害排放或零排放目标。企业是经济建设的主体，也是发展循环经济的基础，发挥循环经济要把企业作为重点，提倡建立循环型企业。"中循环"是企业之间的物质循环，是建立在多个企业或产业的相互关联、互动发展基础上的运行模式，是指把不同的工厂或部门联合起来，按照工业生态学的原理，形成共享资源和互换副产品的产业共生组合，形成企业间的工业代谢和共生关系，建立生态工业园区。在中循环中，要优先考虑将上游企业产生的废物充分利用到下游企业中去，使所有的物质都得到循环往复的利用，最终实现废物的再循环利用。"大循环"是循环经济在社会层面上的体现，是指在整个经济社会领域，通过工业、农业、城市、农村的资源循环利用，不排放废物，最终建立循环型社会的实践模式。

发展循环经济就是要立足于建设循环型企业、生态工业园区、循环型区域，通过立法、教育、文化建设以及宏观调控，在全社会范围内树立"资源循环"的观念，实现经济社会的可持续发展。在推动循环经济发展中，以上三种循环模式同等重要。循环经济的发展应该在循环经济发展规划的框架下，以相关理论为指导，在产业不断振兴、经济不断增长的同时，将对环境的污染负荷持续降到最低水平，最终实现资源循环型经济社会的目标，如图 4-2 所示：

图4-2 循环经济发展框架示意图

三、中国循环经济发展的必然

中国人口众多，资源相对不足，生态环境承载能力弱，经过三十年的持续增长，中国目前118座资源型城市正面临着资源枯竭的严峻挑战，实现可持续发展的唯一出路就是大力发展循环经济。党的十六届三中全会提出了"以人为本，全面、协调、可持续发展"的科学发展观，是我国全面实现小康社会发展目标的重要战略思想。胡锦涛总书记指出："要加快转变经济增长方式，将循环经济的发展理念贯穿到区域经济发展、城乡建设和产品生产中，使资源得到最有效的利用。"党的十六届四中、五中全会决议中明确提出要大力发展循环经济，把发展循环经济作为调整经济结构和布局，实现经济增长方式转变的重大举措。"十一五"规划也把大力发展循环经济，建设资源节约型和环境友好型社会列为基本方略。全国形成了贯彻落实科学发展观，发展循环经济，构建资源节约和环境友好型社会的热潮。党的十七届五中全会提出，要以科学发展为主题，以加快转变经济发展方式为主线谋划"十二五"发展，把加快转变经济发展方式贯穿于经济社会发展全过程和各领域。

循环经济始于人类对环境污染的关注，源于对人与自然关系的处理。它是人类社会发展到一定阶段的必然选择，是重新审视人与自然关系的必然结果。由于国情不同、发展阶段不同、科技文化发展水平和传统不同，制度、体制、机制不同，所以各国在循环经济的认识与实践方面有较大差异。中国正处于工业化的中期阶段，还需要经历一个资源消耗阶段，投资率高，原材料工业增长速度快，特别是粗放型经济增长方式没有根本改变，资源浪费大，单位产值的污染物排放量高。中国要实现经济发展、资源节约、环境保护、人与自然和谐四者的相互协调和有机统一，就必然要发展循环经济。循环经济是一个系统工程，不是单纯的经济问题，但要着眼于经济，循环经济与可持续发展一脉相承，强调社会经济系统与自然生态系统和谐共生，是集经济、技术和社会于一体的系统工程。循环经济不是单纯的经济问题，也不是单纯的技术问题和环保问题，而是以协调人与自然关系为准则，模拟自然生态系统运行方式和规律，使社会生产从数量型的物质增长转变为质量型的服务增长，推进整个社会走上生产发展、生活富裕、生态良好的文明发展道路，它要求人文文化、制度创新、科技创新、结构调整等社会发展的整体协调。

四、中国循环经济管理机制的创新

发展循环经济，是中国走新型工业化道路实现可持续发展的战略选择。为了确保循环经济良性发展，政府必须充分发挥宏观调控能力，通过管理制度创新和管理机制创新，建立健全与循环经济发展模式相适应的支持体系。

(一)循环经济的管理机制

循环经济是一种新型的经济发展模式和发展理念，是对传统发展模式和理念的一种革命，是涉及经济、社会、环境和资源等领域的庞大的系统工程。科学严格的管理是保障系统有效运行的重要条件。管理机制就是明确各个机构在发展循环经济的各个阶段的各项工作或活动中的相互联系和一般性的内在工作方式。因此，建立健全规范化、程序化和系统化的管理机制，是循环经济良性发展的重要保障。循环经济发展的管理机制，应贯彻全面管理和持续改进的管理思想，采用目标管理和全过程控制的管理方法，即事前策划、事中调控和事后评估。具体包括四个阶段：策划阶段、推进与实施阶段、监控与纠正阶段、持续改进阶段，如图4-3所示。策划阶段说明发展循环经济要做什么；推进与实施阶段阐述应该如何做，才能落实策划阶段制定的推进计划和方案；监控与纠正阶段强调循环经济发展进程中发现问题怎么办；持续改进阶段是在前一个循环基础上，提出更高的目标和指标。这种管理机制为发展循环经济提供了结构化的运行机制和管理框架。

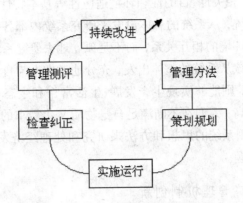

图 4-3 循环经济管理机制的运行模式

(二)循环经济管理机制分析

循环经济的管理机制创新，就是指在发展循环经济的过程中，创新主体系统运用多种创新手段并使之规范化和相对固定化，而与创新客体相互作用、相互制约的结构、方式和演变规律的总和。从国际经验来看，21世纪人类要解决资源环境瓶颈制约，其根本出路在于管理制度创新和管理机制创新。正是在这样的大背景下，如何建立健全完善的管理创新机制，是中国循环经济亟待研究的问题。循环经济是从生产活动的角度来探讨资源能源的节约和生产效率的提高，是以资源的高效利用和循环利用为核心，是资源减量化、可循环和再利用，以低消耗、低排放、高利用、高效率为基本特征，符合可持续发展理念的经济增长模式，是对传统经济增长模式的根本变革，对中国节约社会的建设将起到很大推动作用。

循环经济所遵循的基本原则中首先就是物质的减量化使用。"脱钩"指的是在工业发展过程中，物质消耗总量在工业化之初随经济总量的增长而一同增长，但是会在以后某个特定的阶段出现反向变化，从而实现经济增长的同时物质消耗下降。因此"脱钩"理论是循环经济的重要组成部分，对循环经济发展产生了深远的影响。"脱钩"理论的初步成立，使人们相信物质消耗最终会不断降低，未来物质资源保障与环境污染压力走势将会比较乐观。当今世界，人类社会面对如何实现可持续发展战略这一重大命题，系统论的方法显得尤为重要。系统论由奥地利生物学家贝塔朗菲于20世纪20年代创立，系统论认为，任何系统都具有整体性、相关性、目的性和环境适应性等基本特性。因此人们应把研究对象看作一个系统，从系统的总体出发来研究系统内部各组成部分的有机联系以及和系统外部环境的相互关系，而不是孤立地去研究系统整体内部的各个局部问题。我们应该从系统的整体出发，充分地考虑人与自然的相关性和人类活动的环境适应性，则能够实现生产发展、生活富裕和生态良好。因此随着生产力水平的日益提高，人们在不断满足自身物质文化需求的同时，应从社会经济系统整体出发，用系统的思想和方法来研究和处理经济发展问题、生态平衡问题和社会发展问题。

（三）循环经济管理机制创新

我们要高度重视和积极构建循环经济的管理机制，提高生态环境的利用效率。目前，中国循环经济的管理机制存在着一些问题，诸如管理理念跟不上、理论体系不完善、协调机制不健全、综合决策机制欠缺等，在很大程度上阻碍了循环经济优势的发挥，需要我们在构建过程中予以解决，需要我们从政治法律制度、经济制度、社会观念和技术创新等方面加以改进和创新循环经济管理机制。我们围绕着落实科学发展观，"实现经济、社会与自然协调、可持续发展"的中心，着力抓住"节能降耗"、"降污增效"的关键环节，努力构建中国循环经济的管理创新机制，以保证中国循环经济全面持久的发展。我们应根据中国国情形成中国特色的循环经济发展模式。在实施和推进循环经济的过程中，要注意到对"循环经济"而言，发展经济仍是主导性的，经济的合理性是物质、能量以及废弃物循环利用的边界条件，没有经济效益的循环是难以发展的。循环经济首先是经济，是建立在物质、能量以及排放、废弃物循环流动基础上的，经济效益是循环经济的目标函数，推进循环经济必须充分重视环境效益、社会效益与经济效益的协同发展。

中国循环经济的发展要注重从不同层面协调发展。即小循环、中循环、大循环和资源再生产业（也可称为第四产业或静脉产业）。资源再生产业是建立废物和废旧资源的处理、处置和再生产业，从根本上解决废物和废旧资源在全社会的循环利用问题。发展资源再生产业对于中国资源消耗大、需求大的现状尤其重要。我们要发展有中国特色的循环经济，一方面，中国发展循环经济还方兴未艾，在理论和实践上还有待进一步深入探索；另一方面，我们可以借鉴发达国家的经验教训，形成后发优势。推动中国循环经济的发展，要以科学发展观为指导，以优化资源利用方式为核心，以技术创新和制度创新为动力，加强法制建设，完善政策措施，形成"政府主导、企业主体、公众参与、法律规范、政策引导、市场运作、科技支撑"的运行机制，逐步形成中国特色的循环经济发展模式，推进资源节约型社会和环境友好型社会建设。

我们借鉴英国学者格里·约翰逊(Gerry Johnson)和凯万·斯科尔斯(Kevan Scholes)1998 年在其著作《公司战略教程》中提出的 PEST 分析法，分别从政治或法律因素(politics)、经济因素(economy)、社会文化因素(society)和技术因素(technology)这四方面来研究构建中国循环经济的管理创新机制，是研究发展的趋势和方向。通过 PEST 分析法，基于影响中国循环经济管理机制创新的四类主要环境因素，分别从政策法规创新、经济制度创新、社会文化创新和技术创新等四个方面探索了中国循环经济管理机制创新框架。如图 4-4 所示。第一，要学习和借鉴国际先进经验，在发展循环经济中，法律规范市场主体行为，抓紧制定促进循环经济发展的相关法律法规。循环经济属于政府的自觉行为，而不是自发的市场行为，因此必须以法制为保障来实现其稳定有序发展，用法律手段来规范企业和公民的行为。发展循环经济涉及到社会的各个层面，必须通过法律手段来弥补市场失灵的缺陷，规范和约束经济主体的行为。第二，发展循环经济，不仅要采取经济政策，如价格、税收和财政政策等，激励循环经济的发展；同时还要大力发展市场机制的巨大作用，建立健全其价格形成机制，运用价格这个杠杆来促进资源节约、提高资源利用率。同时应引入市场竞争机制，创建环境资源市场。第三，发展循环经济是一个系统工程，不仅靠政策的推动，还要靠生产者、消费者市场需求的拉动，需要全社会发展观念的根本变革。我们要更新发展观，树立科学的生产消费理念，培育适合循环经济发展的市场。只有整个社会在思想认识上得到根本转变，建立起有利于推动循环经济的社会价值、文化、道德和伦理等社会环境，形成广泛共识的自觉行为，循环经济的发展才能切实可行。第四，发展循环经济要靠绿色技术创新。加强研究开发循环经济发展所必需的技术，开展生态工业和产品生态设计理论研究与示范。积极支持建立循环经济信息系统和技术咨询服务体系，及时向社会发布有关循环经济的技术、管理和政策等方面的信息，开展信息咨询、技术推广、宣传培训等，还要加强与国际的交流合作，借鉴发达国家经验，引进先进技术，推进循环经济发展。

图4－4　循环经济管理机制创新

循环经济是以资源的高效利用和循环利用为目标，以"减量化、再利用、资源化"为原则，以物质闭路循环和能量梯次使用为特征，为传统经济转向可持续发展的经济提供了战略性思路，可以优化人类经济系统各个组成部分之间关系。循环经济不仅是一种新的技术经济范式，更是一种新的经济形态，其本质是对传统生产关系进行调整，追求的是可持续发展，其保证是制度与体制的创新，从根本上消解环境与发展之间的冲突，实现社会、经济和环境的统一，促进人与自然的和谐发展。

第二节　中国生态工业园

循环经济是基于生态经济的经济发展模式，是集经济、技术和社会于一体的系统工程，是中国经济发展的必然选择。生态工业园是发展循环经济的重要载体，是促进循环经济发展的重要形态。生态工业园既可以提高资源和能源的利用率，增加经济和社会效益，又可以保护生态环境，是园区实现循环经济的重要途径。通过生态工业园管理模式的构建与研究，促进循环经济的发展，推动中国经济社会的可持续发展。

一、生态工业园的涵义和类型

（一）生态工业园的涵义

生态工业园（eco－industry park）是建立在固定地域上的由制造企业和服务企业形成的企业社区。在该社区内，各成员单位通过共同管理环境和经济来获取更大的环境效益、经济效益和社会效益。整个企业社区能获得比单个企业通过个体行为的最优化所能获得的效益之和更大的效益。生态工业园区是依据循环经济理论和工业生态学原理而构建的一种新型工业组织形态，是生态工业的集聚场所。生态工业园是中国继经济技术开发区、高新技术开发区之后的第三代产业园区。它与前两代的最大区别是：它以生态工业理论为指导，着力于园区内生态链和生态网的建设，最大限度地提高资源利用率，从工业源头上将污染物排放量减至最低，实现区域清洁生产。与传统的"设计—生产—使用—废弃"的生产方式不同，生态工业园区遵循的是"回收—再利用—设计—生产"的循环经济模式。它仿照自然生态系统物质循环方式，使不同企业之间形成共享资源和互换副产品的产业共生组合，使上游生产过程中产生的废物成为下游生产的原料，从而达到相互间资源的最优化配置。

（二）生态工业园的类型

生态工业园是一个由若干制造业企业和服务业企业组成的、模拟生态系统的共生网络。按照生态工业园区形成的形态，可以分为改造型、全新型和虚拟型：一是，改造型园区是对已存在的工业企业通过适当的技术改造，在区域内成员间建立起废物和能量的交换关系；二是，全新型园区是在区域良好规划和设计基础上，从无到有进行开发建设，使得企业间建立起废物和能量的交换关系；三是，虚拟型园区并不严格要求其成员在同一地区，它是利用现代信息技术，通过园区信息系统，首先在计算机上建立成员间的物能交换，然后再付诸实施，这样园区内企业和园区外企业就发生了联系。

按照生态工业园区中各个主体的决策权和它们之间的依赖关系，生态工业园可以分为：一是，自主型生态工业园区，集团内各个企业根据各自的废弃物和产品组织成工业生态链，虽然园区中形成了资源、能源重复使用的食物网链，但各个企业的最终决策权主要集中在集团上，各个企业的依赖关系由集团内部调整；二是，集聚型生态工业园区，其中存在一个或几个核心企业，其它企业在某种程度上依赖于核心企业，但各个企业都拥有独立的决策权，整个生态工业的食物链按照核心企业的指导方针运作；三是，虚拟型生态工业园区，其决策权完全分布，各个主体之间是一种完全平等的关系，而且在地域分布上也不一定在同一区域内。

在中国生态工业示范园区中，按照产业类型划分，比例如图4-5所示，按照地域划分，比例如图 4-6 所示。

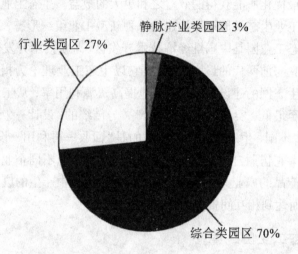

图 4-5　中国生态工业示范园区类型分布

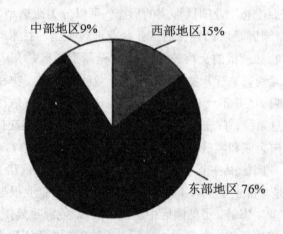

图 4-6　中国生态工业示范园区地域分布

二、生态工业园的相关理论及机理分析

循环经济改变了传统工业经济高强度开采和消耗资源，使环境保护和经济增长做到了有机结合。生态工业园综合运用了工业生态学和循环经济理论，把经济增长建立在环境保护的基础上，体现了人与自然和谐相处的思想，是 21 世

纪经济可持续发展的一种重要模式。

（一）相关理论

生态工业园区是依据循环经济理论和生态学原理而规划、设计和建设的一种新型工业组织形态，它通过成员之间的产品、副产品和废弃物的交换，能量和水的梯级利用，基础设施的共建共享，实现园区在经济、社会和环境间的协调发展，以循环经济理论为指导，以实现物质与能量最优化为目的，从中观层面上研究基于循环经济理念的工业生产组织模式，本着可持续发展理论，从而实现中国经济社会的可持续发展。

1.循环经济理论

生态工业园源于循环经济理论，根据循环经济理论，遵循减量化、再利用、再循环的3R原则，规划、设计和建设生态工业园，实现经济与环境的双重效益。"循环经济"是由美国经济学家K.波尔丁在20世纪60年代提出的，是指在人、自然资源和科学技术的大系统内，在资源投入、企业生产、产品消费及其废弃物的全过程中，把传统的依赖资源消耗的线型增长经济，转变为依靠生态型资源循环发展的经济。因此，循环经济为工业化以来的传统经济转向可持续发展经济提供了战略性的理论典范。

2.生态学理论

生态工业园的重要理论基础是生态学，生态工业园是工业生态系统的一个典型实施范例，即工业生态系统模仿自然生态系统，工业之间存在协同共生关系。物质的循环与再生利用是生态学的一个基本思想，同时也是生态控制论的基本理论和生态工程设计所要遵循的基本原则之一。类似于自然生态系统的封闭系统，一切产品最终都要变成废物，一个单元的"废物"就是对生物圈中另一单元有用的"产品"，"废物"的多与少会引起一系列的生态问题。为了实现持续发展的目标，必须遵循物质循环利用原则，通过不同发展方式的互补，实现资源的循环利用与永续利用，以最小的代价换取最大的发展。

3.可持续发展理论

生态工业园是可持续发展的一个可操作性的实现，生态工业园是一个综合性的系统工程，生态工业园中的企业集聚在一起建立着共生关系，建立起工业共生链，以获得最大的经济效益，从而实现经济社会的可持续发展。

(二)机理分析

循环经济是把清洁生产和废弃物利用融为一体的经济,本质上是一种生态经济,它要求运用生态学规律来指导人类社会的经济活动。循环经济以"减量化、再使用、再循环"为行为准则(即3R原则),以"资源—产品—再生资源"闭环循环为过程,使经济系统归入到自然生态系统的物质循环中。构建生态工业园的机理实质上就是依据循环经济理论和工业生态学原理重新设计工业组织形态,通过工业园区内物流和能源流的合理选择和充分利用,模拟自然生态系统,形成企业之间的共生网络,对物质与能量进行优化,从而在区域内达到平衡,形成内部资源和能源的高效利用,外部废弃物排放最小化的地域经济发展综合体,使自然资源在整个生产过程中进行闭路循环,有效地实施节能减排的措施,从而实现生产、生活、生态"三生"共赢的目的。

建立生态工业园区评价指标体系,探讨生态工业园区的经济效应及其构建途径。生态工业园区具有高效率、高效益、高生态化和低污染的特点,因此,我们要结合不同区域的园区生产特点,建立一套技术经济评价指标体系和不同的评价值,由此科学地评价生态工业园区的建设发展水平,推进生态工业园区的进一步完善和发展。基于循环经济的生态工业园的评价指标体系可以分为目标层、准则层和指标层三个层次,目标层就是循环经济发展水平;准则层由经济发展、资源减量、循环再生、生态环境、园区政策与管理五部分组成;指标层可以包括人均GDP、清洁生产指标、人均能耗、工业生态链稳定性、生态建设指标、环境质量指标、园区政策法规制度评价指标、信息系统建设等指标。如图4-7所示:

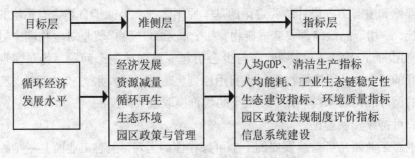

图4-7 生态工业园区评价指标体系

三、循环经济生态工业园的模式与构建

(一)生态工业园的基本模式

从国内外的发展实践看,生态工业园的建设还是一个比较新的事物,大致有以下三种模式:

1. 企业主导型

以原有的某一个或几个企业为核心,吸引生态链上相关企业入园建设的生态工业园区,如丹麦的卡伦堡生态工业园;以企业集团为主,集团内部企业根据生态工业学和循环经济原理建成的生态工业园区,如我国鲁北石化企业集团建设的生态工业园;

2. 产业关联型

将产业关联度较高的相关产业以生态的观念联合在一起,充分发挥互补效应的园区。比如以加强农业与工业之间的产业关联,促进可持续工农业发展为主的农业生态工业园。我国广西贵港的生态工业园就是按这一模式建设的。

3. 改造重构型

在原有的工业园区和高新技术园区的基础上进行改造,进行重新构架,创造生态企业集聚的升级生态工业园。中国循环经济生态工业园发展模式如图4-8所示:

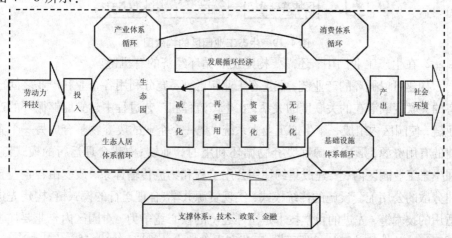

图4-8 中国循环经济生态工业园发展模式

（二）生态工业园的构建

1.生态工业园的构建主要包括企业整合、资源整合、生态链的设计和区域基础设施的构建等四个方面。

其中企业整合是生态工业系统的表现形式，是构成生态链的物质基础。资源整合包括集成层次、集成途径和集成技术三个方面。其中的集成层次是指不同层次上完成的集成，即企业内部、企业之间和园区内外三个方面；集成途径是指集成的对象类别，有物质集成、能源集成、水集成和信息集成等；集成技术是实现集成的具体技术，是用于完成集成的根本保证。生态链的设计是企业整合、资源整合之后的必然结果，它将工业系统内的企业沿着集成路线串联起来，形成若干条生态链，从而形成一个生态网络。区域基础设施提供技术开发和服务，与资源整合进行信息交换，促进生态工业园的构建，推动循环经济的发展。生态工业园区的构建如图4-9所示：

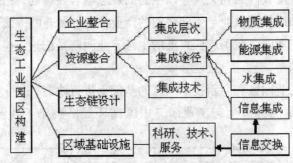

图4-9　生态工业园区的构建图

2.在生态工业园中，还需要构建发展循环经济的有机链。

构建可以循环的产业链，在生态工业园区，要充分利用各企业和产业之间已有的关联度或潜在的关联度的关系，在生产流程和工艺过程中建立能够循环的产业链，使园区内组成一个生态工业大系统，把一个企业的废弃物整合成另一个企业的有用资源，形成资源和废弃物循环利用的产业链；构建合理运行的模式链，在生态工业园区内，要建成集约使用公用工程和物流传输体系，改变由各企业自建分散的公用配套设施的传统模式，实现资源共享、合理运行的模式链；构建先进适用的技术链，先进的科学技术是循环经济的核心竞争力，对园区内企业要加强循环经济共性和关键技术的研发、示范和先进技术的推广。加大对实施节能减排、循环利用工程项目和技术创新的支持力度。鼓励企业在提高自主创新技术能力的同时，应加强与周边以及国际之间的合作力度，重点研究推广先进技术，把推广先进技术作为构建循环经济生态工业园的主要推动力。

四、案例分析

（一）国外

1.丹麦

一般认为，生态工业园的雏形是工业共生体，丹麦的卡伦堡共生体就是工业共生体的成功典范。卡伦堡生态工业园是世界上最早也是最著名的生态工业园，于20世纪70年代建立，至今已经稳定运行了30多年。卡伦堡生态工业园是由5家企业、1家废弃物处理公司和卡伦堡市政府组成的合作共生网络。以这5家企业为核心，通过贸易方式利用对方企业生产过程中产生的废弃物或副产品，形成了经济发展与环境保护的良性循环。如图4-10所示：

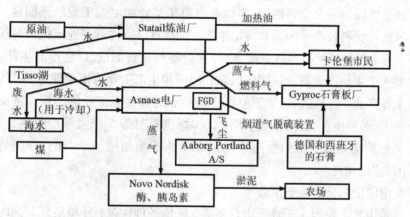

图4-10 卡伦堡生态工业园示意图

2.日本

日本生态工业园区是以建设资源循环型社会为目标，在发挥地区产业优势的基础上，大力培育和引进环保产业，严格控制废弃物排放，强化循环再生。日本大部分工业园区都非常重视高科技的发展。如：北九州生态工业园区开展的实验项目包括废纸再利用、填埋再生系统的开发、封闭型最终处理场、完全无排放型最终处理场、最终处理场早期稳定化技术开发、废弃物无毒化处理系统，以及豆腐渣食品垃圾生物质塑料化等。

3. 韩国

韩国在生态工业园区示范项目第一阶段设立的 5 个园区中，蔚山工业园区是至今进展最为顺利的一个。蔚山被称为韩国的"工业首都"，其工业产值高居韩国第一。蔚山的工业起步于上世纪 70 年代，已经集聚了上千家企业，支柱产业是石油化工产业和重型装备制造业。2000 年以来，蔚山工业园区的产业共生行为由最初的 2 只逐渐增加到 2010 年的 34 只。其中，能量交换占主导地位，2010 年能量交换为 20 只，燃气交换为 4 只，废物交换为 5 只，水交换为 5 只。

（二）国内

中国生态工业园起步较晚，到 2005 年，已经有南海国家生态工业建设示范园区、广西贵港国家生态(制糖)工业示范园区等，但都处于逐步走向完善和成熟的阶段。

1. 南海国家生态工业建设示范园区

这是中国第一个全新规划、实体与虚拟相结合的生态工业示范园区，包括核心区的环保科技产业园区和虚拟生态工业园区。其主导产业定位为高新技术环保产业，包括环境科学咨询服务、环保设备与材料制造、绿色产品生产、资源再生等 4 个主导产业群。该园区以循环经济和生态工业为指导理念，以环保产业为主导产业，将制造业、加工业等传统产业纳人生态工业链体系。重点培育设备加工、塑料生产、建筑陶瓷、铝型材和绿色板材等 5 个主导产业生态群落。生态工业系统类似于自然生态系统，12 个企业将组成一个"生产—消费—分解—闭合"的循环。

2. 中国山东日照生态工业园

日照生态工业园位于日照市东南端，区位条件优越，环境很好。区内现有钢铁(H 型钢)生产、沥青储运加工等项目，将来还有电解铝厂等，对环境的影响已不可避免。为了实现经济与环境保护的协调发展，日照市政府采取了各种措施。首先是入园项目把关，对于高污染的企业采取限制进入的方法；其次是园区选址和基础设施配套建设；第三是重视生态环境，营造花园式工业园区；最后就是园区内构筑物使用环保型、节能型材料。日照开发区生态工业链网结构如图 4 – 11 所示：

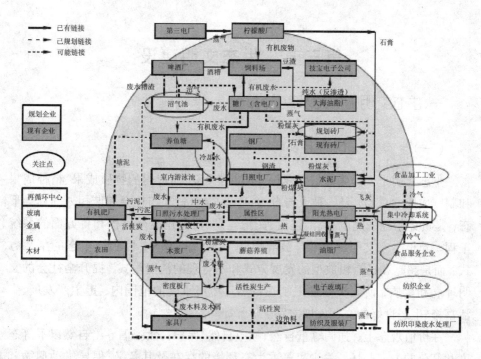

图4-11 日照开发区生态工业链网结构图

循环经济是一种新型的、先进的经济形态，是一种运用生态学规律指导人类社会经济活动的生态经济，"减量化、再利用、再循环"是循环经济的重要原则。循环经济是一种与环境和谐发展的经济增长模式，是中国经济发展的必然选择。绿色企业是循环经济的特征，生态工业园是循环经济理念指导实践的典范，发展循环经济的核心是建设生态工业园区。我们通过循环经济生态工业园区管理模式的研究以及国内外案例分析，研究促进中国循环经济的发展，推动中国经济社会的可持续发展。

第三节　生态文明建设

一、生态文明的内涵及其形成

（一）生态文明的内涵及特征

生态文明是人类为保护和建设美好生态环境而取得的物质成果、精神成果和制度成果的总和，是一种人与自然、环境与经济、人与社会和谐相处的社会形态，是贯穿于经济建设、政治建设、文化建设、社会建设全过程和各方面的系统工程。建设生态文明，并不是放弃对物质生活的追求，回到原生态的生活方式，而是超越和扬弃粗放型的发展方式和不合理的消费模式，提升全社会的文明理念和素质，使人类活动限制在自然环境可承受的范围内，走生产发展、生活富裕、生态良好的文明发展之路。

在价值观念上，强调尊重自然、顺应自然、保护自然。倡导给自然以平等态度和充分的人文关怀，关注和尊重生态环境的存在及其意义；倡导主动遵循和正确运用自然规律，合理有效地利用自然；倡导在发展中保护、在保护中发展，给自然留下更多修复空间。在指导方针上，坚持节约优先、保护优先、自然恢复为主。节约优先是提高资源综合利用率，以最小的消耗支撑发展；保护优先就是把环境承载力作为发展的首要前提，努力不欠环境账；自然恢复为主，就是减少人为干预，让环境休养生息自我修复。在实现路径上，着力推进绿色发展、循环发展、低碳发展。在时间跨度上，是长期艰巨的建设过程。生态文明建设面临的繁重任务和巨大压力，决定了它不会一帆风顺，不可能一蹴而就，需要坚持不懈地努力。既要补上工业文明的课，又要走好生态文明的路。

（二）生态文明的形成背景

生态文明不仅是环境保护工作的指导思想，更是一种重要的治国理念。生态文明作为一种基本的执政理念，将通过各级政府的具体执政行为对发展方式和人们的生活方式进行重大调整，进而引导国家走科学发展的道路。从我国环境保护的历程可以看出生态文明治国理念的演变过程。上世纪80年代，中国提出环境保护是一项基本国策，赋予环境保护在国家治理中的基础性作用，有利于提高环境保护的地位，但还不足以从总体上改变"以环境换发展"的发展模式，二者还是分隔状态。到 90 年代，中国提出可持续发展战略，开始将环境保护理念引入经济发展的决策之中，开始改变经济发展与环境保护分别决策、分别处置的隔阂状态。但此时，环境保护还远远没有成为全社会的主流意识，不足以深刻地影响和约束人们的经济行为和生活行为。十七大提出建设生态文明，把人与自然和谐发展的精神贯穿到包括人的思想道德发展在内的整个社会文明发展的体系之中，实际上是对以往的治国理念的实质性提升，境界更高，产生的效果也将更加久远，也是对工业文明的全面提炼与升华。生态文明是工业文明的发展与归宿。我们要深刻领会"生态文明"的政治内涵，彻底实现执政理念的根本性转变。在战略上，要把生态文明同物质文明、政治文明、精神文明相并列；在实践上，要把生态文明作为全面建设小康社会和构建社会主义和谐社会的硬指标；在考核上，关心 GDP 的同时还要重视当地经济发展效率、质量和区域生态质量改善情况，只有实行生态环境"一票否决"制度，才能实现真正的生态文明。

二、生态环境保护与经济发展

世界环境保护的时代潮使得中国积极响应生态环境保护，为了自身的发展而力争环境保护与经济发展同步进行，为此努力提高自然环境的生态质量。并希望能够对人类的生存和发展产生积极长远而持久的影响力。

（一）生态环境

1. 生态环境含义

生态环境与自然环境含义相近，却是两个完全不同的概念，比较而言自然环境的外延要比生态环境的大，自然环境包括所有的天然因素。但生态环境仅是指符合一定生态关系构成的系统，这个整体才被称为生态环境。也就是说生态环境不仅包括非生物因素的组成成分，也包括一些自然环境，但不能笼统的称之为生态环境。从这一角度说，生态环境只是自然环境的一部分，两者具有一定的包含关系。人类在发展经济的同时使生态环境遭受到较大的破坏，如果不能及时保护生态，必将导致人类居住环境的彻底恶化。因此，在发展经济的同时更要注重生态环境的保护和改善，正确的认识并处理好发展经济和保护生态环境的关系。

2.生态环境保护的内容及重要性

生态环境保护的内容主要包括：一是保护和改善生活环境和生态环境，包括保护城乡环境，保持乡土景观，减少和消除有害物质进入环境，改善环境质量，维护环境的调节净化能力，确保物种多样性和基因库的持续发展，保持生态系统的良性循环，保护和合理利用自然资源；二是防治环境污染和其他公害，防治在生产建设和其他活动中产生的污染和危害；三是保护有特殊价值的自然环境。此外，相关的环境保护如防止水土流失，建筑符合城乡规划，坚持植树造林，有效地控制人口的增长，合理分配生产力，可以有效地保护臭氧层、防止气候变暖。同时防止水土流失和荒漠化，也属于环境保护的主要内容。

近年来，经济的发展对生态环境的破坏已经受到人们的广泛关注，中国在保护环境方面取得初步成效的同时，环境形势依然严峻，发达国家上百年工业化过程中分阶段出现的环境问题，在中国二十多年里集中出现，呈现结构型、复合型、压缩型特点。环境污染和生态破坏造成了巨大经济损失，危害群众健康和公共安全，影响社会稳定，甚至损害国际形象。保护生态环境，已成为国家经济生活中的重中之重。

（二）经济发展与保护生态环境的关系

1.经济与生态环境资源和谐发展

人们普遍认为经济发展就会导致环境污染要保护好环境，就无法发展经济，认为两者是矛盾的，也认为环境污染的主要原因是人类经济过度发展的必然结果，要发展经济就必然会对环境造成污染并承担所付出的代价，要不经济就没有发展空间。许多发展中国家的发展历程就是最好的证明，就是部分发达国家的发展历程也有相似之处，都是走了先发展经济，之后治理环境的途径。就目前情况，世界资源相对有限，环境资源也相对减少，世界经济的发展已走过上百年，而且人类社会对自然资源的需求还在不断增加，这必然会进一步的增大环境的压力。所以在继续走先发展后治理的路子已经不行了，如果没有良好的环境就无法发展经济。要让自然环境为人类造福，就必须先保护好生态和自然环境，按照自然规律彻底根除破坏环境资源为代价的那种粗放型的经济发展方式。放眼长远利益和全局利益。在发展经济的同时也要充分考虑环境的承载能力，合理的处理好经济发展与保护环境关系，让经济发展成为改善环境的技术先导，同时让环境发展成为经济发展的动力。

2. 保护环境和经济发展的关系

保护环境和经济发展之间存在着对立统一的关系,我们既要发展经济但同时不能忽视生态环境的保护。最初经济发展水平相对较低,因此环境污染相对有限;当经济高速发展后,制造业的迅速发展,使得生态环境恶化迅速而严重。随着经济的不断发展和经济结构不断调整,一些高污染的行业被关闭,经济发展使人们也意识到了改善与治理环境的重要意义。随着文明的发展环境意识进一步增强,更有利于环境改善。环境库兹涅茨曲线如图 4 – 12 所示,说明了环境保护和经济发展之间存在着对立统一的关系。

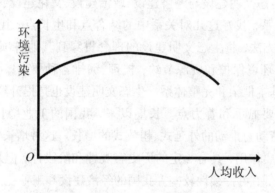

图 4 – 12　环境库兹涅茨曲线

图中环境污染用人均污染的排放量等指标表示,在经济发展的较低阶段,由于经济活动的水平较低,环境污染的水平也较低。在经济起飞,制造业大发展阶段,资源的消耗超过资源的再生,生态环境开始恶化。在经济发展的更高阶段,经济结构开始改变,污染行业停止生产或被转移,经济发展带来的积累可以用来改善与治理环境,人们的环境意识也增强了。因此环境状况开始改善,这样就形成了一个倒 U 形曲线。可见,经济发展与环境保护是对立统一的,两者的协调统一表现在两个方面:一是经济发展要以环境保护为条件。自然环境系统的物流、能流是经济系统物流、能流的来源,环境系统的生产力(物质和能量的转化效率)是社会劳动生产率和价值增值的基础。自然资源是社会经济活动赖以存在和发展的物质基础。矛盾运动是可持续发展的动力,只有环境系统源源不断地为经济系统提供物质和能量,才能使经济增长成为可能。二是保护生态环境要依靠经济发展。这是因为,良好的环境质量只有在适宜的经济结构和经济秩序下才能达到,反之则必然出现滥垦滥伐、过度放牧和捕捞等现象,导致生态失衡、资源枯竭。同时,治理污染和保持良好的环境需要技术和资金,这就必须依靠经济实力的支撑。当然,经济与生态环境之间也存在着矛盾,主要表现为经济增长对资源的需求无限,而自然资源及环境生产力的供给是有限的;经济发展总会带来一定程度的环境污染,而治理环境总要占用一定的资源,又会在一定程度上影响经济发展。

三、生态文明建设与经济发展

生态文明建设是一个系统工程。这种系统性表现在两个方面:一方面是科学、合理处理好生态文明建设与经济建设、政治建设、文化建设、社会建设以及其他建设之间的关系,找好这几对关系中的结合点和生长点,找到实现共赢、双赢的现实路径和方法,将生态文明建设的理念贯穿到其他各项建设中去;另一方面是整体规划环境保护和资源节约,梳理、编排各种要素,构筑生态文明建设的科学理论、基本框架和完整体系。生态文明建设也是提升经济质量、优化经济发展方式的重要抓手和着力点。长期以来,我国的工业增长主要是依靠资源、资金和廉价劳动力推动的外延式、粗放式的增长。这种增长方式在工业化起步阶段发挥了重要作用,具有一定的历史客观性和阶段性,但总体特点是能耗高、污染重、创新低,可持续性较差。我国的经济建设和工业化进程对资源和能源的需求量巨大,而资源有限、耗能单位众多是我国发展工业化所面临的现实。随着工业化水平不断提升,全社会对能源需求和环境承载能力的压力也会与日俱增。"五位一体",即坚持以经济建设为中心,在经济不断发展的基础上,协调推进政治建设、文化建设、社会建设、生态文明建设以及其他各方面建设。用联系的观点、全面的观点看生态文明建设与经济发展、政治发展、文化发展和社会发展息息相关、密不可分,它们之间相互作用、相互影响,构成了一个有机整体。在这个整体中,经济建设是根本,政治建设是保证,文化建设是灵魂,社会建设是条件,生态文明建设是基础。生态文明的基础地位就在于它为其他的建设提供了物质基础和环境条件,是其他各项建设的基本载体和支撑。

因此,合理利用资源,降低能耗,减少污染,走出一条科技含量高、经济效益好、可持续性发展道路是中国实现新型工业化的必然选择。在现阶段突出环保工作,推进生态文明建设。一方面能倒逼经济转型,引导转变经济发展方式,也成为检验转方式成效的重要标志,促进经济可持续发展;另一方面,在生态文明建设进程中,逐渐形成节约资源和保护环境的空间格局、产业结构、生产方式和生活方式，本身就能创造大量新的需求，促进技术进步，催生新的产业，为经济发展增添新的动力。

生态文明建设还是推进社会建设、促进社会和谐的重要途径。只有切实推进生态文明建设，把环境保护与经济社会发展统筹协调起来，才能满足人民群众日益增长的环境优化需求，也才能解决人民最关心最直接最现实的利益问题，让人民群众真正分享到经济社会发展的成果，真正感受到不断实现中的美丽中国。可以说，这是从源头上治理部分社会矛盾、提升重大决策科学化、民主化水平的重要途径和保证，对于维护广大人民群众根本利益、推进社会主义和谐社会建设具有重大的现实意义。除此之外，生态文明建设的深入推进有利于形成全社会性的环保、节能文化，找到与社会主义核心价值观的形成和培育的契合点、生长点；有利于凝聚环境保护和资源节约的社会共识，引导全社会共同参与、一起动手，在政府与社会之间形成良性互动和沟通，对于深化行政体制改革、建设责任政府、服务政府具有重要意义。因此，生态文明建设是社会主义事业总体布局、落实科学发展观的重要内容和内在要求。环保与发展、人类与自然之间，不是对立、对抗的关系，而是可以融合、共建、共赢和互助的关系。

除此之外，生态文明建设的深入推进，有利于形成全社会性的环保、节能文化，与社会主义核心价值观的形成和培育找到契合点、生长点；有利于凝聚环境保护和资源节约的社会共识，引导全社会共同参与、一起动手，在政府与社会之间形成良性互动和沟通，对于深化行政体制改革、建设责任政府、服务政府具有重要意义。因此，生态文明建设是社会主义事业总体布局、落实科学发展观的重要内容和内在要求。环保与发展、人类与自然之间，不仅不是对立、对抗的关系，是可以融合、共建、共赢和互助的关系。

（一）产业层面

在产业层面，大力推进产业升级，大力发展环保产业，将产业发展与环境保护有机结合起来。

1. 不断推进产业升级

推动服务业发展，实现经济发展方式转变，跳出高投入、高消耗、低效益的发展老路。把优化产业结构与推进节能减排结合起来。调整优化产业结构，既可以提高发展的质量，又是从源头上节能减排的治本之策。要大力发展战略性新兴产业、高技术产业、先进制造业等产业，继续淘汰高污染、高排放的落后产能。需要强调的是，服务业特别是现代服务业具有市场需求广、就业容量大、科技含量高、带动作用强等优势，能耗强度平均只有工业的1/5，污染排放更低，要加快发展步伐，努力提高服务业增加值在国内生产总值中的比重。

2. 大力发展环保产业

推进环保科技攻关，实施一批国家重点生态环保工程。要大力发展节能环保、新一代信息技术、生物、高端装备制造、新能源、新材料、新能源汽车等战略性新兴产业。当前和今后一个时期，要抓住机遇、统筹规划、明确方向、重点推进，加快培育和发展节能环保产业等战略性新兴产业，重点发展高效节能、先进环保、资源循环利用的关键技术装备、产品和服务，切实加大工作力度，把加强科技创新与实现产业化结合起来，提升节能环保产业核心竞争力，为促进经济社会可持续发展作出贡献。

(二)政策层面

在政策层面，完善环保法规体系和激励约束并举的经济政策体系，用政策手段调节经济行为，引导环保措施的普及和推广。

1. 把环保投入列入年度预算

保持合理增长幅度，国家财政资金和预算内投资都要增加环保能力建设投入，保障必要的运行和维护经费。进一步扩大"以奖促治"、"以奖代补"资金规模，有条件的地区也要加大这方面的投入，调动环境整治的动力和积极性。

2. 抓紧环境保护税的立法和试点工作

及时总结经验，加强理论研究，发挥环保税促进企业强化环保举措的积极效应，强化企业在环境保护和资源节约方面的意识和责任。

3. 试点和实行节能量、碳排放权、排污权、水权交易政策

这样不仅可以使排污多的企业增加成本，而且可以使排污少的企业获得经济效益，还可以促进相关环保技术和产业的发展。这有利于把政府强制减排行为转化为企业自主减排行动，实现环境效益与经济效益的双赢。

4. 深化资源性产品价格和税费改革

强化经济杠杆对生态保护的基础性作用。抓紧研究论证，区别电、水、气等涉及民生的资源产品的基本需求和非基本需求，逐步实行有区别的价格政策，推进阶梯式资源价格改革，抑制不合理需求，引导全社会形成环境保护和资源节约的良好氛围与合力。

（三）社会文化层面

在社会文化层面，加强生态文明宣传教育，增强全民节约意识、环境意识、生态意识，形成合理消费的社会风尚，营造爱护生态环境的良好风气。

1.构建生态文化

广泛开展生态文明宣传教育，努力构建生态文化。生态文化是生态文明建设的思想引领和支撑。要多形式、多方位、多层面宣传环境保护知识、政策和法律法规，弘扬生态文化，倡导生态文明，营造全社会关心、支持、参与环境保护的文化氛围。特别是加强对党员干部、重点企业负责人的环保培训，提高其依法行政和严守法律意识。将生态文明列入素质教育的重要内容，强化青少年环境基础教育，开展全民环保科普宣传，提高全民参与生态文明建设的自觉性。宣教工作者要做生态文明理念的宣传者、传播者和实践者，将生态文明理念宣传、生态道德培养、环境文化传播贯穿工作始终。

2.强化社会监督

社会监督是公共参与的重要形式和内容，只有参与，才能真正激发爱护生态、保护生态的热情。加强生态质量、生态水平信息公开的制度建设，维护公众的环境知情权、参与权和监督权。对涉及公众环境权益的发展规划和建设项目，要通过听证会、论证会或社会公示等形式，听取公众意见，接受舆论监督。

3.健全社会参与机制

积极发挥社会团体的作用，为各种社会力量参与环境保护搭建平台，鼓励公众检举揭发各种环境违法行为，推动环境公益诉讼。由此形成社会性的、强大的关注生态文明建设的氛围与合力，推进生态文明建设不断向更高阶段发展。比较如表4-1所示：

表4-1 生态文明建设与经济发展层面比较

层面	策略
产业层面	推进产业升级、推动服务业发展、实现经济发展方式转变，大力发展环保产业，实施一批国家重点生态环保工程
政策层面	要把环保投入列入年度预算，抓紧环境保护税的立法和试点工作，试点和实行节能量、碳排放权、排污权、水权交易政策，深化资源性产品价格和税费改革、强化经济杠杆对生态保护的基础性作用

层面	策略
社会文化层面	广泛开展生态文明宣传教育、努力构建生态文化，强化社会监督，健全社会参与机制

四、中国生态文明建设的意义和必要性

(一)生态文明建设的意义

党的十八大把生态文明建设提升到五位一体的战略高度，大力推进生态文明建设，建设美丽中国，实现中华民族可持续发展，受到党内外、国内外的广泛关注。

推进生态文明建设，是我们党对自然规律及人与自然关系再认识的重要成果。推进生态文明建设是与我们党一贯倡导和追求的理念一脉相承的，是对我们党关于资源和生态环境问题的新概括、再升华。上世纪80年代初，我们就把环境保护作为基本国策，"九五"计划决定实施可持续战略，"十五"计划首次提出主要污染物排放总量减少的目标，"十一五"规划首次将能源消耗强度和主要污染物排放总量减少作为约束性指标，提出推进形成主体功能区，"十二五"规划环境保护将重点解决影响可持续发展和损害群众健康的环境问题，全力提高生态文明建设水平，党的十七大提出建设生态文明、牢固树立生态文明观念等，党的十八大报告对推进生态文明建设作出了全面战略部署。

推进生态文明建设，是保持经济持续健康发展和提高人民生活质量的必然要求。生态问题恶化，直接导致经济损失不断增加，社会和谐受到影响。我国经济发展面临的资源环境制约，突出表现在资源约束趋紧、环境污染严重、生态系统退化。随着经济社会的快速发展，人民群众对干净的水、新鲜的空气、洁净的食品、优美宜居的环境等方面要求越来越高。我们已经到了不进行生态文明建设不行的阶段。

推进生态文明建设，是更好参与国际竞争与合作的客观需要。随着全球能源资源需求持续增长和气候变暖趋势不断加剧，未来各国围绕能源资源、气候变化、温室气体排放等生态环境问题的博弈会日趋激烈。提出把生态文明建设放在突出地位，大力推进生态文明建设，有利于增强我国在国际环境与发展领

域的话语权,提升我国参与气候变化和可持续发展领域国际谈判和对话交流的位势,有效维护我国的核心利益和负责任大国形象。

(二)生态文明建设的必要性

1. 中国已进入重化工业主导的城市化加速发展阶段要求加强生态文明建设

中国经济改革开放之初的"轻化"型经济特征正向自主主导的、带动力较强的、可持续的"重化工业"方向发展。重工业增长不仅明显超过轻工业,成为带动工业增长的主导力量,而且整个经济增长来看,重工业增长也发挥着主导作用。1998~2002 年工业增长为 9.2%,同期 GDP 增长 7.7%,工业增长高出 GDP 增长 1.5 个百分点;2002 年 GDP 增长 10.2%,工业增长 8.0%,工业增长高出 GDP 增长 2.2 个百分点;2003 年 GDP 增长 9.1%,在农业和服务业增长速度均比上一年有所减慢的情况下,工业增长速度却达到了 17.0%,高出 GDP 增长 7.9 个百分点。同时,我国已把加快城市化发展,逐步消除二元结构,作为调整结构,扩大内需的长期战略。我国拥有世界上最多农村人口,城市化又长期处于滞后状态,随着城市化率的不断提高,农村居民进入城市所释放出来的潜力不可估量。因此,工业尤其是重化工业增长速度的加快局面是经济由单纯的外向带动型向自主主导与可持续发展的内生发展型转变的重要标志与体现,更具有由工业文明向生态文明演变的划时代意义。但重化工业的持续高速发展也让我们付出了难以弥补的代价。据世界银行测算,中国的空气和水污染造成的损失已经占到年 GDP 的 8%。而中科院测算的数据是,环境污染使我国的发展成本比世界平均水平高 7%,环境污染和生态破坏造成的损失占 GDP 的 15%。国家环保总局的生态状况调查表明,西部 9 个省区生态破坏造成的直接经济损失占当地 GDP 的 13%,等于甘肃和青海的 GDP 总和。世界银行给出的另一个统计数据是,如果仍然毫无节制地发展火电,2020 年我国因为燃煤污染所导致的疾病将损失 GDP 的 13%。因此,中国已进入重化工业主导型的城市化加速发展阶段的现实要求我们必须加强生态文明建设。

2. 资源和环境制约增强,加强生态文明是历史性战略选择

我国人均资源不足,经济发展与资源和环境保护的矛盾突出。我国人均耕地只相当于世界平均水平的 42%,人均淡水资源只相当于世界平均水平的 27%,石油资源最终可采储量仅占世界总量的 3%,而世界产出的能源或原材料消耗增加,将使我国短缺的一些重要战略性资源特别是石油和矿产品的供求

矛盾进一步加剧,对国际资源的依赖也会明显增强。城市化加快发展也会带来生活方式的改变,汽车、住宅业的发展也会带来"三废"排放的增加,给已经非常脆弱的生态环境造成更大的压力。随着资源环境问题的日益恶化,生态问题已经不是一个简单的环境保护的问题,而是带有经济社会发展全局性的重大战略问题。如果生态系统不能持续提供资源、能源和清洁的空气、水等环境要素,物质文明的持续发展就失去了载体和基础,精神文明和政治文明的内涵也无法全面持续发展。所以,当生态环境成为我国经济社会发展的"短板"时,生态文明就成为其他三个文明的基础。

3. 加强生态文明建设,是维护全球生态安全的需要

生态文明的提出,是我国面对全球日益严峻的生态环境问题作出的必然选择与庄严承诺。在人类社会经济高速发展的同时,对自然的破坏也达到了空前的程度,大量消耗资源、大量排污的发展模式使经济与环境生态处于不可调和的矛盾状态。生态文明,不仅对我国自身发展具有重大而深远的影响,而且对维护全球生态安全具有重要意义。纵观世界上工业化国家的传统现代化道路,尽管各自的国情、发展条件等各有不同,但其转型发展进程都有一个显著的共同特征,即以自然资源特别是不可再生资源的高消耗来支撑经济高速增长。因此,我国应摒弃传统的现代化道路,加强生态文明建设,为促进世界经济健康快速发展做出自己应有的贡献。

五、中国生态文明建设的策略

1. 积极探索环境保护新道路

在发展中保护、在保护中发展,这是对经济社会发展与资源环境关系的深刻揭示。我们需要做的是以环境容量优化区域布局,以环境监管优化经济结构,以环境成本优化增长方式,以环境标准优化产业升级,推进经济发展方式的绿色转型。环境保护是生态文明建设的主阵地和根本措施。加快构建环境保护宏观战略体系、污染防治体系、环境质量评价体系、环境保护法规政策和科技标准体系、环境管理和执法监督体系、全民参与的社会行动体系,是解决资源环境问题的出路所在。

2. 推进环境保护与经济发展的协调融合

资源环境问题,究其本质是发展方式、经济结构和消费模式问题。形成节约资源和保护环境的空间结构、产业结构、生产方式、生活方式,这就必须根据

自然环境承载力规划经济社会发展，把节约环保的要求全面体现到经济发展的各个领域和每个环节，坚决杜绝先污染后治理、先破坏后恢复、边治理边污染、边恢复边破坏的现象。要按照人口资源环境相均衡、经济社会生态效益相统一的原则，控制开发强度，调整空间结构，促进生产空间集约高效、生活空间宜居适度、生态空间山清水秀。加快实施主体功能区战略和环境功能区划，推动各地区严格按照主体功能定位发展，构建科学合理的城市化格局、农业发展格局、生态安全格局。

3. 着力解决影响科学发展和损害群众健康突出环境问题

环境保护既要为科学发展固本强基，又要为人民健康增添保障。当前形势下，要从严控制"两高一资"、低水平重复建设和产能过剩项目，要把环境保护作为稳增长扩内需、调结构转方式的重要引擎和关键抓手，努力不欠生态环保账，进一步增强发展后劲和竞争力。享有良好的生态环境是人民群众的基本权利，是政府应当提供的基本公共服务。水、大气、土壤、重金属污染等损害人民群众健康突出环境问题还。要确保人民群众环境安全，严厉查处各类环境违法行为，减少人民群众生命财产损失和生态环境损害。

4. 加快建立生态文明制度

保护生态环境必须依靠制度。建立和完善职能有机统一、运转协调高效的生态环境保护综合管理体制。建立国土空间开发保护制度，完善耕地保护制度、水资源管理制度、环境保护制度。建立反映市场供求和资源稀缺程度、体现生态价值和代际补偿的资源有偿使用制度和生态补偿制度。加强环境监管，健全生态环境保护责任追究制度和环境损害赔偿制度。

第四节　中国绿色投资管理

随着经济的发展，全球性的能源枯竭、环境恶化等问题所导致的生存危机已现实地摆在了我们面前。绿色投资是绿色经济发展的必然结果，绿色投资是绿色经济增长的第一推动力，也是人类在面临越来越严重的环境问题和资源约束问题时必然选择的投资方式，绿色投资是最能体现以人为本和经济社会可持续发展的投资，是最能体现科学发展观的投资，当前全球范围内绿色投资势头正劲。加大中国绿色投资，促进绿色经济发展，实现中国经济社会的可持续发展。

一、绿色投资的概述

(一)绿色投资的含义

绿色投资最早起源于社会责任投资,考虑了经济、社会、环境三种因素,随着社会责任投资中的环境问题逐渐被人们重视而逐渐壮大;不同于社会责任投资的是,绿色投资重点关注在环境可持续发展方面的表现。对绿色投资的多种理论解释既有区别,又有联系。中国有学者认为,绿色投资就是环境保护投资;也有人认为,绿色投资与绿色 GDP 相联系,凡是用于增加绿色 GDP 的货币资金(包括其他经济资源)的投入,都是绿色投资。西方国家的学者主要是从企业的社会责任角度出发,通常把绿色投资称作"社会责任投资",认为它是一种基于环境准则、社会准则、金钱回报准则的投资模式,它考虑了经济、社会、环境三重底线,或称作三重盈余,又叫做"三重盈余"投资。顺应可持续发展战略,综合考虑经济、社会、环境等因素,促使企业在追求经济利益的同时,积极承担相应的社会责任,从而为投资者和社会带来持续发展的价值。

绿色投资是用于保护自然资源和生态环境的投资,从投资的角度推动循环经济的发展,从资源节约利用和环境保护的角度出发去实现可持续发展。绿色投资也是由可持续发展的目标引起的,其原则是环境保护原则、资源节约原则、三重效益和公平正义原则。其中,三重效益(社会、经济、环境)统一是绿色投资的基本标准。绿色投资可分为两大方向,即自然资源保护利用投资和生态环境保护投资。具体地又可进一步划分为五大重点投资领域,即绿色企业投资、绿色产业投资、绿色园区投资、绿色城市投资、绿色技术投资等。

(二)绿色投资的特点

绿色投资是在绿色经济下形成的,形成绿色生产力,表现为在生产上,实行清洁生产,即省能、节料、无废或少废的物资循环型生产;在产品上,小型化、多功能、可回收利用,对环境污染少;在环境保护上,表现为生产与环境保护同时进行,生产过程既是产出过程,也是防污和治污过程。而传统投资则是在传统经济下形成的,是在不考虑资源短缺和保护环境,或者较少考虑这些因素与后果的前提下,通过资本投入实现盈利的目的,这种投资行为使厂商在生产过程中,容易忽视生产所带来的对社会和环境的消极影响，放弃企业的社会责任。

绿色投资与传统投资相比，有以下特点：绿色投资在本质上反映了经济、社会、生态之间和谐发展的关系，是基于可持续发展的投资，把环境保护与产品生产统一起来，注意节约资源和科学利用，利用与维护并举，使得自然资源与环境获得恢复与实现生态平衡；绿色投资是由具有生态环境理念的经济人进行的投资，投资主体不单是追求经济利益的经济人，而且是具有社会责任的投资者，注重经济、社会和环境三重标准，而不是单一的经济准则；绿色投资形成的资本是绿色资本，是一种能够推动绿色 GDP 增长的资本，所形成的生产力，是人类在长期的生产中探索出的人与自然和谐发展的能力，产出是绿色 GDP 的增加，它反映了环境价值在 GDP 中的重要作用；绿色投资的收益是三重盈余，包括经济的、社会的和生态的收益，进行的价值创造是长期价值；绿色投资具有更高的科技含量和社会价值。

（三）绿色投资与绿色经济的关联

经济增长离不开投资，绿色投资是发展绿色经济的引擎。绿色经济和绿色投资的提出，是在遵循市场经济基本规律的前提下，对传统的经济模式和投资方式进行修正，使投资在整体上更加合理地考虑经济活动的各种成本，更好地满足经济、环境、资源等多方面的要求，实现全面、协调、可持续的发展。

投资是经济增长的第一推动力，中国长期以来一直是投资主导型经济，更加显示出投资对经济增长的重要作用。同样，绿色投资是绿色经济增长的第一推动力。要使绿色经济得到发展，首先就要有绿色投资的支撑。一般的投资增长与经济增长是对应的，但是绿色投资增长与绿色经济（用绿色 GDP 反映）增长在有些场合是不对应的。包括循环经济、低碳经济在内的广义绿色经济与绿色投资相互之间的关联还相当错综复杂，不是简单表述就能说清楚的。绿色投资的效益大小，不仅体现在经济效益大小上，很可能更主要体现在社会效益和生态效益大小上。经济发展模式如图 4-13 所示：

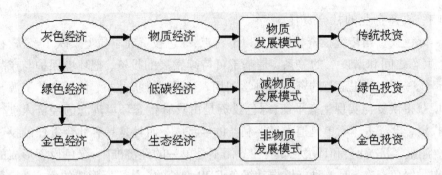

图4－13　经济发展模式

二、中国绿色投资的理论基础

研究中国新能源产业绿色投资时，我们在"脱钩"理论的基础上，利用单位GDP能耗与经济增长总量脱钩关系，分析中国绿色投资现状，挖掘存在的问题，找出合理的解决对策，大力促进绿色投资，实现生态、生活和生产的"三生共赢"。

"脱钩"理论指的是在工业发展过程中，物质消耗总量在工业化之初随经济总量的增长而一同增长，但是会在以后某个特定的阶段出现反向变化，从而实现经济增长的同时物质消耗下降。"脱钩"理论的出现，使人们相信物质消耗最终会不断降低，未来物质资源保障与环境污染压力走势将会比较乐观。随着中国新能源的开发和利用，中国能源效率得到了显著提高，中国单位GDP能耗总体呈下降态势，近几年逐年下降。

单位GDP能耗 e 可以用下式表示：

$$e = \frac{E}{GDP} \tag{4-2}$$

其中 E 是一次能源消费量，GDP 是国内生产总值。

我们用总量比较法来评价单位GDP能耗与经济增长总量关系时，当单位GDP能耗增加的同时经济指标的增长总量也在增加，若单位GDP能耗速度高于经济增长总量速度（即经济增长高度依赖单位GDP能耗）时，两者为耦合关系；若单位GDP能耗速度低于经济增长总量速度（即经济增长对单位GDP能耗的依赖程度不大），则可认为两者存在相对脱钩；当单位GDP能耗持平或减少而经济增长指标总量增加时两者处于绝对脱钩状态。如图4－14所示：

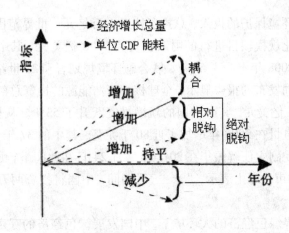

图4-14 单位 GDP 能耗与经济增长总量脱钩关系

三、中国绿色投资的现状和问题

绿色投资的核心目的，就是要促进有利于资源节约、环境保护和可持续发展的经济活动，推动传统经济模式向绿色经济模式转变，使经济活动与生态环境承载力保持和谐，最终实现可持续发展。十七届五中全会强调指出，"要坚持科学发展观，更加注重以人为本，更加注重全面协调可持续发展，更加注重统筹兼顾，更加注重保障和改善民生，促进社会公平正义，要坚持把经济结构战略性调整作为加快转变经济发展方式的主攻方向，坚持把建设资源节约型、环境友好型社会作为加快转变经济发展方式的重要着力点，提高发展的全面性、协调性、可持续性，实现经济社会又好又快发展。"中国已经进入转变发展方式、调整经济结构的关键时期，我们就是要充分发挥绿色投资在消除发展瓶颈、转变发展方式、调整经济结构、优化经济质量等方面的积极作用。

"十一五"期间，根据绿色经济和绿色产业的口径来看，中国绿色产业的投资是6.08万亿，绿色经济以及含有绿色元素的经济成分，已经成为国民经济中一支重要的力量，对整个国民经济已经形成举足轻重的贡献和影响力。《中共中央关于制定国民经济和社会发展第十二个五年规划的建议》指出，"面对日趋强化的资源环境约束，必须增强危机意识，树立绿色、低碳发展理念，以节能减排为重点，健全激励和约束机制，加快构建资源节约、环境友好的生产方式和消费模式，增强可持续发展能力，提高生态文明水平。"这一系列战略决策，为绿色投资带来了巨大需求。中国的绿色投资有所增长，近10年来，我国不断增加生态建设和环境保护的投入，总投资接近 1 万亿元。世界范围内，由清洁能源企业和产业化规模项目进行的财政投资为 1190 亿美元，其中有 337 亿美元来自中国，较 2008 年上升了 53%。联合国环境规划署和 21 世纪可再生能源政策研究网络共同发布的报告显示，全球核心清洁能源的投资总额在去年上涨了 7%，达到 1620 亿美元，其中中国的新增投资跃升了 53%。从全球范围来看，可再生能源发电量在 2009 年增加了近 80 千兆瓦，其中的 37 千兆瓦来自中国。中国国家发改委副主任解振华在 2011 年 9 月 24 日在此间举行的中国(天津滨海)国际生态城市论坛上表示，"十二五"期间，中国将投资两万亿元推进绿色低碳发展。

目前在世界绿色经济的大环境下，中国发展绿色经济的呼声很高，绿色投资在逐步加大。近年来，中国绿色投资规模迅速扩大、投资主体多元化、投资结构和投资模式都发生了较大的变化。中国也采取了一些支持措施和优惠政策，但是在国家投资政策、投资技术和投资环境等方面还存在着一些问题，还需要改进和完善，以便更好的促进绿色经济的发展，实现经济社会的可持续发展。

四、加强中国绿色投资管理的对策

绿色投资可以带动经济发展，促进绿色经济，但是实现经济、社会和环境的和谐统一和三重效益，实现经济的长期的可持续发展，则需要我们从以下几个方面加强：

（一）完善绿色投资政策

在绿色投资的各因素中，政策是第一推动力。温家宝总理在 2011 大连夏季达沃斯年会上表示，中国将坚持节约资源和保护环境，走绿色、低碳、可持续的发展道路，显著提高资源利用效率和应对气候变化能力。节约资源、保护环境是实现可持续发展的必由之路，是中国的一项基本国策。我们将加快构建有利于节约资源和保护环境的产业结构、生产方式和消费模式，促进人与自然的和谐统一。"十二五"期间，把非化石能源占一次能源消费比重提高到 11.4%，单位国内生产总值能源消耗和二氧化碳排放分别降低 16% 和 17%，主要污染物排放总量减少 8% 至 10%。我们要健全法规和标准，强化目标责任考核，理顺能源资源价格体系，加强财税、金融等政策支持，推动循环经济发展，大力培育以低碳排放为特征的工业、建筑和交通体系，全面推进节能、节水、节地、节材和资源综合利用，保护与修复生态，增加森林碳汇，全面增强应对气候变化能力。

权威人士指出，按照中央的要求，新的发展模式的探索既需自身的努力，也要推动国际携手。"各国政府可以通过制定有利于绿色产业发展的政策措施，建立绿色产业发展基金，加大对低碳、节能、循环经济的投入，完善法律法规，打击和严格查处各种破坏环境的行为。"国务院原副总理、中国国际经济交流中心理事长曾培炎表示，国际社会应当借鉴此次应对金融危机中国际合作的成功经验，在发展绿色经济和应对气候变化中多搞合作、少设障碍，用对话代替对抗，避免设置碳关税之类的气候壁垒，走发达国家和发展中国家互利双赢的道路。

加大绿色投资，实现绿色经济增长，要根据中国的经济和体制的环境来采取相应的战略和政策，促进经济增长同时能够以可持续方式管理自然资源，这些政策包括采取措施，税收减免，鼓励创新，鼓励基础设施投资，并且鼓励设计全面的很好的产品，以及劳动市场。加快形成有利于绿色发展的体制机制，通过政策的约束和激励机制来增强绿色发展的自觉性和主动性，抑制不顾资源环境的瓶颈制约和承载能力，盲目追求发展的短期行为，这也是深化中国经济体制改革的重要内容。"十二五"规划从保障科学发展、为转变经济发展方式提供强大动力的战略高度提出加快财税体制改革，并明确了深化税制改革的主要任务。现行税制将要发生根本性的变革。中国税收政策重点倾向民生，将实现绿色税制。"十二五"期间，科技部将针对应对气候变化和绿色发展的重大问题，要重点推进的是，加强创新能力建设，发展战略性新兴产业；支持节能减排，利用高新技术改造提升传统产业；进一步加大投入，为应对气候变化提供强有力的科技支撑。

(二)改进绿色投资技术

绿色投资技术，就是企业在设计生产新产品过程中，采用有利于环境保护和生态平衡的技术。例如在产品设计中，要充分考虑保护环境，又减少资源的浪费，使被设计产品易于拆卸、分解，零部件等可以翻新和重复利用。绿色投资技术的采用，就是要加速科技进步以持久利用资源，改造耗竭型的工业发展模式，这是国际经济发展的一种趋势。目前，绿色投资技术在防治污染、回收资源、节约能源三大方面已取得长足进步，形成了庞大的市场。

先进的科学技术是绿色投资的核心竞争力。如果没有先进技术的输入，绿色投资所追求的经济和环境多目标效益将很难从根本上得以实现。许多发达国家以占领世界绿色市场为目的，争夺绿色投资技术制高点为中心，展开激烈的国际竞争。中国对绿色投资技术创新给予大力支持，新能源产业既可以对当前调整产业结构起到重要支撑作用，更可以引领经济社会的绿色发展。科技部以重大专项等国家科技规划为实施突破口，重点支持太阳能、风能等新能源、节能环保技术，新材料、生物医药、生物育种、信息网络、电动汽车和现代服务业等领域的核心关键技术攻关和系统的集成。继续推进信息技术、智能网络、生物技术等高新技术在传统工业领域中的推广应用，提高传统产业的能效，减少排放，促进循环经济发展，支持重点产业振兴和结构调整。在推广应用中，创新新能源产业发展的商业模式，逐步使战略性新兴产业成为经济社会发展的主导力量，实现中国经济的绿色增长。建议中国积极实施新能源产业振兴规划，加大科技研发力度，做大做强新能源装备制造业，综合运用财政、税收、信贷政策，加快推进新能源产业发展，促进经济社会发展方式转变，更好地推动中国经济社会可持续发展。

（三）优化绿色投资环境

绿色投资环境是绿色投资经营所面对的客观条件，指某一特定经济地域为绿色投资这种经济活动所提供的一系列要素和生产条件及其相互作用的统一体，包括硬环境和软环境两个方面，并具有整体性、开放性、动态性、区域性和层次性等特点。中国地大物博、资源丰富、政策优惠、环境优美、气候适宜，适宜绿色投资，也适宜外商进行绿色投资。

中国绿色投资环境比较优越，外资"青睐"中国绿色投资，绿色信贷、绿色债券、绿色股指、绿色系统化管理以及绿色基金等与"绿色"挂钩的产品与市场也在中国市场出现，从绿色基金和绿色投资机构，到绿色投行，再到绿色商业银行，中国资本市场上一片"绿"色生"机"。美联社文章一家国际投资集团说，希望把钱投在气候友好型行业的投资者把目光投向风险较低的德国、巴西和中国，是明智之举。还说，这些国家的政策最全面、透明，能够使对可再生能源和能效项目等的投资具备较大的确定性，因此它们有可能吸引减少全球温室气体排放所需的资金。

中国要完善经济全球化机制，形成有利于绿色投资的环境，有利于绿色经济发展的环境。在国际社会推动以贸易自由化、便利化发展绿色经济的理念，督促国际机构制定并实施鼓励绿色经济发展的贸易政策。中国要创造更加良好的绿色投资环境，加大引进外商的绿色投资政策，吸引国内外的绿色投资，发展中国绿色经济，促进经济社会的的可持续发展。

第五节 低碳绿色经济发展及管理模式

绿色经济能够遵循"开发需求、降低成本、加大动力、协调一致、宏观有控"等五项准则，并且是得以可持续发展的经济。绿色经济是以高新技术为支撑，是以效率、和谐、持续为发展目标，是市场化和生态化有机结合的经济，是一种充分体现自然资源价值和生态价值的经济，是 21 世纪最具有活力和发展前景的经济形式之一。发展绿色经济就是要落实科学发展观，转变经济发展模式，实现经济社会的可持续发展。传统经济向绿色经济转变是经济社会发展到一定阶段的必然产物。发展绿色经济，摒弃粗放型、分散化、高能耗、高污染的传统工业化道路，走新型工业化道路，将传统经济发展模式转变到绿色经济的发展模式上来。环境经济学家认为经济发展必须是自然环境和人类自身可以承受的，不会因盲目追求生产增长而造成社会分裂和生态危机，不会因为自然资源耗竭而使经济无法持续发展，主张从社会及其生态条件出发，建立一种可持续发展的经济，绿色经济正是这种可持续发展的经济。

一、低碳绿色经济的概念和内涵

低碳经济是人类为了应对全球气候变暖，减少人类的温室气体排放而提出的经济；绿色经济是人类为了应对资源危机，减少人类对资源环境的破坏而提出的经济。低碳绿色经济是以市场为导向、以传统产业经济为基础、以经济与环境的和谐为目的而发展起来的一种新的经济形式，是以效率、和谐、持续为发展目标，以生态农业、循环工业和持续服务产业为基本内容的经济结构、增长方式和社会形态，是产业经济为适应人类环保与健康需要而产生并表现出来的一种发展状态。

低碳绿色经济的本质是以生态、经济协调发展为核心的可持续发展经济，是以维护人类生存环境，合理保护资源、能源以及有益于人体健康为特征的经济发展方式，是一种平衡式经济，它既是指具体的一个微观单位经济，又是指一个国家的国民经济，甚至是全球范围的经济。低碳绿色经济包含着环境友好型经济、资源节约型经济、循环经济的取向和特征。"绿色"这个概念在社会上广为运用，它能给人留下印象，很多和环境保护、资源节约、循环有关的概念、行为、活动都把绿色作为一个形象的说法。从绿色经济的角度来看，我们就要考虑经济增长问题的实质。经济增长的目的是增进人类的福利，是人本主义必然的逻辑，我们把环境友好型的经济模式称之为绿色经济发展模式。发展绿色经济对于当代中国具有非常同一般的战略性的意义。传统经济粗放型非绿色模式发展产生的资源约束、环境约束，带来的经济发展不可持续的。绿色经济是可持续发展的经济，可以缓解和克服资源环境的约束，中国的现代化大业就有望迎来更加广阔的发展前景，如图 4 - 15 所示：

图 4 - 15　传统经济和绿色经济

二、经济发展模式

经济发展模式，在经济学上是指在一定时期内国民经济发展战略及其生产力要素增长机制、运行原则的特殊类型，它包括经济发展的目标、方式、发展重心、步骤等一系列要素。我们通常所说的经济发展模式，指在一定地区、一定历史条件下形成的独具特色的经济发展路子，主要包括所有制形式、产业结构和经济发展思路、分配方式等。

在生产技术一定的条件下，经济发展战略的实现最终将受到一国可供利用资源的约束。改变经济发展的目标，把赶超型增长转到协调和可持续增长上来。确立新的经济发展目标，突出效益和居民生活指数等，总的要适度、协调、全面和可持续发展。提高资源利用效率，21 世纪，资源矛盾将很快上升为经济增长的重要矛盾，资源约束将成为经济增长的重要瓶颈。唯一的出路就是走节能降耗的绿色道路，提高资源的利用效率和水平。随着人们生活水平的提高，环保意识和需求上升为重要需求。对那些高耗能、高污染，效益又比较低的产业，如果生产的内外部成本很大，就应该严格控制。

绿色经济是一种融合了人类的现代文明，以高新技术为支撑，使人与自然和谐相处，能够可持续发展的经济，是市场化和生态化有机结合的经济，也是一种充分体现自然资源价值和生态价值的经济。它是一种经济再生产和自然再生产有机结合的良性发展模式，是人类社会可持续发展的必然产物。绿色经济的范围很广，包括生态农业、生态工业、生态旅游、环保产业、绿色服务业等。科学技术的进步和社会生产力发展水平的提高，推动了社会文明的进步。工业与生态、生态与社会的联系成为人类社会共同关注的焦点。工业国家早期的经济发展通常是先污染、后治理、再转型的物质经济增长模式。发达工业国家在中期实施循环经济发展之后，其经济发展实际上是绿色经济发展模式。德国等少数最发达国家，经济发展正在探索生态经济发展模式。经济发展模式的转变如图4-16所示：

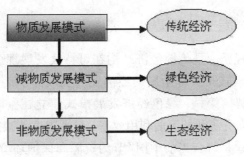

图4-16 经济发展模式的转变

三、低碳绿色经济发展模式

（一）低碳绿色经济是一种新型的经济发展模式

低碳绿色经济是在环境危机和经济发展的矛盾中依据可持续发展理论而产生的一种新型的经济发展模式，它以传统产业活动与自然界的相互关系为基础，在确定产业系统发展与环境系统存在相互作用关系的前提下，将产业经济系统和谐地纳入到自然环境系统的物质循环过程中，强调遵循自然规律合理利用自然资源和环境容量，通过经济活动的生态化、绿色化，经济、社会的可持续发展，实现人类与自然界的和谐发展。绿色经济模式与传统产业经济模式的区别：传统产业经济是以破坏生态平衡、大量消耗能源与资源、损害人体健康为特征的经济，是一种损耗式经济；绿色经济则是以维护人类生存环境、合理保护资源与能源、有益于人体健康为特征的经济，是一种平衡式经济。

传统经济发展模式是粗放，效益低下，附加值低的低端工业产品的生产和出口导向模式。量大但科技技术含量低。需要向提高科技含量和制作工艺的，由低端向高端的产品生产转变。传统的经济增长模式在较长一个时期里推动了经济发展和促进了社会进步。新中国成立之初，百废待兴，要求国民经济尽快恢复和发展，实现工业化。采用传统经济增长模式，推动经济快速增长，在中国经济建设中起了重要的作用。但是，传统经济增长模式存在着高投入、高污染、低效率的弊端，大量消耗资源，大量排放废弃物，导致日益加重自然环境的压力，经济难以持续发展，难以满足人民日益增长的物质文化生活方面的需要，难以加强国际竞争力和提高国际地位，难以保证国家经济安全。因此需要我们转变旧的传统的经济增长模式，建立新的经济发展模式。

（二）发展低碳绿色经济是绿色变革

发展低碳绿色经济，是传统经济结构在可持续发展理念指导下的绿色变革。绿色经济发展模式是一种全新的经济发展模式，与传统经济增长模式相比，具有明显的优势。第一，绿色经济发展模式建立在资源循环利用的基础上，它可以充分提高资源和能源的利用效率，最大限度地减少废物排放和保护人类的生存环境。这是符合当前中国"节约资源和保护环境的基本国策"的经济发展模式。第二，绿色经济发展模式以协调人与自然关系为准则，模拟自然生态系统运动方式和规律，可以充分做到资源的可持续利用，能够实现经济增长、资源利用、环境保护的"多维"发展。这是与建设生态文明相适应的经济发展模式。第三，绿色经济发展模式强调节约资源，有效利用资源，在生产和消费中以最小成本追求最大的经济效益和生态效益，并且采取的是低开采、低投入、低排放、高利用的发展模式，可以实现经济社会又好又快发展。它是建设资源节约型、环境友好型社会的最佳经济发展模式，符合中国现阶段经济社会发展需要和全面建设小康社会目标实现的经济发展模式。因此，我们要扩大绿色经济发展规模，不断上升再生能源比重，控制污染排放，尽早实现传统经济增长模式向绿色经济发展模式的转变。

生态足迹(Ecological Footprint)可以定量地反映一个国家或地区的可持续发展程度。生态足迹指标体系和其他反映社会经济发展的指标体系结合起来,以全面反映社会经济的发展。

式中,EF 为总的生态足迹;N 为人口数;ef 为人均生态足迹;i 为消费商品和投入的类型;n 为消费项目数;aa_i 为 i 种交易商品折算的生物生产面积;r_j 为均衡因子;A_i 为第 i 种消费项目折算的人均占有的生物生产面积;C_i 为 i 种商品的人均交易量;P_i 为 i 种消费商品的平均生产能力。计算出生态足迹之后,通过产量因子计算生态承载力,我们将两者结果进行比较来分析可持续发展程度。我们把生态足迹理论用于绿色经济的研究,以便为国家或地区的经济计划、发展战略、环境保护等提供更科学、更全面、更真实的参考数据。

生态足迹的一般计算模型为:

$$EF = N \times ef = N \sum_{i=1}^{n} (aa_i) = \sum_{i=1}^{n} r_j A_i = N \sum_{i=1}^{n} (C_i / P_i) \qquad (4-3)$$

(三)低碳绿色经济是建立在物质循环利用上的经济发展模式

低碳绿色经济提倡的是环境保护、绿色生产、绿色消费和废弃物的再生利用等环节的整合和互补,是建立在物质不断循环利用基础上的经济发展模式。

1. 绿色生产模式

发展绿色经济需要以绿色生产体系为基础。绿色生产是一个综合考虑环境影响和资源消耗的现代生产模式,它不仅仅考虑最终产品,还要考虑整个产品的生命周期对环境的负面影响,从而形成综合性的产品生命周期发展战略。绿色生产主要表现为充分利用原料和能源进行清洁生产,实现生产环节的"零排放"。同时,在生产原料、产品设计、工艺技术、生产设备和能源消耗等各个生产环节环节上,都要含有绿色的理念。

2. 绿色消费模式

绿色消费是指消费者对绿色产品的需购买和消费活动,是一种具有生态意识的、高层次的理性消费行为。绿色消费是从满足生态需要出发,以有益健康和保护生态环境为基本内涵,符合人的健康和环境保护标准的各种消费行为和消费方式的统称。绿色消费不仅包括购买绿色产品,还包括消费品的回收利用等。绿色消费行为应符合"3E",即经济实惠(Econmic)、生态效益(Ecological)、平等人道(Equitable)原则;及"3R"原则,即减少非必要的消费(Reduce),重复使用(Reuse)和再生利用(Recycle)。

3. 绿色产业体系

"绿色产业"这一概念的提出最早来源于1989年加拿大环境部长所提出的"绿色计划"一词,它第一次从宏观层次上把"绿色"同整个社会经济的发展计划有机结合了起来.并在20世纪90年代初得到了12个工业发达国家的认同,即把绿色计划作为推进各国社会经济可持续发展的重要战略。实际上,绿色产业与绿色经济是同一的,它们都必须遵循以下准则:产业发展对环境的作用必须限制在其承载力之内;产业发展对可再生资源的使用强度应限制在其最大持续收获量之内;产业发展对不可再生资源的耗竭速度不应超过寻求可再生替代品的速度;产业发展必须维护自身的健康安全和代际公平,即当代人不能损害后代人的发展权利,少数人不能为了眼前经济利益而牺牲多数人的健康权;产业发展必须维护当代人之间的公平,在不同群体和不同区域之间实现资源利用和环境保护两者的成本与收益的公平和分配。

4. 绿色技术创新模式

发展绿色经济除了战略上的高瞻远瞩、体制机制上的调整适应、管理环节的完备完善等软实力支撑外,源源不断地对绿色技术进行创新是绿色经济的主要支撑硬件。未来经济社会,绿色技术对宏观经济来说是核心实力之一,对企业来说是核心竞争优势。绿色技术的研发及推广是时代趋势,开发绿色技术,必将推动绿色经济的发展。绿色技术创新模式包括几个层次的含义:一是指生产系统的技术创新,技术的创新将使得生产系统的运转活动对生态系统产生微量的消极影响,或有利于恢复和重建生态平衡机制;二是指产品技术创新,产品功能发挥以及报废后的自然降解过程对生态系统的消极影响甚微;三是单元技术创新,在产业技术系统中的应用可明显减轻和部分消除原技术系统的生态负效应;四是污染消除技术创新,可以实现物质的最大化利用,尽可能把对环境污染物的排放消除在生产过程之中。从操作层面而言,绿色技术创新模式主要包括绿色产品技术创新、绿色产品设计创新、绿色材料研发技术创新、绿色工艺创新、绿色回收处理创新、绿色包装创新等各个环节的技术创新。

四、低碳绿色经济发展模式产生的必然性

在经济发展过程中,人类社会经历了四种经济发展模式:原始经济、农业经

济、近现代工业经济和低碳绿色经济，每种经济发展模式的产生都有与其对应的生产力状况，是历史发展的必然选择。

（一）高碳经济发展模式引发严重的生态危机

生态系统虽然有强大的自我调节能力，但只能在一定范围和条件下起作用，如果干扰过大超出其自我调节能力，那么生态系统就会被破坏从而引发生态危机。高碳经济是以资源的高投入、高消耗为手段，通过资源的超常投入获得高产出，最终目标是产出的增长、生活水平的提高与财富的增加。高碳经济具有高消耗、高污染、高排放的特点，它打破了自然界的平衡与稳定，破坏了其良性生态循环过程，从而导致了资源、生态环境危机的产生。

中国近年来由于资源的过度开发和人类高强度的活动生态环境虽经治理依然迅速恶化，产生的危害日益严重，主要表现为：

1. 大气污染状况日益加剧。在 2006 年监测的 559 个城市中，空气质量达到一级标准的城市 24 个、二级标准的城市 325 个、三级标准的城市 159 个、劣于三级标准的城市 51 个，主要污染物为可吸入颗粒物；

2. 水污染状况依然严重。2007 年全国废水排放总量为 556.7 亿吨，比 2006 年增加 3.7%；化学需氧量排放量为 1381.8 万吨，比 2006 年下降 3.2%；氨氮排放量为 132.3 万吨，比 2006 年下降 6.4%。全国地表水污染严重，七大水系总体为中度污染，浙闽区河流和西南、西北诸河水质良好，但湖泊富营养化问题突出；

3. 生物多样性受到严重威胁。由于对自然资源过度的开发和环境污染，野生物种栖息地的面积不断缩小并遭受破坏，再加上一些地区的滥采、滥捕滥猎，导致我国野生动植物的数量不断减少，生物多样性受到了严重威胁。

（二）低碳绿色经济是人类对传统经济发展模式反思的结果

人类社会发展到工业文明时代，环境问题在全球迅速蔓延，所引发的全球环境危机已经危及到了人类的生存和发展。工业文明导致了现代环境资源的危机从根本上是因为其破坏了生态系统的相对平衡性。随着人类改造自然的能力不断增强，逐步形成了资源的高投入、高消耗，目的是追求生活的高享受，在市场竞争和追逐高利润过程中，工业文明的生产效率达到了前所未有的高度。工业文明的生产模式与生态系统一起，组成了一个巨大的生态、经济、社会超循环系统，并打破了自然的生态循环过程，因为生态系统自身虽然具有强大的自我调节能力，但其只能在一定范围内、一定条件下发挥作用，如果干扰过大超出其自我调节能力，那么生态系统就会被破坏。

在环境事件频发不断，生态资源遭受到严重破坏以致震惊世界的时候，人类才对传统经济发展方式的缺陷有了清醒的认识，传统的高消耗生产方式和高消费生活方式被某些学者称之为"发展的失败"。具体地说，即是传统的生产方式、消费方式、思维方式等几乎所有方面组成了威胁生态环境的社会惯性力量。因此，仅仅从其中一个方面入手，或是认为更新的技术本身就会解决这一问题，或是寄希望于一套全新的发展战略，肯定是要失败的，问题远不止人们想象那样简单。事实上，许多生物学家、生态学家、技术专家、当然还有各方面的社会科学家都清楚地认识到，如果不对人类迄今所处的生存方式，或者说对整个工业文明进行深刻反思，人类的发展将要受阻。

人们对传统经济发展模式进行反思后认为，人类已经为现有的经济增长付出了沉重代价，如果这种经济增长方式继续的话，还将威胁到人类的未来。环境资源问题的根源在于工业经济系统的非循环性，为了从根本上遏制地球的环境危机，必须对传统的工业经济系统进行创新，而低碳经济的提出正是代表了这种创新的方向。

五、低碳绿色经济发展模式的转变

所谓低碳绿色经济，是指在可持续发展理念指导下，通过技术创新、制度创新、产业转型、新能源开发等多种手段，尽可能地减少煤炭石油等高碳能源消耗，减少温室气体排放，达到经济、社会、环境共赢发展的一种经济发展形态。这里所指的低碳绿色经济发展模式转变主要包括三方面内容。

（一）经济理论方面的转变

传统经济理论认为自然资源和生态环境是天然禀赋，它不是商品，不能形成价值，形成这一观念的根本原因在于传统经济学并没有将自然资源和生态环境作为生产要素并且界定它们的产权，这样就使它们成为了生存者免费使用的公共资源，可以肆意使用而不需要付出成本。而且以传统经济学为理论基础的环境政策都是体现在企业生产的末端治理上。末端治理主要是在生产链的终点，或是在废弃物排放到自然界之前，对各种污染物进行处理，以降低污染物对自然和人类的损害，这一思路实际上默认了"先污染，后治理"。这种经济理论显然已经不完全符合新的经济发展要求，因此，传统经济理论的地位必然会被新的经济理论所取代。低碳经济理论认为，必须将环境要素内化到经济活动过程中，在已有生产要素的循环中要增加自然资本的循环；在价值理论中，必须承认自然资源和生态环境同样参与价值的分配；在分配理论中，自然资源资本同样参与到社会剩余产品的分配中。低碳经济理论的创新，是对经济模式创新在理论上的科学概括。

（二）发展观方面的转变

传统发展观是一种非理性的发展观，在发展的内涵认识和发展问题的基本观念上存在着一些非理性的思想倾向。为了发展经济，人们不顾一切地掠夺资源，使经济增长与经济发展的目标建立在生态环境被破坏的基础上。它以功利主义和实用主义为出发点，主张人类在经济行为的选择时重点考虑当前可以预期到的直接经济后果，而不涉及或忽视长期中不可预期到的未来经济后果。将人与自然的伦理关系建立在人的价值基础上，只承认人类利益，而忽视自然以及其他物种的利益。这种经济伦理把满足人类自身的需要视为经济活动的价值判断，并以这种价值判断作为标准引导人类生产活动。其局限性是只考虑眼前的功利与实用，不顾及人类的长远利益。

这种传统的发展观是不科学的。科学的发展观，其核心是以人为本，基本要求是全面协调可持续，本质是既从经济增长、社会进步和环境安全的功利性目标出发，也从哲学观念更新和人类文明进步的理性化目标出发，几乎是全方位地涵盖了"自然、经济、社会"复杂系统的运行规则和"人口、资源、环境、发展"四位一体的辩证关系，并将此类规则与关系在不同时段或不同区域的差异表达，包含在整个时代演化的共性趋势之中。发展观念指导着人类的经济行为，要使传统的经济发展模式转变为低碳经济发展模式，人们的发展观念必须转变。

（三）经济增长模式的转变

传统的经济增长模式在工业化过程中，在推动经济快速增长时起到了重要的作用。但是传统的经济模式众所周知是以牺牲生态环境为代价的，随着经济的发展，自然环境的压力也日益加大，难以保证经济的可持续发展和人民日益增长的物质文化生活的需要，同时也难以保证国家经济安全。因此转变旧的经济增长模式为适应人类町持续发展的新经济增长模式迫在眉睫。

低碳经济发展模式与传统经济增长模式相比,在资源循环利用,保护生态环境方面具有以下优势:

1. 低碳经济发展模式是建立在循环经济基础上的,强调的是资源的循环利用,因此,它可以充分提高有限资源的利用效率,最大限度地减少废弃物排放和保护生态环境。

2. 低碳经济发展模式是以协调人与自然关系为准则,模拟自然生态系统运动方式和规律,可以充分做到资源的可持续利用,能够实现经济增长、资源利用、环境保护的"多维"协调发展,这是与建设生态文明相适应的经济发展模式。

3. 低碳经济发展模式强调的是有效利用资源的同时节约资源,采取的是低投入、低排放、高利用的发展模式。因此,我们要鼓励低碳经济的发展规模,控制污染排放,积极发展可再生能源,尽快实现传统经济增长模式向低碳经济发展模式的转变。

六、加速低碳绿色经济发展

发展绿色经济,传统经济向绿色经济转变,必然要求我们摒弃粗放型、分散化、高能耗、高污染的传统工业化道路,走一条新型工业化道路,将传统经济发展模式转变到绿色经济的发展模式上来。

(一)大力推广清洁生产,发展低碳式的绿色企业

清洁生产是企业通过对产品设计、原料选择、工艺改革、技术管理、生产过程内部循环等环节的科学化和合理化最大限度地减少污染的生产方式。它将传统经济模式中的"资源消耗—产品工业—污染排放"的物资单向流动的开放式线性过程,转变为"资源利用—绿色工业—资源再生"的闭环型物质能量循环流程,以保持生产的低消耗、高质量、低废气,将经济活动对自然环境的影响和破坏减少到最低限度,做到产业环保。

(二)大力发展生态工业园区

建立绿色技术和高新技术为支撑的绿色经济生产体系。它的目标是尽量减少废物,将园区内一个企业产生的副产品作为另一个企业的投入,或将原材料通过废物交换实现循环利用,清洁生产手段,最终实现园区污染的"零排放"。

这就需要建立绿色技术和高新技术为支撑的生产技术体系，对传统产业生产体系进行改造。要依靠绿色技术和高新技术对传统产业实施改造，将一些传统的高排放、高污染、低效率的工业园区改造成生态工业园区，以达到园区工业经济的可持续发展。

（三）大力做好循环回收利用，开展好绿色经济的国际交流与合作工作

循环回收利用是绿色经济的一个较好的切入点，我们要大力发展绿色消费市场和资源回收利用产业，建立区域和整个社会的废物回收、再利用系统，使生活和生产垃圾变废为宝，回收利用，做到环保产业化，提高社会再生资源利用率，实现城市内外、城乡之间物流的循环，促进传统经济向绿色经济的转变。

（四）建设生态文明，形成节约能源和保护环境的产业结构和消费模式

生态文明是人类对传统文明特别是工业文明进行深刻反思的成果，它以人与自然、社会和谐共生、良性循环、全面发展、持续繁荣为基本宗旨，以建立绿色经济发展模式、健康合理的消费模式为主要内涵的文明形态。按照十七大提出的要求，我们应坚持节约资源和保护环境的基本国策，把建设资源节约型、环境友好型社会放在工业化、现代化发展战略的突出位置，让生态文明之花开满祖国大地，使绿色经济发展模式结出丰硕之果。

总之，传统经济向绿色经济的转变是经济社会发展到一定阶段的产物。在绿色经济模式下，环保技术、清洁生产工艺等众多有益于环境的技术被转化为生产力，通过有益于环境或与环境无对抗的经济行为，实现经济的可持续增长。发展绿色经济，是对工业革命以来几个世纪的传统经济发展模式的根本否定，是21世纪世界经济发展的必然趋势。我们应抓住这次世界经济发展模式转型的机遇，按照党中央指引的方向、确定的方针，大力宣传绿色经济，加速对传统经济发展模式的改造，积极发展绿色经济，使中国的经济社会可持续发展，使中国成为一个绿色经济强国。

本章小结

　　本章以低碳绿色经济发展为主要研究对象，探讨了循环经济、生态工业园、生态文明建设以及绿色投资，寻求低碳绿色经济发展和管理模式。循环经济是基于生态经济的经济发展模式，是集经济、技术和社会于一体的系统工程，是中国实现经济社会和环境可持续发展的必然选择。生态工业园是发展循环经济的重要载体，是促进循环经济发展的重要形态，通过生态工业园管理模式的构建与研究，促进循环经济的发展，推动中国经济社会的可持续发展。

　　生态文明建设是提升经济质量、优化经济发展方式的着力点。生态文明是其他各项建设的基本载体和支撑，是一种人与自然、环境与经济、人与社会和谐相处的社会形态，是贯穿于经济建设、政治建设、文化建设、社会建设和环境建设的系统工程。推进生态文明建设，是保持经济持续健康发展和提高人民生活质量的必然要求，是更好参与国际竞争与合作的客观需要。切实推进生态文明建设，把环境保护与经济社会发展统筹起来，提高人民生活品质，促进社会和谐，推进低碳绿色经济可持续发展。

　　低碳绿色经济是以高新技术为支撑，是以效率、和谐、持续为发展目标，是市场化和生态化有机结合的经济。绿色投资是人类解决环境问题和资源约束问题时的必然投资方式，加大中国绿色投资，促进绿色经济发展。发展低碳绿色经济是要落实科学发展观，转变传统的经济发展模式，实现经济社会的可持续发展。发展低碳绿色经济，摒弃粗放型、分散化、高能耗、高污染的传统工业化道路，走低碳工业化和中国特色新型城镇化道路，将传统经济发展模式转变到低碳绿色经济发展模式上来。低碳绿色经济发展模式是一种全新的经济发展模式，与传统经济增长模式相比，具有明显的优势。我们要扩大低碳绿色经济发展规模，不断上升再生能源比重，控制污染排放，实现传统经济增长模式向低碳绿色经济发展模式的转变，实现生态、生活和生产的"三生共赢"，实现中国经济社会和环境的可持续发展。

第五章

中国低碳绿色城市发展及评价

第一节 低碳绿色城市发展

一、低碳绿色城市的概念和内涵

低碳绿色城市系统是一个要素众多、关系交错、目标和功能多样的复杂大系统。一般来说，低碳绿色城市是由民主的政治系统、高效的经济系统、和谐的社会系统、健康的环境系统和创新的文化系统等五个子系统组成，是各个子系统之间相互联系、相互影响、相互制约的"五位一体"系统，如图5-1所示：

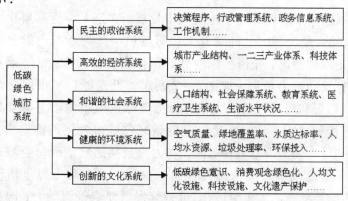

图5-1 低碳绿色城市系统组成图

二、低碳绿色城市发展是一种全新的模式

低碳绿色城市是一个组成系统众多、结构和运行复杂的系统组合，其追求的是在一定约束条件下系统组成因子的主题最优。低碳绿色城市发展是当今世界各国共同的追求，是在政治、经济、社会、环境和文化等领域的创新，是一种系统的创新。低碳绿色城市发展是一种可持续发展，与传统城市发展的区别主要体现在建设理念、人与自然关系、系统观以及目标实现上，如表 5－1 所示：

表 5－1 　　　 低碳绿色城市发展模式与传统城市发展模式比较

项目	低碳绿色城市发展模式	传统城市发展模式
哲学观	共生	自生
价值观	和谐均衡	疯狂掠夺
内容目标	多目标、各系统的最优	单目标
学科范畴	交叉	单一学科
决策方式	民主、开放、公众参与	封闭、行政干预
建设程序	循环、动态	单向、静止

三、低碳绿色城市的动力机制

（一）动力机制机理

低碳绿色城市发展不同于传统城市发展，它是一个更高层次的城市发展，追求政治、经济、社会、环境和文化等五位一体的全面均衡和可持续发展。系统论原理指出，任何系统的良好运行和发展进步，都必须获得足够的动力和科学的动力机制，如图 5－2 所示。低碳绿色城市发展动力机制是指政府、组织和居民等建设主体建设低碳绿色城市的动力源及其作用机理、作用过程和功能。动力源是推进低碳绿色城市发展的推动力，包括内在动力源和外在动力源。其中，内在动力源包括追求低碳绿色城市的目标及探索低碳绿色城市发展道路两方面的内容。外在动力源包括环境承载力、资源压力等约束力，文明进化、可持续发展要求等驱动力，国家发展战略导向、政策支持、法律保障等政策力，低碳绿色技术创新支撑力及国内外

低碳绿色城市发展成果的吸引力。低碳绿色城市发展动力机制的作用机理是在内外动力源的作用下，建设主体按照市场规律调节自己的行为，推动政治、经济、社会、环境和文化的低碳绿色化，建设"五位一体"的稳定、均衡和可持续发展的低碳绿色城市。

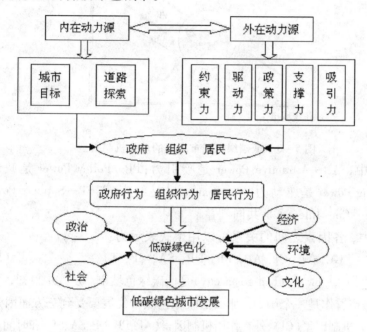

图 5 - 2 低碳绿色城市发展动力机制作用流程图

（二）动力机制模型

根据以上的低碳绿色城市发展动力机制机理分析，可以看出内外动力源以及各种作用因素在对低碳绿色城市发展产生影响的过程中，是相互联系和相互影响的。一方面，只有内在动力源和外在动力源的共同和协调作用，人类的低碳绿色城市才能实现；另一方面，在不同的时期和不同的地区，内在动力源和外在动力源对低碳绿色城市发展所起的作用不同，对其影响也不同。比如，在低碳绿色城市发展初期，人们建设低碳绿色城市的要求非常迫切，内在动力源可能会产生相当大的作用，而政府的政策力将是推进低碳绿色城市发展的第一外在动力，具有决定性的作用。低碳绿色城市发展的动力机制如图 5 - 3 所示：

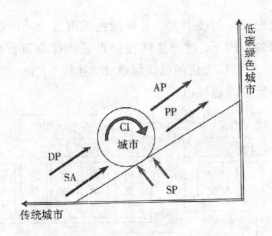

图 5 - 3　低碳绿色城市发展的动力机制模型

上图中，AP—Attractive Power 是吸引力；PP—Policy Power 是政策力；DP—Driving Power 是驱动力；SA—Sanction 是约束力；SP—Support Power 是支撑力；CI—Co - Interest 是共同利益。

上图中，各因素之间的关系可以用下式表示为：

$$GC = f(CI, AP, PP, DP, SA, SP, T) \qquad (5-1)$$

上式中，GC(low - carbon green city)是低碳绿色城市。从式中可知，如果把低碳绿色城市看作是一个函数，那么低碳绿色城市发展要受到三方面因素的影响：内在动力机制因素(CI)、外在作用机制因素(AP、PP、DP、SA、SP)和时间(T)。

第二节　经济系统动态分析与模拟

经济系统是动态变化的，各个方面之间存在着相互作用。我们依据系统动态学的原理，探讨了经济系统各方面相互作用的机理。在经济系统动态规划的基础上，我们建立了经济系统的动态模型，进行了经济系统动态分析与模拟，为经济系统动态研究提供参考。经济系统是由人、人的经济活动和人与物质的相互作用组成的自然、社会和经济的复合系统，具有一般系统的基本属性，又有人为的特殊属性。经济系统包括个人、家庭、企业、区域、国家等经济组织及其经济行为。经济系统的特殊属性在于以人为主体，能够识别环境的变化，做出驾驭经济系统运行的决策。经济系统是复杂的动态多变的，各个方面存在相互作用。我们不仅要知道这些方面相互作用的结果，还要知道这些相互作用是如何发生的。这就需要我们进一步探求它们相互作用的机理，了解其变化过程，建立经济系统的动态模型，并对经济系统进行动态分析与模拟。

一、经济系统的要素和原理

（一）经济系统的要素

经济系统如其它系统一样有其构成要素。复杂的经济系统及其呈现的千变万化的经济现象则是由构成要素的不同组合及其相互作用的结果。经济系统的这种构成要素则称之为利益体。经济系统中的各利益体间必然存在着千变万化的联系，这些联系主要是价值运动，称之为价值转移。经济系统中的利益体和利益体间的价值转移形成经济系统的结构。经济系统中各利益体间能用价值衡量的联系就是价值转移。价值转移可以是实物的货币的，也可以是非物质的。经济系统中利益体划分的层次越多，利益体数量越多，则价值转移的种类数量就越多，系统表达就越充分，但这要受到资料收集和仿真模拟的可能性限制。

经济系统的功能是指系统与外部环境之间实现交换的内容、种类和能力的总称。由利益体和利益体间价值转移构成的经济系统与系统外部环境有着各种各样的联系，这些联系主要也是价值转移。经济系统也是更高层系统的利益体，即子系统。经济系统与环境之间的价值转移可以具体化为系统内利益体与环境间的价值转移，这种转移动态地改变着系统内有关利益体的价值积存。我们将经济系统分为工业、农业、第三产业、人口、能源、环境等子系统，它们的主要因果关系如图 5-4 所示：

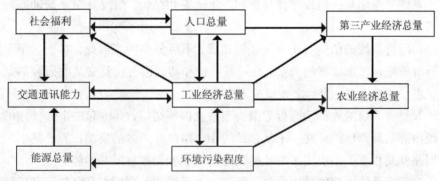

图 5-4 经济系统的主要因果关系图

经济系统与环境进行物质、能量和信息交换的过程中自然地向最稳定的状态发展。但是现存经济系统的自然发展目标并不一定符合人们的要求，而经济系统又是一个人造系统，因此我们要对经济系统进行动态分析和调控，以按照我们所希望的发展。

（二）系统动力学原理

系统动力学是对整体运作本质的思考方式，把结构的方法、功能的方法和历史的方法融为一个整体。它的目的是提升人类组织的"群体智力"。系统动力学是在总结运筹学的基础上，为适应现代社会经济系统的管理需要而发展起来的。系统动力学是研究社会经济系统动态行为的计算机仿真方法。系统动力学包括如下几点。

1.系统动力学将生命系统和非生命系统都作为信息反馈系统来研究。它认为每个系统都存在信息反馈机制，而这是控制论的重要观点。所以，系统动力学是以控制论为理论基础的。

2.系统动力学把研究对象划分为若干子系统，并且建立起各个子系统之间的因果关系网络。它立足于整体以及整体之间的关系研究，以整体观替代传统的元素观。

3.系统动力学的研究方法是建立计算机仿真模型——流图和构造方程式，实行计算机仿真试验，验证模型的有效性，为战略与决策的制定提供依据。

（三）经济系统的动态原理

系统动态学是一门以定性分析和定量研究相结合，研究复杂系统动态行为的科学。

1.经济系统的结构与功能是相辅相成，不可分割的。因此，对于一个系统进行分析应该考虑二者的关系，在对其结构和功能进行反复交叉的研究的基础上，才有可能建立一个与之相似的考察模型。

2.经济系统的外部动态行为取决于系统内部结构，其中起决定性作用的是系统内部的反馈回路。在一个复杂系统中，存在着诸多的反馈回路，其中主要的回路及其相互关系决定了系统的动态行为和变化发展的基本趋势。

3.经济系统内部的结构参数一般随时间而变化。同时，人们对信息反馈系统如何随时间变化的直觉判断往往是不可靠的，甚至当人们对系统构成的每一要素有深刻了解时也是如此。根据系统理论的整体性原则可以得知，系统的整体大于各部分之和，复杂系统的整体行为不可能用部分来解释。各个方面的变化都不能单独地对整体行为起到决定性的影响作用。

4.经济系统是非线性系统，系统内部各元素之间的关系均为非线性关系。如果这种非线性关系被反复反馈强化之后，系统就会变得迟钝，对大部分参数的变化不敏感。因此，要改变系统行为就很困难。

二、经济系统的动态规划与模型

(一)经济系统动态规划

我们对于有随机干扰的经济系统进行动态规划，设经济系统的状态方程为：

$$x(k+1) = f(x(k), u(k), w(k)) \tag{5-2}$$

式中，w(k)对经济系统的随机干扰，假设它的概率分布不依赖于 w(0)，…，w(k-1)。目标函数为：

$$J = E \sum_{k=0}^{N-1} \beta^k L(x(k), u(k)) \tag{5-3}$$

由于求和函数是一个随机变量，因此目标函数表示为求和函数的期望值，E 是期望算子，引进值函数 $V(x(i)) = J_{N-i}^*(x(i))$，这时的动态规划的 Bellman 方程应该为：

$$V(x) = \min_u \{L(x, u) + \beta E[V(f(x(k), u(k), w(k))) \mid x]\} \tag{5-4}$$

可以知道，常见的一类随机最优化问题是线性二次型高斯问题，这类问题的状态方程是线性差分方程组，目标函数是状态变量和决策变量的二次型，随机干扰是高斯白噪声。这样，我们可以对有随机干扰的经济系统进行动态规划。

(二)经济系统动态模型

运用系统动力学，采用定性和定量分析综合集成的方式，建立一个经济系统动力学(System Dynamics, SD)模型，以求对经济问题进行比较深刻和全面的分析与研究。以下例子是建立了区域循环经济系统动态模型。循环经济是经济、社会、环境等协调发展的经济发展模式，也是一个系统工程。循环经济的发展受到包括人口、资源、环境、经济和社会等多个要素的制约。依据资源、环境、人口与经济等子系统间的相互联系、相互制约关系及其动态变化特征，构造循环经济系统的动力学模型，模型包含了9个状态变量，10个速率变量和34个辅助变量及常量，如图5-5所示：

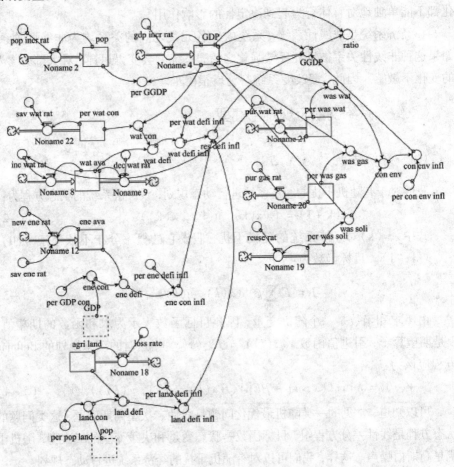

图5-5 区域循环经济系统动态模型

某一时期的人口 Population in a certain time；GDP：国内生产总值 Gross domestic product；GGDP：绿色国内生产总值 Green GDP；wat ava, ene ava, agri land：经济增长所需的水资源、能源和土地资源 Water resources, energy resources and land resource for economy increase；per wat con, per ene con：单位 GDP 增长消耗的水资源与能源 Consumed water and energy for per unit GDP, respectively；per was wat, per was gas, per was soli：单位 GDP 增长排放的废水、废气和固体废弃物 Waste water, waste gas, and waste solid released for per unit GDP；wat defi, ene defi, land defi：水资源、能源和土地资源短缺的数量 Water deficit, energy deficit, land deficit；wat def infl, ene defi infl, land defi infl：水资源、能源和土地资源短缺对经济增长的影响 Influence of water deficit, energy deficit, and land deficit on economy；res defi infl, con env infl：资源短缺和环境污染对 GDP 增长的限制作用 Limitation of resource deficit, environment pollution to GDP increase.

三、经济系统的动态分析与模拟

（一）经济系统动态模拟

我们建立一个动态性的同态系统来进行模拟训练，我们只从定性描述的角度对同态系统建立的方法步骤问题进行介绍。

1. 层次划分

我们要对被模拟对象分层次地逐级从微观结构开始向中观和宏观结构进行结构与功能的分析，如果模拟对象是一个队，那么微观层次可以是一个人，中观层次可以是一个合作组，宏观层次则包括教练员和全队成员。这需要根据我们的模拟训练的目的和任务而定，如果我们只是模拟对象中的某个部分，则层次的划分又有所不同。层次划分并不是最终目标，关键在于对不同层次的系统进行分析，建立起各子系统间因果关系的反馈回路，亦即决策－措施－信息变化－新决策的反馈循环关系。

2. 可变因子分析

对被模拟系统的可变化因子进行分析。在经济系统中，可变化因子很多，但这些因子变化的范围和程度必须符合系统内部结构的基本关系。从这个意义上讲，系统的变量是可以确定的。因此，系统行为的动态变化也是事先可以预测的，这就为我们设计和建立动态性的同态系统提供了基本线索。同时，上述原理我们可以知道，非线性的复杂系统的元素之间存在非线性关系经过反复的反馈后，大部分参数相对比较稳定，因而一般的努力很难改变系统的行为。这样，系统的大部分行为将是可以确定的。特别是在时间跨度较小时，系统完全地改变自己的内部结构关系的可能性不大。因此，系统内部结构参数不会发生大规模的突变。当然，如果时间跨度很大时，在外界信息的作用下，系统内部结构则可能进行大的调整，使其系统行为产生实质性的变化。所以，在设计同态系统时，应考虑掌握的有关被模拟系统的信息的时间效应。

3. 量化分析

在掌握被模拟对象的结构、功能及其信息来源、变化因子和信息时效的前提下，我们可以将其变量进行量化，建立起具有系统动态学意义的流程图和构造方程式，把这种方程式转换为计算机专用语言，便可以进行系统仿真。并可以将系统随时间变化的动态过程用曲线图打印出来，通过分析，便可以得到各因素的趋势变化情况。

4. 结果分析

对计算机仿真结果进行认真分析，研究被模拟系统的内部结构与动态行为之间的关系，分析模型所反映的行为趋势与真实系统的相似性和有效性，在确定其效度的前提下，建构与之相似的同态系统。这样，我们便可以根据这个同态系统表现出来的动态行为安排训练，使我们的模拟训练既具有一定的针对性，又具有一定的可变性或者说更具有客观性和实效性。

（二）经济系统动态分析

循环经济在解决资源环境对经济社会发展的瓶颈约束和传统"三高"经济发展模式对生态环境的破坏性影响中应运而生，是一种以资源高效利用和循环利用为核心，以"减量化、再利用、资源化"为原则，以低消耗、低排放、高效率为基本特征，符合可持续发展理念的经济增长模式。循环经济是经济、社会、环境等协调发展的经济发展模式，也是一个系统工程。循环经济的发展受到包括人口、资源、环境、经济和社会等多个要素的制约。从长远来看，循环经济的目标是建立与生态环境系统结构和功能相协调的生态型社会经济系统，促进经济发展与人口、资源、环境相协调。我们通过广泛调研，收集大量的数据，结合当地的地理区域和经济特色，或建立指标体系，或通过统计分析或多目标综合决策，提出相应的循环经济发展模式或评价体系或产业结构优化方案，对推动循环经济发展的实践起到了积极作用。我们运用系统工程方法和大系统理论可以研究区域循环经济发展模式的内部机理，并找出其实施瓶颈及解决方案。我们可以以某个区域为研究对象，在分析资源、环境、人口与经济等子系统间的相互联系、相互制约关系的基础上，以可持续发展和循环经济理论为导向，应用系统论和生态经济学等相关理论构建适合该区域情况的区域循环经济模式，为在资源环境约束条件下实现经济可持续发展提供情景分析和决策依据。

经济系统是由人、经济活动以及人与物质的相互作用组成的自然、社会和经济的复合系统，具有一般系统的基本属性，又有人为的特殊属性。经济系统是动态变化的，经济系统的结构与功能相辅相成，不可分割。经济系统是复杂的非线性系统，系统内部各元素之间的关系均为非线性关系。我们以定性分析和定量研究相结合的系统动态学方法，依据系统动态学的原理，探讨经济系统各方面相互作用的机理，了解其变化过程，在经济系统动态规划的基础上，建立经济系统的动态模型，进行经济系统动态分析与模拟，为经济系统动态研究提供技术参考。

第三节　基于低碳绿色经济的中国城市发展

当今，面对全球气候变暖和资源危机等一些问题，发展低碳绿色经济已经成为发展的必然。低碳绿色城市是发展低碳绿色经济的最重要载体，低碳绿色城市发展是低碳绿色经济发展的必然过程。低碳绿色城市发展已经成为中国城市发展的必然趋势，如何以经济发展促进城市发展，探求适合中国特色的基于低碳绿色经济的城市发展发展战略，具有重要的理论价值和实际意义。

一、中国低碳绿色经济发展

(一)低碳绿色经济

我们既要发展低碳经济，又要发展绿色经济。发展低碳经济我们要节能减排;发展绿色经济我们要减少资源消耗和环境破坏，保障经济的健康发展。发展低碳经济和绿色经济，两者相互促进，既是发展的过程，又是发展的结果。

低碳绿色经济是以经济与环境的和谐发展为目的的新的经济形式，是以效率、和谐、持续为发展目标，以生态农业、循环工业和持续服务产业为基本内容的经济结构、增长方式和社会形态。英国经济学家皮尔斯 1989 年出版的《绿色经济蓝皮书》首次提出绿色经济。Jacobs 与 Postel 等人在 1990 年代所提出的绿色经济学中倡议在传统经济学三种生产基本要素:劳动、土地及人造资本之外，必须再加入一项社会组织资本(social and organization capital, SOC)。低碳经济是指以低能耗、低污染、低排放为基础的绿色经济，其核心是在市场机制基础上，通过制度框架和政策措施的制定及创新，形成明确、稳定和长期的引导及激励机制，提高新能源开发、生产和利用能力，促进人类生存和全世界经济发展方式的变革，是人类社会继农业文明、工业文明之后的又一次重大进步，实质是能源高效利用、清洁能源开发和追求绿色 GDP 的问题，是能源技术和减排技术创新、产业结构和制度创新以及人类生存发展观念的根本性转变。英国在 2003 年发表了《能源白皮书》，第一次提出了低碳经济概念。2007 年 12 月联合国气候变化大会制定了"巴厘岛路线图"，为全球进一步迈向低碳经济起到了里程碑的意义。经济发展演变进程如图 5 - 6 所示：

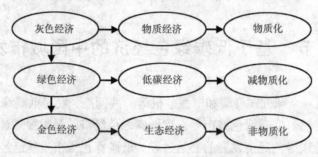

图 5 - 6　经济发展演变进程

（二）低碳绿色经济是中国经济发展的必然

当今，面对全球气候变暖和资源危机等这些问题，发展低碳绿色经济已经成为必然。低碳绿色经济是一种以能源消耗较少、环境污染较低为基础的绿色经济模式，是一种全新的经济发展模式，是实现可持续发展的具体路径和必由之路。提高能源效率、开发清洁能源、发展低碳经济已经成为全球共识，发达国家率先把发展低碳绿色经济上升到国家战略高度，低碳绿色经济已从一个应对气候变化、环境保护和资源紧缺的技术问题转化为决定未来国家综合实力的经济和政治问题，并将成为未来规制世界发展格局的新规则。

中国经济在历经了三十多年的粗放型高速增长之后，能源资源短缺和环境恶化问题凸显，经济发展方式向高能效、低能耗和低碳排放模式转型已成为迫切需要。中国发展低碳绿色经济既是共同应对气候和环境变化的内在要求，也是建设资源节约型、环境友好型社会和构建社会主义生态文明的必然选择，更是转变经济发展方式、实现经济社会可持续发展的必由之路。中国正处在加快经济发展方式转变的关键时期，发展低碳绿色经济已经成为中国可持续发展战略的重要组成部分，发展低碳绿色经济是中国可持续发展的必然方向，是优化能源结构、调整产业结构的可行措施和重要途径。发展低碳绿色经济是我国经济社会可持续发展的必然选择，这是由我国的基本国情决定的，也是我国的发展战略之一。我们只有大力发展低碳绿色经济，转变经济发展方式，我们的经济发展才可以持续，我们与自然的关系才会更加和谐。

二、中国城市发展战略思考

（一）中国的工业化、城镇化

城镇化是世界经济的普遍现象，自18世纪中叶以来，随着经济的工业化和现代化，世界城市人口的比重不断上升。城镇化是工业化过程中资源配置变化的必然产物，而城镇化又有利于资源的有效利用。城镇化是世界经济的普遍趋势，城镇化与工业化有着密切的内在联系。城镇化的模式主要由工业化状况来决定，但又影响着工业化的进程。与世界的一般规律不同，自20世纪50年代以来，中国在推进经济现代化的同时，走了一条独特的城镇化道路。与世界各国城镇化和工业化同步性的不同，中国的城镇化走了一条滞后于工业化的道路。城镇化的模式由多种因素决定，但首先由工业化的状况决定，城镇化的模式会影响社会各方面的生活，但首先影响工业化的进展。我们研究中国工业化和城镇化的进程，分析工业化的不同阶段、不同制度形式对城镇化模式的影响和要求，有助于探讨低碳绿色城市发展问题。城市的工业化阶段可以根据下列分界值划分为前工业城市、工业城市和非工业城市，如图5-7所示。前工业城市:第二产业 <48%;工业城市:第二产业 >48%;非工业城市:第三产业 >48%。

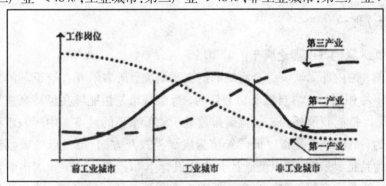

图5-7 城市发展的三个工业化阶段

（二）低碳绿色城市发展是中国城市发展的趋势

城市是人类文明发展的产物，是行政、金融和工业中心。低碳绿色城市是指城市经济以低碳绿色产业为主导模式，市民以低碳绿色生活为理念和行为特征，政府以低碳绿色社会为建设目标的城市。低碳绿色城市的产生由低碳绿色经济演化而来。低碳绿色城市是发展低碳绿色经济的最重要载体，低碳绿色城市发展是低碳绿色经济发展的必然过程。城市作为人类社会经济活动中心，已经聚集了世界一半以上的人口。随着城镇化进程的加快，城市的脆弱性不断显现并有加剧的倾向。城市是经济社会发展的重要载体，城市发展的最终目的是为人民群众创造良好的生产和生活环境，实现"生态、生产、生活"三生共赢、三生协同发展。目前，低碳绿色城市发展已经成为世界各国城市发展的热点问题，低碳绿色发展模式成为新一轮经济增长的关键词。随着工业化和城镇化进程的快速推进，中国城市面临的节能减排问题日益严峻。城镇化是中国经济社会发展的长期战略之一，未来城镇人口及其比重将继续提高，城市经济在国民经济中的重要性将进一步提升。然而，城镇化以工业为依托，工业的高速发展是以牺牲资源和能源为代价的，中国的快速城镇化发展是建立在工业化基础之上的，传统工业化是以高碳排放为特征的发展模式，中国城市也是温室气体的主要产生地。因此，加快建设低碳绿色经济城市是发展的必然和迫切需求。中国人口众多，坚持节约资源和保护环境是基本国策，发展低碳绿色经济、建设低碳绿色城市是实现这一国策，促进城市经济与资源环境和谐发展的重要途径之一。走低碳绿色发展之路是国家的必然选择，也是城市发展的必由之路。

（三）理论依据

1.低碳绿色城市理论属于前沿领域

目前，国内外尚缺少综合系统的定义和研究，诸多研究者给予其的定义和理解也不尽相同。世界自然基金会认为，低碳城市是指能够在经济高速发展的前提下，保持能源消耗和二氧化碳排放处于较低水平的城市。中国城市科学研究会认为，低碳城市是指以低碳经济为发展模式及方向、市民以低碳生活为理念和行为特征、城市管理以低碳社会为建设标本和蓝图的城市。国内学者夏堃堡指出，低碳城市就是在城市实行低碳生产和消费的低碳经济，建立资源节约型、环境友好型社会和一个良性的可持续的能源生态体系。传统经济学只把经济作为一个独立的系统来研究，环境成为了一个外生变量而不在研究范围内。在低碳绿色城市发展的战略研究中，我们要把经济与环境看作一个统一的整体来研究，环境就是这一整体中的内生变量，如图5-8所示：

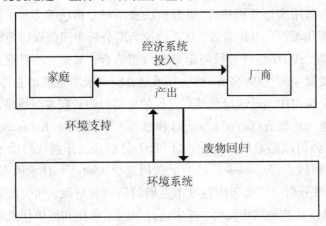

图5-8 以经济与环境为统一整体的系统

2. 随着经济的工业化和现代化，城镇化不断提升

随着人类的进步和经济的发展，传统的经济发展模式已经不适用于经济和社会的发展需求，需要转向低碳绿色经济发展模式的研究。依据可持续发展的理念，我们将现实世界简单地分解为经济、社会和环境三个相对独立的部门，将现实世界简化成一种由三个尺寸相等、彼此相互交叠的独立圆环(分别代表经济、社会和环境)所构成的抽象的理想模式，如图5-9所示：

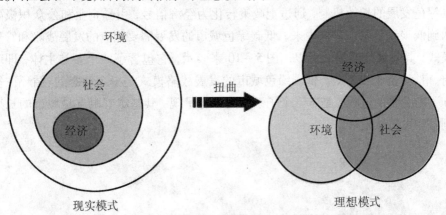

图5-9 从现实模式到理想模式的简化

3.从系统论的思想出发进行研究

研究低碳绿色城市发展的现状,分析低碳绿色经济的内涵,从系统论的思想出发,在对城市发展目标分解的基础上,结合生态足迹理论、脱钩理论和灰色理论,综合运用实证分析法、因果分析法和回归分析法等多种方法,研究中国工业化进程和城镇化发展阶段,从系统论角度分析中国低碳绿色城市发展中的挑战与机遇,SWOT定性分析与定量分析相结合,基于三生共赢理论,系统地分析城市发展中的优势、劣势、机会和威胁,提出未来发展的总体规划趋势,并在此基础上提出中国低碳绿色城市发展的短期和中长期发展战略。我们借鉴英国学者格里·约翰逊(Gerry Johnson)和凯万·斯科尔斯(Kevan Scholes)1998年在其著作《公司战略教程》中提出的 PEST 分析法,分别从政治或法律因素(Politics)、经济因素(Economy)、社会文化因素(Society)和技术因素(Technology)几个方面来分析研究低碳绿色城市发展的问题和对策,加快低碳绿色经济发展,以经济发展推动城市发展,探索适合中国工业化和城镇化发展阶段的低碳绿色城市发展模式和实施策略。

三、中国城市发展的问题与对策

(一)发展战略与管理模式

在低碳绿色城市发展战略模式中,基于低碳绿色城市发展目标,政府依托政策体系和管理机制,同当地的企业和公众合作、彼此影响、相互促进,形成低碳绿色发展的长效机制,通过把政策转化为经济信号,引导企业和公众积极融入到低碳绿色城市发展中来。低碳绿色城市的发展需要相应的发展战略和管理模式,其发展战略模式可以用图5-10来表示,它包含了四个参与主体,即政府、市场、企业和公众。低碳绿色城市的发展战略模式是一个动态的、循环往复和不断完善的过程,是若干个子系统的综合呈现,其基本着眼点是城市的长期利益和可持续发展。

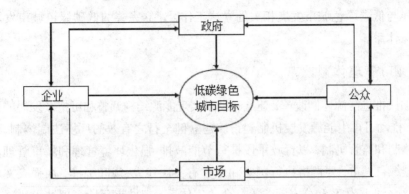

图 5 - 10　低碳绿色城市发展战略模式

(二)观念和理念到位

首先要更新观念。低碳绿色城市发展要以崭新的低碳绿色理念来规划城市发展,在规划、建设实施和管理运营层面上充分体现低碳绿色理念和建设思维。由于低碳绿色经济是一种全新的经济理念,社会公众对发展低碳绿色城市发展的重要性认识还不够,所以必须加强低碳绿色宣传,强化低碳绿色教育,树立低碳绿色经济理念,倡导理性健康的生活方式,推行合理适度的消费模式,营造节能减排的社会风尚,提高公众的低碳绿色意识,使低碳绿色观念深入人心,让公众了解低碳绿色城市发展对中国可持续发展的重要性和必要性,树立全民低碳绿色城市发展的理念。

(三)政策引导有力

政府宏观调控是构建低碳绿色城市的保证。从政策层面引导建立形成低碳绿色经济的产业结构、增长方式和消费模式。从产业区域布局、结构调整、技术进步和基础设施建设等方面入手,推进低碳绿色经济发展和低碳绿色城市发展。在推进低碳绿色城市发展方面,政府要通过低碳绿色产业规划与财政、税收扶持等手段来进行引导,充分发挥政府的职能作用。政府要制定强有力的政策与法规,在低碳绿色城市发展中要形成长效机制,主动进行必要的调控,进行大力的引导和支持。中国为了促进低碳绿色经济和城市发展制定了一些法律法规,也推进了中国建立资源节约型、环境友好型社会,但这些法律法规在某些方面还存在欠缺。因此,中国政府部门要重视低碳绿色城市发展的发展,大力加强与低碳绿色城市发展相关的立法工作，建立完善的低碳绿色城市发展法律保障体系。

（四）管理体制改革

加快推进能源体制改革，建立有助于实现能源结构调整和可持续发展的价格体系，推动可再生能源发展机制建设。建立健全行之有效的环境法制体制、财务管理体制和监管机制，以行政手段推行节能减排、强化环境管理和城市管理。建设低碳绿色城市，要严格执行国家和地方有关法律、法规和标准，加强人文环境保护、社会保障体系和公安消防等社会治安体系，把城市环境管理纳入法制化轨道。将政府补助从环境破坏性行业转到新能源、高效率技术和清洁生产上，加大对环境税的征收，对节能减排企业给予一定的补贴和税收减免，从而引导城市转型。各级政府部门要加强组织领导，强化目标责任制，把低碳绿色城市发展列入重要日程，进一步改革和完善管理体制，加速低碳绿色城市发展。

（五）人才资源开发

低碳绿色城市的建设，人才是关键。要加强与高校院所和企业的合作，开发和培养低碳绿色技术人才，通过优惠的人才政策，吸引和引进低碳绿色经济专家，吸引社会团体和民间人才的参与，激发人才的积极性和创造性。可以采取政府雇用的方式，组建低碳绿色经济发展专家顾问团，聘请高级专业技术人员，建立低碳绿色经济人才管理和使用制度，加速低碳绿色城市发展的进程。

（六）技术创新加强

低碳绿色技术是国家实现低碳绿色经济的重要保障，是低碳绿色经济发展的根本动力，是低碳绿色城市发展的核心力量。低碳绿色经济的发展和低碳绿色城市的建设都离不开技术的支撑和创新，中国要实现从传统经济向低碳经济的转型，就必须加强提高技术创新能力，只有这样才能走一条科技含量高、经济效益好、资源消耗低和环境污染少的可持续发展道路，从根本上统筹经济发展和环境保护，进而实现社会和经济的良性发展。目前，中国低碳技术相对偏低，低碳绿色技术水平较发达国家落后。因此，中国要结合实际情况，加强科研机构和企业的合作，不断提高自主创新能力，积极开展技术创新活动，促进中国低碳绿色技术的发展。同时，利用低碳绿色技术改造落后工艺，以市场为主导，以资源为基础，积极开发太阳能、生物能和风能等清洁能源，从根本上优化中国能源结构，促进低碳绿色城市发展。

（七）产业结构优化

调整与优化产业结构，建立以低碳排放为特征的产业体系，这是中国发展低碳绿色经济的根本出路。首先，中国要进一步加快第三产业的发展，增加金融、保险、旅游和文化等现代服务业的产值，逐步减少第二产业在国民经济中的比重。其次，对于第二产业，中国要通过加快太阳能、风能、核电、电子信息、新能源汽车和生物产业等新兴低碳绿色产业的发展，直接降低 GDP 的二氧化碳强度。第三，中国要积极推广生物碳汇，尤其是森林碳汇。优化产业结构，推进低碳绿色城市发展。

（八）环境经济发展

从环境经济学角度，环境和经济是辩证统一的。环境是不可分割和非排它性的公共资源，是最广大的公共需求，是城市经济发展的重要内涵和基础。环境经济是城市经济的重要内容，是城市发展的前提和基础。21 世纪是低碳绿色的世纪，是生态环境的世纪。环境经济具有战略性、前瞻性和科学性。从人类社会的发展来说，从征服自然到改造自然，进而到回归自然，是人类社会认识和尊重自然规律的体现；从农业文明走向工业文明，进而走向生态文明，是人类社会发展进步的重要体现。把环境建设放在极其重要的位置，是 21 世纪人类文明建设特别是城市发展的大趋势。

第四节　中国低碳绿色城市发展的评价

一、低碳绿色经济促进城市发展

（一）低碳绿色经济能够促进产业结构优化升级

改革开放 30 多年来，国内生产总值的构成发生了重大变化，如果按当年价格计算，三次产业的构成 1978 年为 28.2%、47.9%、23.9%，2010 年为 10.1%、46.8%、43.1%，即由最初的"二、一、三"结构逐渐演变至今天"二、三、一"结构。

在工业结构内部，重化工业所占比例较高，而重化工业必然大量消耗化石能源。低碳经济要求在城市发展过程中走出一条低消耗、低排放的新型工业化道路，从重化工业阶段向发达经济转型，将原来高耗能的工业生产能力转为更为高效的制造业，打造电子信息产业、装备制造产业、生物技术和医药产业、新材料和新能源等高新技术产业，促进产业结构优化升级，实现跨越式发展的目标。

（二）开发低碳绿色新能源能够提高能源安全性

由于煤炭、石油、天然气等化石能源的不可再生性，随着人类无节制的开发和利用，能源危机不可避免。为了提高能源安全和保障能力，实现能源的可持续发展，必须开发低碳或无碳能源，即积极开发核电、太阳能、风电等新能源和可再生能源，提高能源安全和保障能力。

（三）调整能源结构能够保护和改善生态环境

我国目前能源消耗结构很不合理，煤炭、石油与天然气等不可再生能源的消耗比重占绝大部分，新能源和可再生能源的开发力度不足，造成环境污染，影响城市生态环境。发展低碳经济，调整能源结构，严格控制消耗高、浪费大、污染严重的产业发展，淘汰落后的生产能力，大力实施节能减排，能够保护和改善生态环境。对于我国大部分城市来说，核电装机容量、风电资源量都很少甚至是空白，新能源和可再生能源所占的比重非常低，为了保护和改善城市生态环境，迫切需要突破发展瓶颈，调整能源结构，加快新能源和可再生能源的发展。

（四）低碳绿色经济能够提高城市的可持续发展

中国近年来城市化发展速度很快，基础设施、公共设施也得到了相应改善，但是城市化的快速发展是以大量消耗化石能源为基础的，如果不尽快改变这种发展基础和条件，必将陷入能源短缺、生态环境恶化、经济社会发展难以为继的困境之中。这就迫切要求大力发展低碳经济，建设低碳生态城市，将工业文明和城市文明建立在可再生能源和新能源为主基础之上，降低化石能源的消耗比重，从而增强城市的可持续发展能力。

（五）提高低碳绿色技术自主创新能力能够增强城市综合竞争力

为了应对气候变化，发达国家已经把重点放在节能、开发利用可再生能源、电动汽车等领域的技术开发上，投入巨额资金，积极研究开发新一代节能技术、核电技术、太阳能、风能、氢能技术、电动汽车等。为了在新一轮的技术竞争中不被淘汰，我们必须大力发展低碳经济，加大研究开发力度，集中力量对关键核心技术进行联合攻关，提高相关技术自主创新能力，抢占技术创新的制高点，夯实低碳城市发展的技术和产业基础，增强城市综合竞争力。在全球气候变化的大背景下，发展低碳经济是全世界的必然选择，城市要实现可持续发展的目标必须大力发展低碳经济，降低能源和资源消耗，尽可能最大限度地减少温室气体和污染物的排放，加快生态环境建设，实现经济社会的可持续发展，提升城市的国际影响力和竞争力。

二、构建低碳绿色城市评价体系的原则

低碳绿色城市是一个综合、系统、复杂的复合体，为了推动低碳绿色城市更快、更健康的建设，就要构建一个层次分明、结构完整、科学合理的评价指标体系。低碳绿色城市的构建力求要遵循以下原则：

（一）系统性原则

作为一个由多指标构成的有机体，指标体系应是一个整体，能够从各个角度反映出低碳绿色城市的主要特征和状态，能够综合反映低碳绿色城市的各个方面，并且各个要素要协调发展。这就要求我们在指标选择时，要分别考虑社会发展指数、经济发展指数、政治发展指数、文化发展指数和环境发展指数，这些指数相互联系、共同作用，推动低碳绿色城市的发展。

（二）全面性原则

这些指数应该从规模、结构、速度、效益、能力和人均水平等角度进行全面选择。其中，"规模"反映城市的整体实力，决定了城市的现代化和国际化水平；"结构"是城市协调发展的保证，也是城市现代化水平高低的标志；"速度"反映城市现代化水平不断提高的能力；"效益"和"人均水平"是城市各项经济社会活动追求的目标。

（三）动态性原则

指标体系要反映基于低碳绿色城市发展过程的动态变化，体现出其发展的

趋势。因为低碳绿色城市发展是处于动态变化之中，所以指标体系也要随着低碳绿色城市进入不同的阶段作出适当的调整，就是说指标体系还要具备一定的可更新性。

（四）可操作性原则

指标体系的建立要考虑到指标的量化及数据获取的难易度和可靠性，尽量利益和开发统计部门的公开资料，尽量选择有代表性的综合指标。从数据来源和数据处理的角度来看，构建的指标体系要简单、明确、被国内外公认、易被接受，符合相应的规范要求，这样才能保证评价结果的真实性和客观性。

（五）可比性原则

所建立的评价指标体系要能用于不同城市之间的低碳绿色化水平差距和同一城市的建设进展。

三、构建低碳绿色城市指标体系的步骤

本论文运用层次分析法（AHP法）对低碳绿色城市进行定量评价，将组成低碳绿色城市的各个组成系统及其子系统分解成若干个组成因素，并将这些因素按性质不同进行分组，形成有序的递阶层次，进而构建其指标体系，其过程如下：

（一）理论研究

要建立某个领域的指标体系，首先要明确评价的总目标，对该领域的有关基础理论有一定深度和广度的了解，全面掌握该领域描述性指标体系好基本情况；其次要选择适合的统计理论与方法；然后还要了解国内外相应领域评价指标体系的现状，吸取其经验和教训。

（二）指标体系的选择

在具备了相关的理论与方法后，就可以选择构建方法，按照指标体系的构建原则，围绕总目标构建指标体系。选择评价指标，方法主要有理论分析法、频度统计法、专家咨询法、综合法、交叉法和指标属性分组法等。本论文采用理论分析法、频度统计法和专家咨询法。理论分析法是将评价的总目标划分为若干个不同组成部分或不同侧面（即子系统），并逐步细分，直到每一个部分和侧

面都可以用具体的统计指标来描述和实现，这是构建评价指标体系最基本和最常用的方法；频度统计法是对有关城乡发展评价研究中的指标进行频度统计，从中选择使用频率较高的指标；专家咨询法是在初步提出评价指标的基础上，进一步征询专家意见，对指标进行调整。

（三）指标体系优化

对初步选择的指标体系进行进一步筛选和优化，从而使之更加科学合理。指标体系的优化包括单项指标优化和指标体系整体优化两个部分。既要对整个指标体系中的每个指标的可行性和正确性进行分析，同时还要对指标体系中指标体系之间的协调性、必要性和齐备性进行检查。既要保证指标体系中的每一个单个评价指标的科学性，同时还要保证指标体系在整体上的科学性。

四、评价指标体系的建立

本书在低碳绿色城市指标体系设计时参考和借鉴了国内外低碳绿色城市的考核指标和评价指标等，从政治、经济、社会、文化和环境等五个层面进行设计，通过频度统计法、理论分析法和专家咨询法来设置和筛选指标，并进行主成分分析和独立性分析，选择内涵丰富又相对独立的指标构成具体评价指标体系，本评价体系由三个层次构成，即目标层、准则层和指标层。

目标层，是指城市低碳绿色度，即表征城市复合系统的可持续发展、人与人、人与自然、经济与社会的和谐程度。准则层，则反映设置评价指标的依据和要求，主要包括和谐的社会、高效的经济、民主的政治、创新的文化和健康的环境等五个层面。指标层，则是评价和考核各个子系统状况的具体因子，选择静态和动态指标，存量和流量指标等，在时间上反映城市低碳绿色系统的发展和变化情况，空间上反映总体布局，数量上反映发展规模，质量上反映发展能力和潜力，总共包括 50 个指标，其中社会指标 11 个，政治指标 9 个，经济指标 9 个，文化指标 10 个，环境指标 11 个。通过该指标体系可以得出低碳绿色城市的社会、经济、政治、文化和环境等五个子系统的发展状况，找出该城市发展的优势和劣势，以便利于低碳绿色城市发展在五个方面有所侧重。实际中，我们在选择指标体系时，考虑了数据的可获得性和现实可行性，因此，构建的指标体系还不够完善性，应该不断补充和完善。低碳绿色城市评价指标体系如表 5－1 所示：

表 5 - 1　　　　　　　　　低碳绿色城市评价指标体系

目标层			准则层		指标层		评估等级			
名称	名称	权重	序号	名称	权重	重建	提升	达标	优良
低碳绿色城市	和谐的社会	0.2	1	城镇化水平	0.12	<30	(30，50)	(50，70)	≥70
			2	城市集中供热	0.07	<30	(30，50)	(50，70)	≥70
			3	恩格尔系数	0.12	<60	(60，40)	(40，30)	≤30
			4	高等教育入学率	0.07	<20	(20，30)	(30，50)	≥50
			5	人口预期寿命	0.09	<65	(65，75)	(75，78)	≥78
			6	社会保险覆盖率	0.1	<65	(65，75)	(75，78)	≥78
			7	万人拥有公交车	0.1	<7	(7，11)	(11，13)	≥13
			8	就业率	0.1	<80	(80，95)	(95，97)	≥97
			9	万人拥有医生数	0.07	<65	(65，75)	(75，85)	≥85
			10	千人拥有床位数	0.07	<3	(3.0，4.5)	(4.5，5.5)	≥5.5
			11	群众安全感	0.09	<70	(70，80)	(80，90)	≥90
	民主的政治	0.2	1	城市发展规划	0.12	无	在制定中	已制定	制定并落实
			2	决策方式	0.12	没有建立制度	建立制度但没有执行	建立制度并部分执行	建立制度并执行
			3	群众对政府诚信的满意度	0.1	<70	(70，80)	(80，90)	≥90
			4	公众参与指数	0.1	<70	(70，80)	(80，90)	≥90
			5	群众对党政机关效能满意度	0.12	<70	(70，80)	(80，90)	≥90
			6	群众对反腐倡廉满意度	0.1	<70	(70，80)	(80，90)	≥90
			7	政务公开度	0.12	政府未开通政务网站	开通了网站，但很少更新	开通了网站，并每周更新	开通了网站，并每天更新

目标层	准则层		指标层			评估等级			
名称	名称	权重	序号	名称	权重	重建	提升	达标	优良
低碳绿色城市	民主的政治	0.2	8	职务犯罪增长率	0.1	≥30	(30，10)	(10，-10)	≤-10
			9	行政效率	0.12	建立行政审批中心，但无网上公开查询	建立行政审批中心，但网上公开查询不全面	建立行政审批中心，并有完整网上公开查询制度	建立行政审批中心，并严格执行网上公开查询制度
	高效的经济	0.2	1	人均国内生产总值(元/人)	0.13	<20000	(20000，30000)	(30000，40000)	≥40000
			2	年人均财政收入(元/人)	0.1	<3000	(3000，3600)	(3600，4000)	≥4000
			3	农民人均纯收入(元/人)	0.07	<6500	(6500，7500)	(7500，8500)	≥8500
			4	城市居民人均可支配收入(元/人)	0.08	<12000	(12000，16000)	(16000，20000)	≥20000
			5	第三产业占GDP比重(%)	0.12	<40	(40，50)	(50，60)	≥60
			6	单位GDP能耗(T标煤/万元)	0.12	>1.6	(1.6，1.4)	(1.4，1.2)	≤1.2
			7	单位GDP水耗(M³/万元)	0.12	>170	(170，150)	(150，140)	≤140
			8	科技投入占GDP比重(%)	0.13	<1.5	(1.5，1.8)	(1.8，2.4)	≥2.4
			9	高新技术占GDP比重(%)	0.13	<1.5	(1.5，1.8)	(1.8，2.4)	≥2.4

目标层	准则层		指标层			评估等级			
名称	名称	权重	序号	名称	权重	重建	提升	达标	优良
低碳绿色城市	创新的文化	0.2	1	拥有公共图书、文化、科技馆数量	0.08	<0.2	(0.2, 0.25)	(0.25, 0.3)	≥0.3
			2	环保宣传教育普及率	0.1	<70	(70, 80)	(80, 90)	≥90
			3	人均图书藏有量（册）	0.08	<0.6	(0.6, 0.8)	(0.8, 1.2)	≥1.2
			4	生态意识普及率	0.1	<70	(70, 80)	(80, 90)	≥90
			5	消费绿色化	0.09	<70	(70, 80)	(80, 90)	≥90
			6	精神文明增长率	0.08	<10	(10, 15)	(15, 20)	≥20
			7	旅游业占 GDP 比重增长率	0.13	<10	(10, 15)	(15, 20)	≥20
			8	文化支出占生活支出比重	0.13	<25	(25, 35)	(35, 45)	≥45
			9	文化遗产保护率	0.1	<70	(70, 80)	(80, 90)	≥90
			10	对文化设施的满意率	0.11	<60	(60, 80)	(80, 95)	≥95
	健康的环境	0.2	1	绿地覆盖率(%)	0.1	<30	(30, 40)	(40, 50)	≥50
			2	空气质量二级以上天数(天/年)	0.1	<300	(300, 330)	(330, 340)	≥340
			3	水质达标率(%)	0.08	<80	(80, 90)	(90, 95)	≥95
			4	SO_2 排放强度（kg/万元 GDP）	0.1	>7.0	(7.0, 5.0)	(5.0, 3.0)	≤3.0
			5	COD 排放强度（Kg/万元 GDP）	0.1	≥7.0	(7.0, 5.0)	(5.0, 3.0)	≤3.0

续表

目标层	准则层		指标层			评估等级			
名称	名称	权重	序号	名称	权重	重建	提升	达标	优良
低碳绿色城市	健康的环境	0.2	6	城市生活污水集中处理率(%)	0.08	<50	(50, 70)	(70, 85)	≥85
			7	人均水资源(M³/人)	0.1	<500	(500, 950)	(950, 1000)	≥1000
			8	人均公共绿地(M²)	0.08	<8	(8, 11)	(11, 13)	≥13
			9	噪声达标区覆盖率(%)	0.08	<80	(80, 95)	(95, 98)	≥98
			10	城市垃圾无害处理率(%)	0.08	<90	(90, 100)	100	100
			11	环保投资占GDP比重(%)	0.1	<2	(2, 3.5)	(3.5, 5)	≥5

资料来源:①国家环保总局.生态省、生态市建设指标(试行).2000

②建设部.宜居城市科学评价标准.2006

③黄光宇,陈勇.生态城市理论与规划设计方法[M].北京:科学出版社,2004

④马道明.城市的理性——生态城市调控[M].南京:东南大学出版社,2008

五、评价模型的构建

(一)模糊综合评价理论及模型

模糊综合评价是借助模糊数学的一些概念,对实际提供一些评价的方法,具体来说,模糊综合评价就是以模糊数学为基础,应用模糊关系合成的原理,将一些边界不清、不易定量的思想束缚定量化,从多个因素对被评价事物隶属等级状况进行综合评价的方法。基本原理是:首先确定被评价对象的因素(指标)集和评价(等级)集;其次确定各个因素的权重及它们的隶属度向量,获得模糊评价矩阵。最后把模糊评价矩阵与各因素的权向量进行模糊运算并进行归一化，得到模糊评价结果。

1. 确定评价因素和评价等级

设 $U = \{u_1, u_2, \cdots, u_m\}$ 是评价对象的 m 种因素，即表明我们将被评价对象从哪个方面进行评价的描述，m 是评价因素的个数，由具体指标体系决定；$V = \{v_1, v_2, \cdots, v_m\}$ 是每一因素所处的状态的 n 种决断，即评价等级，n 是等级数，一般划分为 3 - 5 个等级。

2. 建立评价矩阵和确定权重

首先，对评价因素集中的单因素 $u_i (i = 1, 2, \cdots, m)$ 作单因素评价，从因素 u_i 对评价等级 $v_j (j = 1, 2, \cdots, n)$ 的隶属度为 r_{ij}，这样就得到第 i 个因素的单因素 u_i 评价集：

$$r_{ij} = (r_{i1}, r_{i2}, \cdots, r_{in}) \tag{5-5}$$

这样 M 个因素的评价集就构建出一个总的评价矩阵 R，即每一个被评价对象确定了从 U 到 V 的模糊关系 R，它是一个矩阵：

$$R = (r_{ij})_{m \times n} = \begin{pmatrix} r_{11}, & r_{12}, & \cdots, & r_{1n} \\ r_{21}, & r_{22}, & \cdots, & r_{2n} \\ & & \vdots & \\ r_{m1}, & r_{m2}, & \cdots, & r_{mn} \end{pmatrix} \tag{5-6}$$

其中，表示从因素 u_i 着眼，该对象能被评为 v_j 的隶属度($i = 1, 2, \cdots, m$；$j = 1, 2, \cdots, n$)

其次，指标权重的确定。权重是反映不同评价因素或因子相对重要性的量度值，体现各评价单元和因子在总指标体系中的地位和作用，以及对总指标的影响程度。常见的方法有两种：一是赋权数，一般多凭经验主观推测，带有浓厚的主观意愿。在某些情况下，主观确定权数有其客观的一面，一定程度上反映实际情况，评价的结果有较高的参考价值，但有时会严重扭曲客观实际，使评价结果失真，可能导致评价人的错误判断；二是利用数学的方法，如层次分析法等，尽管数学方法也有主观性，但是因为数学方法严格的逻辑性而且可以对确定的"权数"进行"滤波"和"修复"处理，以便尽量剔除主观成分，比较符合客观现实。

3. 进行模糊合成和作出决策

R 中不同的行反映了某个评价事物从不同的单因素来看对各等级模糊子集的隶属程度。用模糊权向量 A 将不同的行进行综合，就可以得到评价事物从总体上来看对各等级模糊子集的隶属程度,即模糊综合评价向量。

引入 V 上的一个模糊子集 B,称模糊评价,又称决策集,即 B = (b_1, b_2, …, b_n)。我们使

$$B = A * R \qquad\qquad (5-7)$$

其中,B 是对每一个被评价对象综合状况分等级的程度描述,它不能直接用于被评价对象间的排序评优,必须要更进一步的分析处理,待分析处理之后才能应用。通常可以采用最大隶属度法则对其处理,得到最终评价结果。

(二)低碳绿色城市多层次模糊综合评价模型的构建

本书利用模糊综合评价方法,构建低碳绿色城市评价模型。低碳绿色城市的建设是一个广义的、复杂的系统工程,其评价模型应该能够比较全面的反映低碳绿色城市发展状况。这里结合前面的"五位一体"的低碳绿色城市系理论,提出低碳绿色城市多层次模糊综合评价模型。

1. 确定评价集

将因素集 U 按其属性分成 5 个子集:$\{U_1, U_2, U_3, U_4, U_5\}$

2. 建立评价指标的评语集

$$V = \{V_1, V_2, V_3, V_4\} = \{重建, 提升, 达标, 优良\} \qquad (5-8)$$

综合评价的等级和评价单元的等级是在单因子分级的基础上进行的。由以上分析得知,城市低碳绿色化最终是 50 个子指标的函数。将每个子指标分为 4 级:重建、提升、达标和优良,其对应的分值分别是 1、2、3 和 4。各指标分级标准的确定由于因子的性质不同而有所差异。参考国内外城市的现状值来确定标准值。可以依据现有的环境与社会经济协调发展的理论,力求定量化作为标准值。对于定性指标的量化采取等级标度法,将指标所反映事物的性质程度分为 4 个等级,然后对其赋值,从数量上把不同的等级区分开。

3. 一级模糊综合评价

对于每一个 U_i 按一级模糊评价分别进行综合评价,其程序为:第一,进行单因子评价,即建立两个 U_i 到 V 的模糊映射 $f:U_i \rightarrow F(V)$;由 f 诱导出模糊关系 R_f,得到单元素评价矩阵 R_i;第二,确定一级评价权重,即确定 U_i 中各因子的权重,$a_i = (a_{i1}, a_{i2}, \cdots, a_{ik})$,此处,$\sum_{j=1}^{k} a_{ij} = 1$;第三,做矩阵复合运算,得到一级综合评价:

$$b_1 = a_1 \cdot R_1 = [b_{i1}, b_{i2}, \cdots, b_{in}], 其中(i = 1, 2, \cdots, k) \qquad (5-9)$$

4.二级模糊综合评价

将每一个 U_i 作为一个评价元素，用 b_i 作为它的单元素评价，这样，就有：

$$R \begin{pmatrix} b_1 \\ b_2 \\ \cdots \\ b_i \end{pmatrix} = (b_{ij})_{k \times n} \qquad (5-10)$$

此式是 $U_i = \{u_1, u_2, \cdots, u_n\}$ 的单元素评价矩阵，每个 U_i 作为 U 的一部分，反映了 U 的某种属性，可以按它们贡献的重要性给出权重分配：

$$A = \{A_1, A_2, \cdots, A_m\} \qquad (5-11)$$

于是有二级综合评价 $B = A \cdot R$，其中 A 为评价单元的权重集，B 为二级综合评价得分。

5.指标权重的确定

本模型权重的确定包括准则层权重的确定和目标层权重的确定两个方面，其中准则层权重采用平均法。目前看来，政治、经济、社会、环境和文化是构成城市发展的五个重要组成部分，同等重要、缺一不可，低碳绿色城市发展强调五个方面的平衡协调发展。因此，我们采用平均法，每部分的权重为0.2。

目标层权重的确定采用 Delphi 调查程序，通过咨询并得到 m 位专家的赋权方案，然后进行统计分析，若 a_{ij} 表示第 i 个因子由第 j 个专家所给的权重咨询值，且 $\sum\limits_{j=1}^{k} a_{ij} = 1$，则指标 i 的权重为：

$$a_i = \frac{1}{m} \sum_{j=1}^{m} a_{ij}, \ w = \frac{a_i}{\sum\limits_{i=1}^{k} a_i} \qquad (5-12)$$

6.指标的隶属度

指标的隶属度分为两类：一类是软指标的隶属度。软指标不能用一定的数值来划分等级标准，其隶属度的确定通过向有关专家等征求意见，将分析结果量化，得到软指标的隶属度。另一类是硬指标的隶属度。对于硬指标，其隶属度可以按照其分级标准进行计算。硬指标的分级标准的确定，一是根据目前国内流行和通用的评价指标体系的规定来确定；二是采用国际上最先进的标准值，通过一定的测算来确定。

4 个标准将实数据分为 5 个区间, 如图 5 – 11 所示, 用 $S_{i,j}$(j = 1, 2, 3, 4)表示指标 i 的 4 个标准值, 则第 i 个指标的任一实测值 X_i 可能落在某一区间。设 $X_i \in (S_{i,j}, S_{i,j+1})$, 用实测值与标准值的距离比上标准值之间的距离, 作为衡量接近于该标准值的隶属度, 也适用于标准递减时, 并用 $I_{i,j}$(j = 1, 2, 3, 4)表示。所以硬指标的隶属度的分段函数是:

当 $X_i \in (0, S_{i,1})$时, 则

$$I_{i,j} = 1, \text{ 且有 } I_{i,j} = 0 \text{ } (j \neq 1) \qquad (5-13)$$

当 $X_i \in (S_{i,j}, S_{i,j+1})$时, 只可能隶属于 j 或 $j+1$(用 $I_{i,j}$ $I_{i,j+1}$表示), 其余隶属度为 0, 则

$$I_{i,j} = \left| \frac{X_i - S_{i,j}}{S_{i,j} - S_{i,j+1}} \right|, \text{ 且有 } I_{i,j+1} = \left| \frac{X_i - S_{i,j+1}}{S_{i,j} - S_{i,j+1}} \right| \qquad (5-14)$$

当 $X_i \in (S_{i,4}, +\infty)$时, 则

$$I_{i,4} = 1, \text{ 且有 } I_{i,j} = 0 \text{ } (j \neq 4) \qquad (5-15)$$

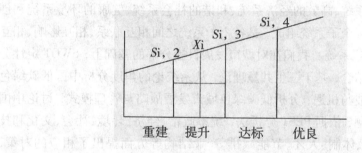

图 5 – 11 隶属函数示意图

7. 城市低碳绿色度等级的确定

将城市低碳绿色度二级综合评价得分, 通过标准化处理后, 按照最大隶属度原则确定评价等级。城市低碳绿色度各个等级评价的标准可以参考见表 5 –2:

表 5 – 2   **城市低碳绿色度分级表**

分级标准	Ⅰ(0 – 1.8)	Ⅱ(1.8 – 2.8)	Ⅲ(2.8 – 3.5)	Ⅳ(3.5 – 4.0)
城市低碳绿色度	重建	提升	达标	优良

本章小结

本章以低碳绿色城市发展为研究对象，围绕低碳绿色经济、城市建设以及低碳绿色城市发展战略进行分析研究。发展低碳绿色经济已经成为当今世界经济发展的必然，低碳绿色城市发展是低碳绿色经济发展的必然过程，低碳绿色城市发展是低碳绿色经济发展的重要载体和内涵，已经成为世界城市发展的大趋势，也是中国城市发展的必然趋势。低碳绿色城市是一个组成系统众多、结构和运行复杂的系统组合，为了推动低碳绿色城市更快、更健康的建设，就要构建一个层次分明、结构完整、科学合理的评价指标体系，基于经济系统动态分析与模拟，构建低碳绿色城市评价体系和评价模型，对中国低碳绿色城市发展进行评价。低碳绿色城市发展是一种可持续发展，低碳绿色城市发展是在政治、经济、社会、环境和文化等领域的创新，是一种系统的创新。低碳绿色城市是由民主的政治系统、高效的经济系统、和谐的社会系统、健康的环境系统和创新的文化系统等五个子系统组成，是各个子系统之间相互联系、相互影响、相互制约的"五位一体"系统。我们在对城市发展目标分解的基础上，SWOT 定性分析与定量分析相结合，基于三生共赢理论，从系统论的角度分析中国低碳绿色城市发展中的挑战与机遇，分析低碳绿色城市发展战略与管理模式，讨论中国城市发展战略问题，依据 PEST 分析法，统筹政治、经济、环境、社会、文化和技术，从理念、政策、体制、人才、节能减排、产业结构等方面提出了相应的对策，探索了以低碳绿色经济促进城市发展、适合中国特色新型城镇化的低碳绿色城市发展战略。

| 第六章 |

低碳绿色城市发展的实证研究

第一节 国外低碳绿色城市发展

一、美国的伯克利和克利夫兰

国际生态城市运动的创始人，美国生态学家于 1975 年创建了"城市生态学研究会"，随后就领导该组织在美国西海岸的伯克利开展了一系列的生态城市建设活动。在其影响下，生态农业和生态工业园建设得到了政府的更多关注，而伯克利也成为全球生态城市建设的典范。根据 Rigister R. 的思想，生态城市建设应该是三维一体化的复合模式，为此伯克利特别关注以具体的行动项目促进生态城市的建设。

为将克利夫兰建设成为一个大湖沿岸的低碳绿色城市，市政府制定了12 项明确的城市议题，具体包括空气质量、气候变化、能源、绿色建筑、绿色空间、基础设施、政府领导、邻里社区、公共健康、精明增长、区域主义、交通选择、水质量及滨水地区等（马交国，杨永春，刘峰 2005）。其中，"精明增长"蕴含着紧凑型城市建设的思想，对于优化城市用地格局具有积极作用，使克利夫兰市内公园面积占市区面积达到三分之一以上，成为真正的绿色城市（王青 2009）。如图 6 - 1 所示。除了精明增长，克利兰夫城市议程中有关区域主义的思想也具有普遍价值。

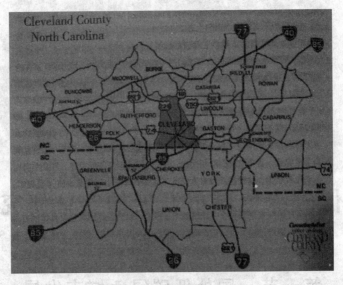

图 6 - 1　克利夫兰低碳绿色城市规划

　　伯克利和克利夫兰的案例介绍表明，美国低碳绿色城市的建设理念和务实行动的确对各国的城市建设都有一定的启示意义。

二、德国的埃尔兰根和弗莱堡

　　埃尔兰根位于德国的南部巴伐利亚州，是著名的大学城、"西门子城"和低碳绿色城市，也是现代科学研究和工业的中心，特别是在医学、医疗技术和健康研究方面实力雄厚。埃尔兰根发展的实践表明，只要能在地方决策的过程中，真正平等的对待生态、经济和社会等方面的发展，低碳绿色城市建设与成为有活力的现代科学之城、研究之城和工业之城并不矛盾，而且在可持续发展的前提下可以互相强化。因此，该城市虽然小，却也可能对大型城市的低碳绿色建设方面提供借鉴，特别是在景观规划和交通模式优化等方面值得学习和借鉴。在民众的努力下，埃尔兰根从 20 世纪 70 年代早期，就开始了一项综合的整体规划，这与后来的"地方 21 世纪议程"特别相似。依据可持续发展的思想，埃尔兰根加强了景观规划，明确了进一步发展的自然边界，从而保全了森林、河谷和其他重要的生态地区（占总面积的 40%），并建议城市中拥有更多的贯穿和环绕城市的绿色地带（沈超 2010，Dietmar Hahlweg 2003）。

弗莱堡位于德国南部的黑森林北部，是巴登符滕堡州的一个中等城市，建于1457年的弗莱堡大学以及古城和哥特式教堂是其城市历史最光辉的标志。近年来，弗莱堡非常重视自然环境的保护，被视为世界上"最绿色的城市"之一，1992年获得了德国自然和环境保护城市的荣誉。在弗莱堡，民众强烈的环保意识、广泛使用的节能环保技术和垃圾处理技术，以及当地政府和第三方机构的积极有效参与，以及由环保科研机构、组织和社会团体形成的文化特色，都构成了使弗莱堡成为德国"环保首都"的重要特色和优势（思前2008）。

埃尔兰根和弗莱堡的成功经验，不仅表明景观规划和交通体系建设对于低碳绿色城市建设具有重要意义，更说明文化环境和技术环境优化在德国低碳绿色城市建设中的基础性价值。低碳绿色城市应该是社会文化和技术水平都高度发达的城市，文化资本和技术进步应该成为低碳绿色城市建设中最重要的支持要素。

三、日本的横滨市和北九州市

横滨市人口约37万，市民活动很活跃，市民自治会会员率高达80%，有1100多个非营业性民间团体。作为环境模范都市，横滨市行政、企业、市民齐动员，多管齐下，共同制定高标准减排环保目标，并通过每一个市民、各个团体、企业和各个行政部门等的一致努力，将横滨建设成一个充满活力的低碳绿色城市。横滨市走低碳社会之路，建设低碳绿色城市，不仅理念先进，而且措施得当，切实可行。2008年1月，横滨市制定了"脱温暖化行动方针"，即"CO－DO30"（消除碳排放量30%行动），具体目标是2004~2050年每人温室气体排放量将减少30%，可再生能源利用将扩大10倍，到，2050年每人温室气体排放量将减少30%，为了实现这一宏伟目标，该市提出了三项具体应对措施：集思广益、群策群力，充分发挥市民的力量和创造力；大力开发和利用风能、太阳能等清洁能源，积极推动可再生能源利用；为城市结构转型，稳步推进"横滨市智能城市计划YSCP"。

北九州市位于日本九州岛的最北端，人口约100万，是日本主要的港口城市。1901年日本政府在此设置八幡制铁所，开始带动了该地区工业的飞速发展，逐渐发展出化工、水泥、电力等产业，并形成今日的北九州工业地带。60年代，北九州市因严重的公害背上了"灰色城市"的污名。进入70年代以来，北九州市开始关注环境问题，积极应对"公害"及全球变暖，由昔日烟雾迷漫的工业城市华丽蜕变为今日世界瞩目的低碳绿色新都市。北九州市绿色边境计划的目标是至 2005 年 CO_2 排放量下降 50%。

四、澳大利亚的怀阿拉

怀阿拉位于澳大利亚的南澳大利亚州沙漠附近。1996 年 6 月,怀阿拉低碳绿色城市开发咨询项目由澳大利亚 Ecopolis Pty Ltd 公司、澳大利亚城市生态协会和南澳大利亚大学中标,中标方在各种场合宣传怀阿拉市区的低碳绿色城市项目,在公众场合大力宣传该项目的内容和意义。1997 年 4 月,怀阿拉市政府通过决议,批准并把目前所有的环境计划融合到一起来实施。怀阿拉低碳绿色城市战略旨在把该市发展成为在公众服务和城市环境运行的各个方面都能够有效利用可持续技术的领先城市,包括充分利用怀阿拉气候区位优势、地方社区创造力、凝聚力以及市政府实现未来目标的愿望,同时拓展其经济基础、增加年轻人和居民的总体就业机会(黄肇义 2001)。怀阿拉的低碳绿色城市项目充分融合了可持续发展的各种技术,包括城市设计原则、建筑技术、审计要素和材料、传统的能源保护和能源替代、可持续的水资源使用和污水的再使用等,它的发展战略构想对于中国大量半干旱地区的低碳绿色城市建设具有直接的借鉴意义。如图 6-2 所示:

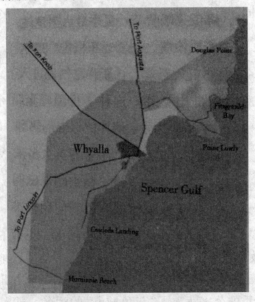

图 6-2　澳大利亚怀阿拉低碳绿色城市建设

以上可以知道,国外低碳绿色城市实践的共同经验是,科学规划和科学立法是实现低碳绿色城市建设目标的基本保障,而资源利用效率的提升则是低碳绿色城市建设的关键环节,以具体项目推动、尊重科技进步和民众的创造精神则是低碳绿色城市建设逐步推进的环境基础。要以科学规划引领城市低碳绿色系统的结构优化,以法律体系保障低碳绿色城市的建设进程、以资源的集约循环使用提升城市的低碳绿色系统效率,以具体项目推动阶段性目标的实质发展,以绿色技术保障城市微观结构的功能提升,以环境教育和制度建设保障居民的参与和监督。比较如表6-1所示:

表6-1　　　　　　　　　**国外低碳绿色城市发展比较**

国外城市	发展经验
美国的伯克利和克利夫兰	美国低碳绿色城市的建设理念和务实行动的确对各国的城市建设都有一定的启示意义
德国的埃尔兰根和弗莱堡	景观规划和交通体系建设对于低碳绿色城市建设具有重要意义,而且文化环境和技术环境优化在德国低碳绿色城市建设中的基础性价值
日本的横滨市和北九州市	充分发挥市民的力量和创造力;大力开发风能、太阳能等清洁能源,积极推动可再生能源利用;为城市结构转型,发展化工、水泥、电力等产业,关注环境问题,发展低碳绿色新都市
澳大利亚的怀阿拉	低碳绿色城市战略旨在把该市发展成为在公众服务和城市环境运行的各个方面都能够有效利用可持续技术的领先城市,同时拓展其经济基础、增加年轻人和居民的总体就业机会
国外低碳绿色城市	科学规划和科学立法是实现低碳绿色城市建设目标的基本保障,而资源利用效率的提升则是低碳绿色城市建设的关键环节,以具体项目推动阶段性目标的实质发展,以绿色技术保障城市微观结构的功能提升,以环境教育和制度建设保障居民的参与和监督

第二节　国内低碳绿色城市发展

一、太原市

生态承载力理论:生态系统具有自我维持和自我调节的能力,在不受外力和人为干扰的情况下,生态系统可保持自我平衡状态,其变化的范围是在可自我调节的范围内,生态学称之为稳态;如果系统受到干扰,当干扰超过系统的可调节能力或可承载能力范围后,则系统平衡就破坏,系统就会瓦解。一个地区和城市的可持续发展必须建立在生态完整、资源持续供给和环境长期可容的基础上,也就是一个城市的健康发展必须要有持续的资源供给,同时必须要有足够的环境容量来容纳城市发展所排放的各种废弃物,使城市发展综合压力小于城市生态资源承载和环境承载力。因此,城市的发展包括人类活动必须限制在城市生态系统的弹性范围内,也就是不能超载生态系统的承载限制。如图 6-3所示:

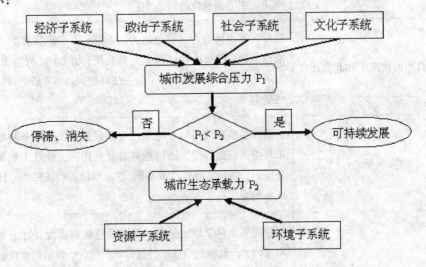

图 6-3　生态承载力理论图解

太原市的环境污染以颗粒污染物为主,总的来看太原市的大气污染比较严重,环境承载力已经超出其承载范围,已经超出其自身的调节能力,对人类的经济和社会生活都产生了重大影响,发展下去可能会使其生态系统遭受到破坏。参考以往的研究,从政治、经济、社会、环境、文化5个方面的问卷调查等,汇总出各个系统所占的比重如图6-4所示:基于太原市目前的发展状况,特别是生态环境、生态承载力的制约以及民众对城市发展的要求,传统城市建设的道路不能再走下去了,必须要进行转型发展,发展低碳绿色经济,走低碳绿色城市建设道路。

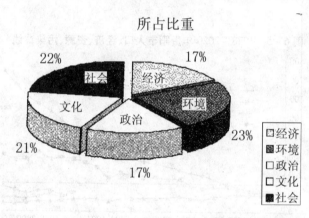

所占比重

图6-4 各个系统所占的比重

二、贵阳市

1978~2002年期间,贵阳GDP高速增长,但是同期主要资源投入量(包括生物量、化石燃料、金属矿石、非金属矿石和建材等)增长了3.3倍,年均增长6.3%,远远高于全国的平均水平。粗放式资源依赖型的经济发展模式已经产生了大范围的、不可逆转的区域环境和生态灾害。据估算,如果继续保持现有的经济模式发展和污染控制力度,到2020年民众经济实现翻三番的同时,所需的资源投入与污染排放量也将达到现在的3倍,给生态环境带来极大的压力。如图6-5、图6-6、图6-7所示:

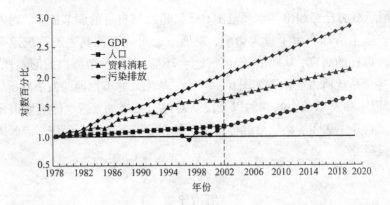

图 6 - 5 1978～2020 年贵阳市人口、经济、资源、污染曲线

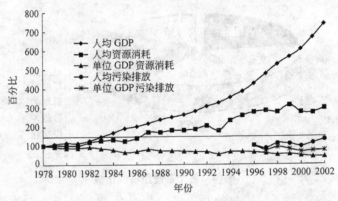

图 6 - 6 1978～2002 年贵阳市人均经济、资源、污染曲线及资源、污染强度曲线

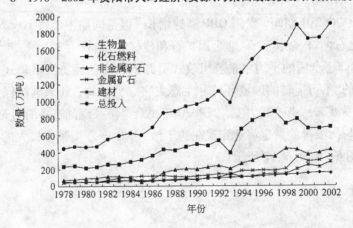

图 6 - 7 1978～2002 年贵阳市资源投入总量

由以上可知，积极寻求新的发展模式，发展低碳绿色经济，防止经济增长、资源投入和污染排放的同步翻番，提高经济效益和提升城市发展势位，努力建设低碳绿色城市。贵阳市低碳绿色城市的整体规划包括：实现一个目标，即保持经济持续快速增长的同时，不断改善人民的生活水平，并保持生态环境的良好。同时抓住两个关键环节的转变，一是生产环节模式的转变，二是消费环节模式的转变。构建三个核心系统，第一个是循环经济产业体系的构架，涉及到三个产业；第二个是城市基础设施的建设，重点是水、能源和固体废弃物循环利用系统；第三个是生态保障体系的建设，具体包括绿色建筑、人居环境和生态保护体系等。如图6－8所示：

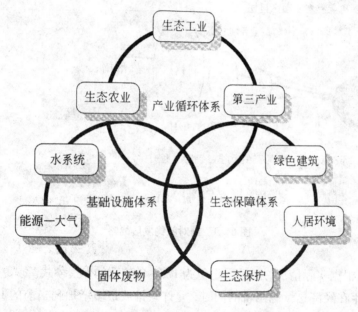

图6－8 低碳绿色城市三大体系关系图

三、上海市

在这里我们讨论一种非常理想化的模式，是一种要求城市或经济发展与环境代价或环境负荷的增加实现完全绝对脱钩的减物质化模式。这是莱斯特·布朗倡导的未来发展模式。它要求在经济增长的同时实现大规模的减物质化，目标就是在经济持续正增长的同时，环境压力出现零增长甚至负增长，经济发展与环境压力二者之间开始进入"脱钩"发展模式。从长久来说，这样的目标对于发达国家和发展中国家都是必需的,它是低碳绿色现代化的真正内涵。但是中国目前的发展状况达不到此种阶段,这种模式是建立在物质化丰富后,人们福利水平大大提高,工业化进程基本完成的社会发展阶段。现在欧洲国家提出了在21世纪上半叶要实现低碳绿色经济效率为倍数4,甚至是倍数10的发展目标。倍数4,就是经济增长比现在增加1倍,而物质消耗和污染产生比现在减少一半。而倍数10就是经济与社会发展比当前增加2.5倍的条件下,物质消耗及环境负荷比现在小一半的发展模式。如图6-9所示:

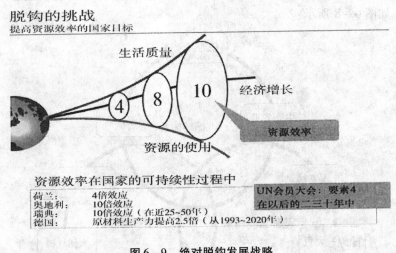

图6-9 绝对脱钩发展战略

　　中国根据实际情况,把发展定位为1.5~2倍数的发展模式。就是说,中国到2020年在经济总量翻两番的同时,允许碳排放最多增加到当前的1.5~2倍左右,用不高于1.5~2倍的碳排放换取3~4倍的经济增长和相应的社会福利,之后进入碳排放完全减量化阶段。该模式既能在未来10~15年内使中国经济保持高速发展,又能照顾社会公平和环境问题,逐步消减碳排放。上海目前的发展阶段领先于其他地区,经济基础及技术条件具有一定的优势,同时人均碳排放已经达到发达国家水平,因此可以先实行2020年的经济发展与碳排放平衡的目标,如图6-10所示:

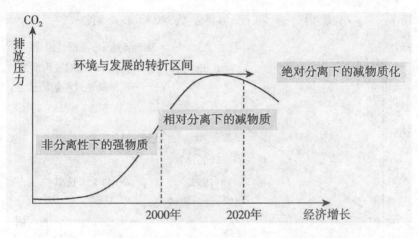

图 6 - 10   城市 CO_2 减排的发展阶段

因此，对上海未来发展及碳排放设置了三种情景：一是当前模式下的情景，即惯性情景，鉴于上海前几年的发展已经逐渐在朝着相对脱钩的方向发展，所以我们应该立足于基本原理，根据不同区域发展的实际情况进行修正；二是绝对脱钩情景，代表了未来发展中的理想情景，也就是碳排放零增长或负增长，城市或经济发展保持当前水平；三是介于以上两种情景之间的 1.5 ~ 2 倍战略的相对脱钩发展情景，按照弹性系数衡量，也就是小于 0.5 的发展情景。根据近几年能源效率的增长状况，采用年人均 GDP 增长率与 CO_2 排放增长率的比例系数，基于脱钩理论基础上，运用弹性系数来评价中国发展低碳绿色经济的效果，分为三种情景：一是当碳排放增长率与经济发展年增长率保持目前对应性关系时，即为惯性发展情景；二是当碳排放增长率大大低于经济发展年增长率时，采用 0.5 指标情景，即在保持经济增长的环境代价为经济增长速度的一半作为碳排放增长率，经济增长与碳排放实现了相对脱钩发展；三是零情景，属于绝对脱钩发展情景，即经济增长率保持不变，而碳排放增长率为零，实现了城市发展与碳排放增长的绝对脱钩发展。如图 6 - 11 所示：

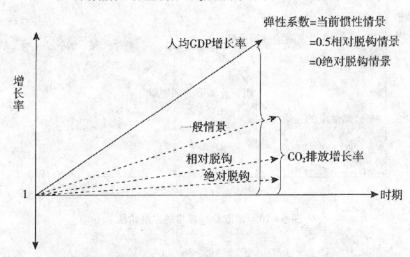

· 评价指标　弹性系数=CO_2排放增长率/人均GDP增长率

弹性系数=当前惯性情景
=0.5相对脱钩情景
=0绝对脱钩情景

图 6-11　利用弹性系数作为低碳绿色评价指标

四、天津市

经国务院批复的《天津市城市总体规划(2005 年~2020 年)》,确定天津的城市性质为环渤海地区的经济中心,逐步建设成为国际港口城市、北方经济中心和生态城市。并确定天津的城市发展目标为:将天津建设成为技术先进、制造业发达、服务水平一流、综合竞争力强、对外开放度高、创业环境优越的中国北方经济中心。适应全球一体化发展趋势,对外联系便捷、信息网络高效、辐射能力强的国际港口城市。资源利用高效、安全体系完善 生态环境良好、适宜居住的生态城市。历史文化底蕴深厚、近代史迹特色突出、社会和谐、教育文化科技发达的文化名城。明确提出了建设低碳绿色城市的目标。天津位于中国北方寒冷地区,地处渤海湾,特殊的地理位置决定了其土壤成土母质中含盐高,淡水资源匮乏造成土壤盐渍化严重。作为历史悠久的工业城市,天津同时也是能耗大市,随着经济的快速增长,资源紧张和生态环境等问题日益凸显,天津的产业结构也制约着其生态城市的建设发展 资源利用效率低下,环境污染严重的工业仍在天津市的工业总量中占有较大比重,工业污染严重制约着天津市大气、水和固体废弃物治理的步伐。如何优化调整产业结构,发展高科技新型产业成为天津市发展低碳绿色经济,促进低碳绿色城市建设的关键所在。为实现天津生态城市建设的目标，必须按照重点区域引领示范，城市大生态体系、中心城区和滨海新区。在天津低碳绿色城市的建设过程中，应依照低碳绿色城市建设的规律，不断完善低碳绿色城市建设的政策体系，并确保各项政策落到实处，通过政策引导，明确天津低碳绿色城市建设的目标，完善可持续发展的城市规划，创造适于城市低碳绿色化可持续发展的环境和条件，为低碳绿色城市建设提供强大的动力和技术支持。

五、北京市

2005 年 6 月北京市发改委公示了《北京加快发展循环经济，建设节约型城市规划纲要和 2005 年行动计划》。以"国家首都、世界城市、历史名城、宜居城市"为目标，与经济发展、社会进步和人民生活水平提高紧密结合，力争使北京市资源利用效率和环境状况在全国处于领先地位，把北京建设成为产业优化、资源节约、环境舒适、持续发展、社会和谐的低碳绿色城市。总体思路是要以提高综合效率为核心，依靠政府、企业和社会公众共同参与，建设政策法规保障和生态产业体系，抓好节约降耗、资源综合利用、开发利用可再生能源和倡导绿色消费，重点推进制定规划标准政策、加强宏观指导，强化执法能力建设、建立服务队伍，推动循环经济体系建设，开源节流、狠抓资源节约，调整产业结构、实现资源优化配置，加大宣传力度、提高公众意识等工作。总体目标包括能源利用效率、万元 GDP 能耗、优质能源和可再生能源在终端能源消费中的比重、万元 GDP 耗水量、城市用水重复利用率、工业废弃物利用率、城镇生活垃圾的综合利用率等多项具体指标。

经过多年努力，北京市在低碳绿色城市建设方面取得了显著的成绩，2009 年北京万元 GDP 能耗降幅为 5.57%，不仅降幅在全国排第一，还成为全国唯一连续四年完成节能目标的城市。而在绝对数值上，每万元产值 0.6074 吨标准煤创造了全国最低能耗水平，也意味着北京的能源利用率全国最高。其成效主要表现在经济结构进一步优化、资源节约监察监督机制不断完善、新能源新技术进一步开发、资源节约的氛围和习惯逐步形成。比较如表 6－2 所示：

表6-2   国内低碳绿色城市发展比较

国内城市	发展经验
太原市	基于太原市目前的发展状况,特别是生态环境、生态承载力的制约以及民众对城市发展的要求,必须要进行转型发展,发展低碳绿色经济,走低碳绿色城市建设道路;城市的发展包括人类活动必须限制在城市生态系统的弹性范围内,也就是不能超载生态系统的承载限制
贵阳市	低碳绿色城市的整体规划:实现一个目标,即保持经济持续快速增长同时,不断改善人民生活水平,并保持生态环境良好;同时抓住两个关键环节转变,一是生产环节模式转变,二是消费环节模式转变;构建三个核心系统,第一个是循环经济产业体系的构架;第二个是城市基础设施的建设;第三个是生态保障体系的建设
上海市	上海目前的发展阶段领先于其他地区,经济基础及技术条件具有一定的优势,同时人均碳排放已经达到发达国家水平;根据近几年能源效率的增长状况,采用年人均 GDP 增长率与 CO_2 排放增长率的比例系数,基于脱钩理论基础上,运用弹性系数来评价发展低碳绿色经济的效果
天津市	按照重点区域引领示范,城市大生态体系、中心城区和滨海新区,依照低碳绿色城市建设的规律,不断完善低碳绿色城市建设的政策体系,通过政策引导,明确天津低碳绿色城市建设的目标,完善可持续发展的城市规划,创造适于城市低碳绿色化可持续发展的环境和条件,为低碳绿色城市建设提供强大的动力和技术支持
北京市	以提高综合效率为核心,依靠政府、企业和社会公众共同参与,建设政策法规保障和生态产业体系,抓好节约降耗、资源综合利用、开发利用可再生能源和倡导绿色消费,重点推进制定规划标准政策、加强宏观指导、强化执法能力建设、建立服务队伍,推动循环经济体系建设,开源节流、狠抓资源节约,调整产业结构、实现资源优化配置,加大宣传力度、提高公众意识等工作

本章小结

　　本章分析比较列举了国外和国内几个典型城市的低碳绿色化发展进程，在低碳绿色经济与低碳绿色城市发展的分析研究基础上，结合中国低碳工业化、中国特色新型城镇化的发展进程，考虑低碳绿色城市发展的特点，分析低碳绿色经济对城市发展的影响和促进，加快低碳绿色经济发展，以低碳绿色经济促进城市发展，进行低碳绿色城市发展的实证分析研究。以低碳绿色经济为外源潜变量，以城市发展作为内源潜变量，技术与经济相融合，基于"三生共赢"理论，加快低碳绿色经济发展，以低碳绿色经济推动城市发展，统筹政治、经济、环境、社会、文化和技术等几个方面，基于生态文明建设，以经济促进城市发展，建立适合中国国情的低碳绿色城市发展战略方案和实施策略。

第七章

大北京的低碳绿色发展

第一节　生态文明建设与北京发展

一、生态文明建设融入"五位一体"

"五位一体"强调了中国特色社会主义建设是一个系统，经济建设、政治建设、文化建设、社会建设和生态文明建设构成了这一系统的子系统。"五位一体"是相互联系、相互促进、相互影响的有机整体。"五位一体"总体布局的提出不仅标志着中国社会主义现代化建设进入新的阶段，而且标志着中国共产党治国理政达到了新的境界。要实现十八大提出的建设"美丽中国"和"全面建成小康社会"的目标，就必须把生态文明建设融入到经济建设、政治建设、文化建设、社会建设各方面和全过程，整体推进中国特色社会主义的建设事业。

（一）把生态文明建设融入经济建设中

在过去的很长一段时间里，我们错误地把经济增长的高速度、高效率当作经济建设的目标，造成了经济发展与生态建设之间的尖锐矛盾。高耗能、高污染、高成本已经严重制约了国民经济的可持续发展，1979～2012年我国 GDP 年均增长 9% 以上，成为世界上经济增长速度最快的国家，但我国单位 GDP 的能耗高出经合组织 30 个国家平均值的 20%。发展中的不平衡、不协调和不可持续以及资源环境约束加剧成为当前最为突出的重点问题，把生态文明建设融入经济建设各方面和全过程具有重大意义。

1. 把生态文明建设作为加快转变经济发展方式着力点

推动绿色发展、循环发展和低碳发展，转变经济发展方式首要在于转变观念，必须树立尊重自然、顺应自然、保护自然的生态文明理念，改变过去以破坏自然来获得发展的思路。只有实现生产方式和生活方式的根本性变革，把转变经济发展方式真正落到实处，中国经济增长才是高效、健康和可持续的。

2. 把生态文明建设作为调结构、保增长的主要方式

不断挖掘新的经济增长点，我国传统的以重工业为基础的经济结构以资源消耗和破坏环境为代价获得了长足发展，但在当今国际经济发展趋势中，这些产业已是强弩之末，缺乏经济增长的动力和可持续性。而结合生态文明建设的各种新兴产业，如旅游、服务等第三产业不仅可以拓展经济社会发展的承载空间，还可以突破贸易壁垒拓展国际市场空间，具有巨大的经济发展潜力。

3. 建设生态文明是扩大内需、拉动经济增长的重要途径

通过加大对生态环境整治项目、新能源开发项目、农村环境基础设施项目的投入，既能拉动当前经济增长，又能增强可持续发展后劲，无论对眼前还是长远，都具有重要意义。结合生态文明建设的经济开发与利用，不仅可以治理环境，还可以使地方经济得以健康有序地增长。

4. 把增强生态产品生产能力作为经济建设的主要任务之一

历经30多年快速发展，我国提供物质产品的能力有了大幅提高，文化产品的生产能力也在快速进步，但相对而言，提供生态产品特别是优质生态产品的能力实际上却提升得较慢，而广大人民群众却对生态产品的渴求日益迫切。生态产品的生产不仅可以满足当前人民群众的需求，而且也是拉动内需，促进经济增长的有效手段。

（二）把生态文明建设融入政治建设中

政治体制改革在改革发展全局中具有重要位置，它是保障社会主义事业顺利进行的政策法律制度保障。当前，就国内外政治形势来说，生态文明建设无疑是对中国共产党人最大的执政考验。

1. 从国内政治形势来讲

推进政治体制改革，不仅要坚持党的领导，更要注重社会稳定和政治稳定。一直以来，GDP 增长成为一些领导干部的执政指南。为片面追求单纯的 GDP 增长，一些地方不惜以牺牲环境为代价，以至于教训惨重。江苏太湖蓝藻事件、云南镉污染事件等都暴露出 GDP 政绩观的短视和缺陷。虽然某些地区暂时得到了经济的高速发展，但最终是要受到自然的无情报复，继而引发严重的政治危机。特别是今年四川省什邡市的百亿元钼铜项目、江苏省南通启东的王子制纸排海工程项目和浙江省宁波市镇海的 PX 项目纷纷遭到群众抗议。这些事件最后皆以政府宣布放弃项目的建设告终，但对政府的公信力已造成损害。可以说，是否重视生态文明建设以及如何进行生态文明建设已经成为中国共产党最大、最严峻的执政考验。为此，以生态文明建设为主线，转而以环境更加美好、人们生活更加富裕作为干部政绩考核目标，将是未来我国政治建设的主方向。

2. 从国际政治形势来看

环境问题已然成为各国政府利益博弈的砝码。随着全球能源、资源消耗的剧增，围绕着能源、资源的争斗日趋激烈。发达国家为获得更大利益，往往以环境和生态问题为借口指责发展中国家。发展中国家为获取更大的发展权益，必须正视环境和生态问题。无论是《京都议定书》，还是每年召开的全球气候大会，都是一场以环境和生态为中心的政治利益较量与博弈。从国内和国际两个方面来看，都需要我们以生态文明制度建设为契机，推动中国特色社会主义政治建设，深入推进民主法治建设，切实维护城乡之间和区域之间、当代人之间、当代人与后代人之间的生态公正与公平，决不能为了一部分人的利益而牺牲大多数人的利益，为了当代人的利益而牺牲后代人的利益。

（三）把生态文明建设融入文化建设中

中国特色社会主义建设不仅要满足人们的物质需求，而且要满足人们的文化需求、精神需求，中国特色社会主义文化建设意义重大。要注重在文化建设中大力培育和提高人们的生态道德素质，引导人们树立生态文明的观念并融入民族精神和时代精神之中，融入党风政风和民风民俗之中，努力在全社会形成注重人与自然和谐相处的良好氛围。

1. 增强中国特色社会主义文化整体实力和竞争力

以探讨、定位人与自然关系为核心的生态文化建设是增强中国特色社会主义文化整体实力和竞争力的积极手段。生态文化是上个世纪以来伴随着生态环境保护运动发展而形成的一种新文化形态，它反映了人类价值理性对工具理性的超越和反思，成为当今世界文化发展的潮流。好莱坞大片《后天》、《2012》等等都可以看作这种生态文化的典型成果。由于生态环境问题对不同文化、不同宗教、不同意识形态下的人们具有一种普遍价值，因而使得这个主题可以成为各种异质文化自由平等对话的最佳途径。当今世界谁能占据生态文化的制高点，谁就有了超越文化隔阂同世界各民族交流的平台，也就拥有了向世界输出自己文化观念的条件。

2. 中国特色社会主义文化建设的重要内容

人与自然和谐相处价值理念的培育是中国特色社会主义文化建设的重要内容。中国传统文化就弥漫着浓重的生态文化气息，"天人合一"、"万物一体"的理念成为中国传统文化核心价值之一，而中国传统文化又特别重视对人民的教化和教养。因此，在很长的一段时间内，强调人与自然和谐相处不仅是中国传统文化的特质，也成为中国百姓耳熟能详、口耳相传的文化内容。文化创新首在传承，必须继承中华民族传统文化中的生态观念，培育中国特色社会主义生态文明理念，对广大的人民群众尤其是青少年进行生态文明的宣传和教育，使生态文明成为全体社会成员的价值追求，全社会形成重视人与自然和谐相处的氛围。

（四）把生态文明建设融入社会建设中

在经济发展基础上逐步提高人们物质文化生活水平，实现社会和谐稳定，是改革开放和社会主义现代化建设的根本目的。加强社会建设必须以保障和改善民生为重点，而生态文明建设可以说是关乎民生的生死攸关的问题。

1. 生态文明建设是社会矛盾得以解决的重要因素

和谐优美的生态环境与人民群众的生产生活息息相关，生态环境也就成为人民群众最关心、最直接、最现实的利益问题。生态环境破坏往往会引发严重社会问题，造成局部的不和谐、不稳定，此类社会矛盾、纠纷的解决，必须通过生态文明的建设才能解决。

2. 生态文明建设是社会建设的重要内容

在不少地区，生态环境保护与经济发展成为摆在人们面前的两难选择。对于生态环境基础较好的地区来说，既需要金山银山，也需要绿水青山；对于生态环境基础薄弱的地区来说，既需要发家致富，也需要宜居宜住。解决这二者之间的矛盾只能通过生态文明建设，要在考虑生态环境承载能力的前提下，选择适宜生态保护的经济发展方式，从而真正解决人们的实际生活难题。

3. 生态环境问题解决是人民群众民生领域的突出期盼

空气清洁、山青水秀、环境优美才能让人民真正过上社会主义的幸福生活。由经济增长所带来的环境恶化不仅给人民群众生产生活带来极大不便，同时也给人民群众带来严重健康问题，影响到人民幸福生活的实现。要使改革发展成果更多更公平惠及全体人民，保证人民过上更好生活，就一定要让人民群众拥有生态优良、环境洁净的生存空间。

总之，"树立尊重自然、顺应自然、保护自然的生态文明理念，把生态文明建设放在突出地位，融入经济建设、政治建设、文化建设、社会建设各方面和全过程，努力建设美丽中国，实现中华民族永续发展"，将是我们党长期坚持的一项重大战略。在科学发展观的指导下，"五位一体"的总体布局作为创新发展理念、破解发展难题的重大理论创新成果，必将推动有中国特色社会主义的建设实践不断迈上新的台阶，创造美好未来。

二、北京市生态文明建设的评价

（一）北京市生态文明建设评价原则和方法

北京市作为一个复合城市生态系统，其生态文明建设涉及自然、经济、社会、文化等各个方面。因此，对其的评价必须从系统整体出发，科学地体现生态文明的综合性与整体性。生态文明的核心是人与自然的和谐发展，而北京市又具有作为国家首都的地位，这决定了对其评价应突出生态环境改善的重要性。生态文明建设随着人类对自然的认识和对人与自然关系探索的深入，以及社会经济的发展而不断推进，这就要求评价需要体现出生态文明建设的动态性。

针对北京市生态文明建设的系统性和整体性，建立适合北京市的评价指标体系，通过对指标赋予权重，对指标属性值进行无量纲化处理，并按权重进行加和，以求得生态文明建设水平指标值，从而衡量北京市生态文明建设的水平。

（二）北京市生态文明建设评价指标体系的构建

1. 指标体系构建原则

（1）可测度、可比较原则。可测度是指可以对指标进行数值上的衡量；可比较是建立定量化评价指标的目的，可比较包括时间尺度的比较（不同时期间）和空间尺度的比较（不同地区间）。

（2）尽可能选择客观指标和最终成果指标原则。生态文明指标体系作为一种绩效评价体系，其目的在于反映城市发展的最终结果。一般情况下，尽可能选择最终成果指标，而不选择动因性、措施性和对策性指标。同时，为避免人为因素的干扰，一般选择具有客观性的指标。

（3）代表性原则。所选指标应该具有代表性，并使指标体系简明扼要，有说服力。

2. 北京市生态文明建设评价指标体系

（1）指标体系的基本框架

基于生态文明的内涵，结合北京市生态文明建设的主要内容，提出北京市生态文明建设评价应当包括的以下六个基本构成要素：生态环境、生态经济、生态行为、生态安全、生态文化和生态社会。

① 生态环境。主要从环境质量、城市绿化、污染物治理等方面反映城市生态环境及环境保护状况。

② 生态经济。主要从经济增长、产业结构、资源利用效率、污染物排放等方面反映经济可持续发展状况。

③ 生态行为。主要从环保消费、资源节约等方面反映公民绿色消费，履行环保责任的状况。

④ 生态安全。主要从生态建设、资源保障、生物多样性保护等方面反映整个区域的生态保障和生态可持续状况。

⑤ 生态文化。主要从文化消费、教育发展等方面反映市民生态文明素养及社会生态文化服务的状况。

⑥ 生态社会。主要从人民生活、社会保障、社会发展等方面反映社会和

谐状况。

（2）北京市生态文明建设评价指标体系

在指标体系基本框架的基础上，具体指标的选取综合考虑了已有的生态文明建设评价研究成果、北京市的现状、北京市建设生态文明城市的意义和主要内容与及"绿色北京、宜居城市"的发展目标等方面因素，同时根据指标数据的可得性，提出北京市生态文明建设评价的指标体系集，在此指标集的基础上，采取专家打分法确定北京市生态文明建设评价指标体系，最终确定的指标体系包括 1 个一级指标（目标层）、6 个二级指标（准则层）、23 个三级指标（指标层）。

在构建的评价指标体系的基础上，针对各指标的重要性，进行第二轮专家打分，确定各指标的权重。打分按照每一指标在上一级指标中的重要性，按百分比对其赋予权重值。各三级指标在一级指标，即北京市生态文明建设水平中所占总权重由其在所属的二级指标中所占权重值和二级指标权重值相乘得出。

三、北京市生态文明建设的途径

（一）生态环境建设

鉴于生态环境建设在生态文明建设中的首要地位，北京市应继续加强对生态环境建设的投入力度。具体而言，以"山区绿屏、平原绿网、城市绿景"三大体系建设构筑北京市"五位一体"生态屏障，提升生态品质。以大气环境、水环境与噪声污染控制为重点推进环境治理，重点加强水生态环境建设，以农村地区和城乡结合部地区为重点加强薄弱地区生态环境建设，以区域合作为平台，在更大范围构建首都绿色生态屏障。

（二）绿色产业发展

生态经济对于北京市生态文明建设的重要性仅次于生态环境，而北京市自然资源和能源短缺，严重依赖外部输入的现实更突出了其大力发展绿色产业的必要性。具体而言，北京市应以发展现代服务业和高技术产业为引领，深化产业结构调整；以生态化改造为契机，发展都市生态农业、生态工业与生态服务业；以节能减排为抓手，发展低碳经济；以资源化、减量化、再利用为原则,发展循环经济;以绿色技术为依托,发展绿色经济。

(三)绿色消费发展

生态行为水平是北京市生态文明建设的薄弱环节。北京市在推进生态文明建设的过程中,应更加重视对公众行为的引导,引导公众形成绿色消费的观念。具体来说,通过理念宣传、价格引导、市场机制、法律法规等多种手段,引导人们转变消费模式,形成消费节能产品、有机食品、环保产品的社会倾向,形成垃圾分类、绿色出行、绿色居住的社会风尚。

(四)生态安全保障

北京市应通过以下方面提高其生态安全水平:以国土空间管制为依托,深化生态红线控制,构建生态安全空间格局;以水源保护区、生态破坏区为重点,加强生态敏感区、脆弱区的保护与管理;以防治外来有害生物入侵为重点,确保生物安全;以湿地与自然保护区建设为重点,保护生物多样性;以低碳发展为契机,增强应对气候变化能力。

(五)生态文化发展

生态文化是制约北京市生态文明建设的另一个主要方面,北京市应将生态文化的发展作为社会发展的长期目标。通过多种形式,大力弘扬生态意识与生态伦理,利用世界环境日、生物多样性保护日、土地日等各类资源环境保护纪念日,开展生态文明宣传教育活动;鼓励生态文化产品创作,为宣扬生态文化提供良好的社会环境和有利条件;培养生态文化人才,发挥NGO 等各类环保组织的积极性,扩大环保志愿者队伍,通过举办各种宣教活动,促进生态文明意识的普及。

(六)社会和谐发展

一个和谐的生态化社会是北京市生态文明建设的核心内容。北京市生态社会的建立应以公平正义为原则,促进社会各阶层的和谐;以人口规模调控为依托,促进人口资源环境协调发展;以加快薄弱地区发展为抓手,促进区域之间、城乡之间协调发展,缩小城乡差距,促进经济社会协调发展。比较如表7-1所示:

表 7-1　　　　　　　　　　北京市生态文明建设途径比较

方面	途径
生态环境建设	提升生态品质,重点加强水生态环境建设,以区域合作为平台、在更大范围构建首都绿色生态屏障
绿色产业发展	以发展现代服务业和高技术产业为引领、深化产业结构调整,发展都市生态农业、生态工业与生态服务业,以节能减排为抓手、发展低碳经济,发展循环经济,发展绿色经济
绿色消费发展	通过理念宣传、价格引导、市场机制、法律法规等多种手段,引导人们转变消费模式,形成消费节能产品、有机食品、环保产品的社会倾向
生态安全保障	构建生态安全空间格局,加强生态敏感区、脆弱区的保护与管理,确保生物安全,以低碳发展为契机,增强应对气候变化能力
生态文化发展	弘扬生态意识与生态伦理,开展生态文明宣传教育活动,提供良好的社会环境和有利条件,培养生态文化人才
社会和谐发展	公平正义,促进人口资源环境协调发展,缩小城乡差距

第二节　北京市低碳绿色交通发展

一、城市活动碳足迹计量

(一)城市活动分类

城市活动包括基本活动和非基本活动,基本活动是指为外界提供产品和服务的一切生产和劳动活动,包括产品和服务的出口(对国外)和调出(对国内其他地区)。它是城市得以存在和运行的基础。非基本活动是指为城市本身提供产品和服务的生产和劳动活动,包括城市建设、城市运行以及居民日常消费等活动,它是城市存在和运行的具体表现。一般来讲,非基本活动引起的碳排放即被视为这一城市的碳足迹,包括非基本活动引起的本地排放和外地排放,而基本活动中的产品调出和出口活动,引起的碳排放不算是本地城市活动的碳足迹,因为基本活动是为外地服务的,而不是为本地最终使用服务的。为了计算每项城市经济活动的碳足迹,我们需要将上述活动分类与投入产出表的最终使用项目居民直接消费能源活动对应。严格来讲,城市的最终使用行为只有居民的吃穿住、行、娱、医等消费活动,因为城市的所有活动包括城市建设、城市管理,都是为居民消费服务的。我们之所以将城市建设、城市运行与居民消费区分开来,主要是想研究更为直接的城市碳足迹结构。而且从数据支撑的角度这样划分也有利于数据的可获得性。因为要区分哪一部分城市建设是为了居民的吃饭、哪一部分是为了居民的住房、哪一部分是为了居民的出行,将十分困难。另外,投入产出表仅仅反映了产业之间的相互联系。因此,我们利用投入产出计算的碳足迹只包括城市产业系统能源消费产生的碳排放,对于居民直接消费能源产生的碳排放,我们则需要单独计算。并且将居民生活消费煤炭和天然气归类于居民生活中吃饭用水与用气部分,而将居民生活消费石油和液化石油气归类于居民生活中的私人交通部分。

(二)碳足迹计量方法

由于城市活动的碳足迹不仅包含本地区的碳排放,而且还包括其他地区的碳排放,这就需要用到区域间投入产出模型。针对城市的产业活动,如果一个地区的总产出为 x,最终消费为 Y,直接消耗系数矩阵为 A,则根据投入产出理论,它们之间的基本关系可写为:

$$X = (I - A)^{-1}Y \qquad (7-1)$$

如果有两个区域 1 和 2,两个区域的区域间投入产出公式可表示为:

$$\begin{pmatrix} X_{11} & X_{12} \\ X_{21} & X_{22} \end{pmatrix} = \begin{pmatrix} I - A_{11} & -A_{12} \\ -A_{21} & I - A_{22} \end{pmatrix}^{-1} \begin{pmatrix} Y_{11} & Y_{12} \\ Y_{21} & Y_{22} \end{pmatrix} \qquad (7-2)$$

其中 X_{ij} 表示因为 j 区域的最终需求引起的 i 区域总产出;A_{ij} 表示 j 区域生产对 i 区域产品的直接消耗系数矩阵;Y_{ij} 表示 j 区域对 i 区域产品的最终需求。

如果已知区域 1 和 2 的直接碳排放系数 S_1 和 S_2,且不存在其他区域,则区域 1 和 2 的碳足迹可写为:

$$\begin{pmatrix} C_{11} & C_{12} \\ C_{21} & C_{22} \end{pmatrix} = \begin{pmatrix} S_1 & 0 \\ 0 & S_2 \end{pmatrix} \begin{pmatrix} I - A_{11} & -A_{12} \\ -A_{21} & I - A_{22} \end{pmatrix}^{-1} \begin{pmatrix} Y_{11} & Y_{12} \\ Y_{21} & Y_{22} \end{pmatrix} \qquad (7-3)$$

其中 C_{ij} 表示 j 区域最终消费活动引起 i 区域的碳排放量,即 j 区域对 i 区域的碳足迹。如果区域 1 和 2 的调出分别为 U_1,U_2,将上式中的矩阵

$\begin{pmatrix} Y_{11} & Y_{12} \\ Y_{21} & Y_{22} \end{pmatrix}$ 换为 $\begin{pmatrix} U_1 & 0 \\ 0 & U_2 \end{pmatrix}$ 便可得到矩阵 $\begin{pmatrix} U_{11} & U_{12} \\ U_{21} & U_{22} \end{pmatrix}$，其中 U_{ij} 表示 j 区域调出活动引起 i 区域的碳排放量。

如果我们将区域 1 看作北京地区，区域 2 看作全国其他地区，则很容易就可以计算出北京城市活动对本地和对全国其他地区的碳足迹。为了计算的方便，我们可以假设除北京以外的全国其他地区的经济结构、能源消耗结构与全国平均的经济结构、能源消耗结构相同，即采用同样的投入产出系数和直接碳排放系数；其次，为了避免进口的影响，将投入产出表中的进口部分按比例从中间使用和最终使用中扣除；另外，为了将出口活动考虑进来，且区域 1 和 2 的出口分别为 E_1、E_2，根据上述计算方法同理可以得到 E_{ij} 即 j 区域出口活动引起呕域的碳排放量。

(三)因素分解模型计算二氧化碳排放量

因素分解方法是目前国际上研究二氧化碳变化机理所广泛采用的一种方法，该方法将二氧化碳排放分解为相关影响因素的乘积，并根据不同的确定权重新进行分解，以确定各个影响因素的增量份额。碳排放主要的影响因素很多，如对外贸易、能源消费结构、固定资产投资、科技进步等都会影响碳排放，但归纳起来都会通过经济增长、产业结构、能源强度、能源结构以及二氧化碳排放系数中的一个或多个因素体现出来。本文在已有的因素基础之上加上了人口这一重要影响因素，对于研究二氧化碳排放变化机理具有重要参考意义。二氧化碳排放总量可以表达为：

$$C = \sum_{ij} C_{ij} = \sum_{ij} P \frac{Q Q_i E_i E_{ij} C_{ij}}{P Q Q_i E_i E_{ij}} = \sum_{ij} P R S_i I_i M_{ij} U_{ij} \qquad (7-4)$$

其中：C 为各种能源消费导致的二氧化碳排放总量；i 为产业或部门；j 表示化石能源消费类型，如煤炭、天然气等；P 表示北京市常驻人口数量；Q 和 Q_i 分别表示经济总量和 i 产业或部门的产值；E、E_i、E_{ij} 分别表示能源消耗总量、i 产业或部门能源消耗总量、i 产业或地区 j 种能源消耗总量；R = Q/P，表示人均经济总量；$S_i = Q_i/Q$，表示产业结构；$I_i = E_i/E_{ij}$ 表示能源强度；$M_{ij} = E_{ij}/E_j$，表示能源结构；$U_{ij} = C_{ij}/E_{ij}$，表示 i 产业或部门 j 种能源的二氧化碳排放系数。这样，二氧化碳排放的变化可以分解为人口数量、人均经济总量、产业结构、能源强度、能源结构、二氧化碳排放系数 6 个影响因素，以 0、t 分别表示即期和基期，根据

LMDI 模型方法，二氧化碳排放量变化为：

$$\triangle C_{toc} = C^t - C^0 = \triangle C_{pop} + \triangle C_{act} + \triangle C_{str} + \triangle C_{int} + \triangle C_{mix} + \triangle C_{cmf} \quad (7-5)$$

公式中 6 个变量对不同产业或部门二氧化碳排放的影响可根据 B. W. Ang 等提出的 LMDI 方法进行计算。

二、基于碳排放的绿色交通指数

（一）交通碳排放

目前，对于影响北京市碳排放因素的相关研究较少。刘春兰等在计算北京市二氧化碳排放量及其每年变化情况的基础上，利用 LMDI 模型将北京市碳排放定量分解为 GDP、产业结构、能源消费强度、能源消费结构、碳排放系数等五方面因素。结论认为：导致北京市二氧化碳排放增加的主要原因是经济飞速发展，而能耗强度下降和产业结构优化是减缓二氧化碳排放增加的核心因素。姚永玲以北京市市辖区为研究对象，利用 LMDI 指标分解方法研究经济规模、单位产值能耗、人均能耗、人口密度和能源空间支持系数等对能耗的影响，结果表明，能源消耗增加主要是因为城市经济增长和居民生活水平的提高，节能减排主要依赖于技术进步。李慧风运用 LMDI 分解模型研究能源效率、能源结构和经济发展三个因素对北京人均碳排放变化的影响，得出北京人均碳排放增长的主要推动因素和遏制因素分别为经济发展和能源效率。这里运用 LMDI 模型对北京碳排放变化的驱动因素进行分析，了解各个因素对碳排放的贡献率，为阶段性碳减排政策的制定和调整提供理论依据。

目前，碳排放计量方法主要有三类：联合国政府间气候变化专门委员会（ICPP）的方法；输入—输出法以及生命周期法。ICPP 的方法主要根据燃料及其排放因子之间的关系进行加和求算温室气体排放量；输入—输出法借鉴了相关的经济学模型，该方法通过输入—输出量表建立能源和温室气体之间的联系；生命周期法则对温室气体相关产生物从产生到消亡以及消亡后所产生的效应进行全过程的评价。对于碳排放计量标准，笔者将二氧化碳、甲烷、氧化亚氮 3 种与交通行业密切相关的排放气体纳入计量范围，其中甲烷和氧化亚氮相对于二氧化碳的增温潜力值根据 IPCC 四次科学评估报告分别取 25 和 298。此外，对于排放过程中产生的一些含碳的非温室气体，如一氧化碳和挥发性有机化合物等，按照各自的含碳量换算成当量二氧化碳。

城市客运交通出行方式主要包括步行、自行车、电动自行车、常规公交、地铁、出租车以及小汽车等共七类。其中，步行方式不依赖于运输工具，因此，该方式碳排放量为 0。除步行方式外，其他各方式都依赖运输工具，因此根据生命周期的概念，在运输工具生产、组装、使用以及报废回收的过程中都将不同程度地发生碳排放。因此这里将自行车、电动自行车、常规公交、地铁、出租车以及小汽车六类出行方式作为研究对象。

生命周期碳排放分析是一个系统的识别、判定、检查和评估生命周期内发生碳排放总量的过程。对于自行车出行方式，由于不消耗能源，因此该方式只包含车辆周期一个周期。对于其他方式，还包括相应的能源周期，比如小汽车方式包括车辆周期和燃料周期，电动自行车方式包括车辆周期和电力周期。生命周期概念下建立的计算模型本质上还属于数据库查询模型范畴，需要综合应用热力学、燃烧学等多学科的相关原理，并以此为基础建立起各排放要素之间的逻辑联系。其基本输入参数主要包括以下几类：与车辆有关的参数、能源生产过程的有关参数和排放系数。与车辆有关的参数主要包括车辆的类型、车辆的燃油经济性及排放系数等。能源生产过程的有关参数和排放系数主要涵盖了煤炭生产、原油开采、成品油生产、天然气生产、电生产以及煤、原油、天然气、重油等能源燃烧的污染物排放系数。

交通是碳排放的主要来源之一。公共交通的单位里程温室气体排放量要低于私人交通，有工具出行交通方式中自行车交通最低碳，如图 7-1 所示。在构建特大城市绿色交通、降低碳排放有两种途径：一是通过技术进步和科技创新，增强和提高各出行方式节能减排技术的创新能力与推广水平，降低各出行方式碳排放水平；二是实现城市客运交通模式调整，使高排放方式向低排放方式合理转化。

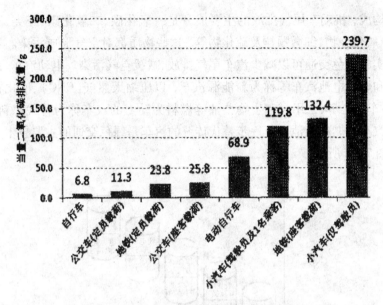

图 7 - 1　不同出行方式单位里碳排放量

公共交通的单位里程温室气体排放量要低于私人交通，有工具出行交通方式中自行车交通最低碳如图 7 - 1。可以看出，构建大城市绿色交通体系、降低碳排放水平无外乎两种手段：一是通过技术进步和科技创新，增强和提高各出行方式节能减排技术的创新能力与推广水平，降低各出行方式碳排放水平；二是实现城市客运交通模式调整，使高排放方式向低排放方式合理转化。

我们可以根据计算得出不同出行方式单位里程的碳排放水平。结合城市各出行方式的分担率和出行距离，可以计算出城市人均单位里程的碳排放量。该结果可以用来衡量一个城市绿色交通的发展水平。人均单位里程碳排放量可以用以下公式计算：

$$C_{pe} = \frac{\sum_i P_i \times D_i \times C_i}{\sum_i P_i \times D_i} \tag{7-6}$$

其中，C_{pe} 是人均单位里程碳排放量（克）；P_i 是第 i 种出行方式的出行分担率（%）；D_i 是第 i 种出行方式的平均出行距离（千米）；C_i 是第 i 种出行方式的人均单位里程碳排放量（克）。

（二）绿色交通指数

城市交通对空气质量的影响主要由机动车尾气排放污染和机动车噪声两项

污染源构成，机动车尾气排放的主要成分是一氧化碳、二氧化碳、醛类、碳氢化合物、氮氧化合物、细微颗粒及硫化物等，这些物质都对空气形成污染。通过技术变革实施绿色交通可以减少汽车尾气排放、减缓空气污染。电动汽车、混合动力汽车和燃料电池汽车等称为新能源汽车，以压缩天然气（CNG）、液化石油气（LPG）、车用乙醇、二甲醚和生物柴油等燃料为动力的汽车称为替代燃料汽车，新能源汽车和燃料电池汽车逐步替代传统的汽车是绿色交通的主要技术变革趋势，如图7－2所示：

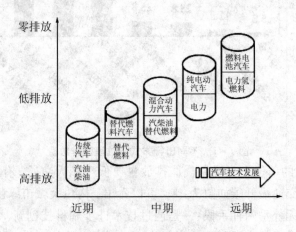

图7－2　绿色交通的主要技术变革趋势

　　绿色交通指数是指人均单位里程碳排放量与碳排放比较基准的比值，并将座客载荷常规公交的人均单位里程碳排放量25.8克作为碳排放比较基准。低碳交通指数范围确定为（0，10］，当城市人均里程碳排放水平达到25.8克时，认为该情况下交通体系是标准低碳的情况。相应的，当该指数低于1时，说明城市人均里程碳排放水平小于25.8克，这种情况下交通模式以慢行交通和公共交通为绝对主体；当该指数大于1时，说明城市人均里程碳排放水平大于25.8克，这种情况下交通出行复杂多样；当该指数接近10时，说明城市人均里程碳排放水平接近258克，这种情况下以完全小汽车出行为主。为了便于对比，可以将低碳交通指数细分为5个等级，即红色排放（7，10］、橙色排放（5，7］、黄色排放（3，5］、绿色排放（1，3］和绝对低碳排放（0，1］，绿色交通指数比较基准和分级情况，如图7－3所示：

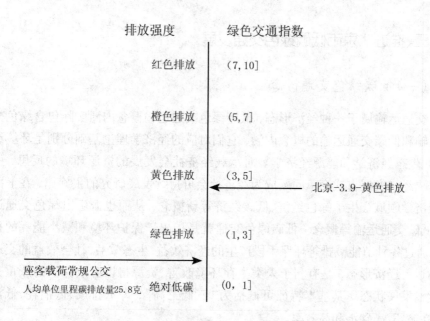

图7-3 北京绿色交通指数等级和比较基准

交通运输行业作为碳排放主要源头之一，交通发展低碳化是可持续发展的必然选择。城市交通运输行业碳排放总量是由人均里程碳排放水平和平均出行距离共同决定的，相应地，交通低碳化发展应主要依靠合理调整出行结构、降低排放强度以及减小出行距离三项措施。这三项措施，可以通过综合运用空间低碳、方式低碳、管理政策低碳及技术低碳四种途径实现低碳交通的发展目标，如图7-4所示：

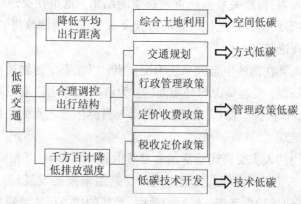

图7-4 低碳交通发展策略图

三、推进北京市低碳绿色交通发展

(一)低碳绿色交通概念

交通运输属于一种经济形态,低碳绿色交通运输概念内涵实际包含绿色交通运输和低碳交通运输的概念内涵,它们对应的经济学理论基础分别是环境经济学、生态经济学和能源经济学。对承载经济社会发展的资源环境的反思,引发解决经济发展方式变革问题成为经济社会可持续发展研究的主旋律,在上面的经济学领域产生了绿色经济、低碳经济等新概念,从而也派生出绿色交通运输、低碳交通运输等概念。低碳绿色交通就是指出于保护环境和减小能耗的目的,通过各种节能减排等环保手段产生的经济效益、生态效益、社会效益的交通运输运行经济形态,是有利于人类生存环境改善、资源得以有效保护的严重交通运输发展状态。其基本特征可概括为"三低三高",即低排放、低消耗、低污染、高循环、高碳汇和高效率。

低碳绿色交通运输发展包含交通运输的绿色发展和低碳发展内涵,这里的"发展"强调的是量的选择,"绿色"、"低碳"则是质的要求和对"发展"方式、"量"的具体约束。绿色交通运输发展和低碳交通运输发展在概念背景、经济学角度、内容、模式、本质等方面具有共同点:

1. 低碳绿色经济思想影响

都是受 20 世纪后半期产生的新的绿色、循环、低碳等经济思想的影响,是对交通运输与人类、自然关系重新审视探索的结果,也是在交通运输领域面对资源、环境和生态严重发生危机问题的自我反省和正本清源改进的结果。

2. 生态学理论基础

都以包括人类在内的生态大系统为出发点,以生态学的物质循环和能量转化原理为理论根据,处理资源与环境问题,为解决交通运输发展与资源环境约束之间的矛盾,积极探索协调交通运输活动与自然生态之间的关系。

3. 相同系统观

都具有相同的人类交通运输活动和自然世界互相影响、互相依赖的系统观,相同的发展要在资源环境可承受范围内的交通运输发展发展观,相同的节约、高效、清洁的交通运输生产观,相同的适度、循环的交通运输消费观。

4.交通运输发展模式

都主张改变传统交通运输以高投入、高消耗、高排放的粗放型增长为主要特点的发展模式，促进交通运输发展方式的重大转变。

根本而言，都是要成为生态交通运输，提倡的是交通运输活动应注重生态化实践的科学理念，都是为了解决交通运输可持续发展提出的发展模式问题，低碳绿色交通运输是可持续发展的交通运输。

（二）低碳绿色交通发展目标

低碳绿色交通的发展来自于可持续发展的基本理念，在对城市进行规划时，就将城市向区域性、多城镇核心方向发展定为城市交通和城市发展的目标，研究交通容量对城市规划布局的影响，以保持将适度的交通容量做为城市布局结构的调整和完善的引导者，在城市规划法规中，注入绿色交通的理念；交通基础设施的建设不仅要适应当前的需要，又要与城市未来的发展相吻合；做好土地开发的交通影响评估和管理；在规划对道路进行修建时，应从经济与环境两方面综合进行考虑，同时还要做好景观设计工作；在评估道路修拓宽时，应包含交通系统管理与交通需求管理的可能替代方案与配合措施。

（三）低碳绿色交通发展的背景及意义

交通运输是我国目前能源消耗量最大且污染增长最快的行业，自2000年以来，我国机动车呈现爆发式增长，汽车尾气也成为城市污染的主要来源，城市汽车的过度增长和使用，带来交通拥堵、大气污染和交通安全等问题，严重影响了城市经济运行效率和市民生活质量。在全球"低碳"发展的趋势下，"低碳交通"成为城市未来交通发展模式的新探索，所谓"低碳交通"是一种以高能效、低能耗、低污染、低排放为特征的交通运输发展方式，目的在于提高交通运输的能源效率，优化发展方式。低碳交通的建设是一个体系化过程，从交通运输系统的规划、建设、运营、维护，到交通工具的生产、使用、相关制度和保障措施，以及人们的出行方式等方面都需进行低碳化改造。近年来，我国城市发展也开始践行低碳交通，这不仅可以减少我国交通建设、运输对生态环境带来的影响，同时对营造健康文明、低碳环保的生活方式，使我国交通运输可持续发展具有积极意义。

（四）北京市低碳绿色交通的实践

随着北京市不断扩容，城市人口与出行需求急剧增加，使城市交通不堪负荷，问题日益突出。截至 2010 年 12 月，北京市机动车保有量已达 476 万余辆，汽车排放物占到排放总量的 40%、75%，并逐步上升。近年来，北京市高度重视低碳交通的建设，在公共交通系统建设、城市道路规划、高污染车整治等方面成绩显著。

首先，大力发展公共交通。申奥成功后，北京进行快速公交线路规划，2005 年以来开通了三条大容量快速公交线路，新开通、调整大量常规公交线路，公共交通出行比例由 2005 年的 29.8% 增长到 2010 年上半年的 39.3%，轨道交通网络化运营粗具规模，大大改善了居民出行环境。其次，实施交通管理措施。北京在公交基础设施不断完善，公交出行比例不断上升的同时，汽车保有量也不断提高.为缓解道路交通拥堵、节能减排，北京积极实施低碳交通管理政策。以奥运为契机，广泛借鉴国际经验，实施了车辆尾号限行、错峰上下班等交通管理政策。降低小汽车使用强度。此外，应用节能先进技术。除改善交通结构外，北京市还积极引入国外先进技术，在奥运会期间大规模应用新能源汽车，为奥运保障服务的 50 辆电动车目前仍正常运营，北京市还在积极探讨新能源车发展、基础设施建设、补贴方法、资金来源等问题。采取一系列低碳交通管理措施后，北京在很大程度上缓解了交通压力，降低了污染物排放 但我们也应看到其中存在的一些问题：第一，汽车限行在一定程度上造成了部分道路资源的浪费。根据北京尾号限行规定，限行时间为工作日的早 7 时至晚 8 时，长达13 个小时，在限行的部分时段中，道路资源没有被最大化利用；第二，实施尾号限行后交通拥堵状况改善有限。据北京交通发展研究中心的交通出行数据统计分析，目前北京路网早、晚高峰平均车速仍只有每小时 24.2 千米和 20.1 千米，如不进一步采取措施，到 2015 年北京高峰期间路网的平均车速将可能只有每小时 15 千米；第三，公共交通水平有待提高。北京市公共交通不断建设，但目前中心城的轨道交通线网密度仍然较低，五环路内仅为 0.23 千米/平方千米；同时公共交通还存在运能运力不足、换乘不便，公交运行速度慢、候车时间长等问题，这些直接影响到公交工具的使用效率；第四，私家车有增多的趋势。为规避限行政策，许多家庭选择购买第二辆车出行。来自发改委的统计数据显示，2010 年北京市机动车的增长速度保持在每天新增 1300 辆，在如此巨大的车辆保有量的情况下，低碳生活的实现仍有很长的路要走。

（五）实施城市低碳绿色交通的思路

1. 低碳绿色交通的指导思想

低碳绿色交通系统以"以人为本"这基本指导思想，在具体制定绿色交通发展方案时，"以人为本"的思想主要体现在以下三个方面：

（1）合适的低碳绿色交通技术

从宏观的角度来看，城市交通系统主要由供给和需求两个网络所构成，评价城市的交通状况也是由这两个网络结构的匹配程度所决定的。在对城市交通引入绿色交通理念之前，在技术层面重点关注的是交通阻塞问题，随着政府决策的变化，城市建设的发展目标是逐渐实现城市绿色交通系统，在技术上将环境、资源、安全等问题列入重要位置，对交通阻塞的关注也越来越侧重于公共交通的发展。

（2）以人为本的城市与交通规划

以人为本的城市与交通规划必须保证其成果为大多数人所使用，并且要达到车辆的移动性要低于人的可达性从而达到人的活动率的增进，并不是机动车的速率。同时。通对城市空间区域的调整以及各种交通方式的协调和联运，从而实现城市交通规划科学的指导城市建设和管理。

（3）政府主管与公众参与

低碳绿色交通的发展需要各级政府主管实际施政行动的决心，广泛的向群众宣传与承诺，动员民间企业和社区与政府相互配合，共同参与进来。选择绿色交通的运输工具在综合交通运输与生活品质方面起着决定性的因素，需要社区人们的共识，重新定位"人的价值"，进而选择绿色交通工具为生活方式之一。

2. 解决城市交通问题的总体思路

借鉴国内外大城市解决交通问题的经验，分析大都市圈交通问题与症结。首先应调整城市结构和土地利用形态，进行土地利用与交通系统的一体化规划，形成有利于公共交通发展的交通需求特性，从而避免产生交通系统无法满足的交通需求；其次，在交通结构上必须走高密度开发、建设紧凑型城市的发展道路，建立以公共交通为主导的城市综合交通系统；最后，通过科学的规划，不断完善道路网，提高道路网层次结构、功能结构和连通结构的合理性，通过科学化、现代化的交通管理，全面提升交通工程水平、交通执法水平和交通出行者的现代交通意识，实现交通管理的现代化，从而达到充分利用现有交通基础设施的目的。

（六）北京低碳绿色交通发展的策略

为加快实现北京低碳绿色交通，应该重点从以下几方面发展：首先，选择适宜的交通发展模式。发展清洁燃油、使用新技术能较好地实现节能减排，在打造低碳交通的同时，还应选择与城市发展相适宜的交通模式、出行结构。"十二五"时期，我国将积极建设公交城市，使公交和私车更好地结合起来，营造良好出行环境。其次，制定相关经济政策。借鉴国外先进经验，提高汽车使用税费等控制机动车流，如新加坡实施拥挤收费，在其他措施的配合下使高峰小时交通量下降了45%。采用公交车出行的数量增加了近50%，同时通过进行多种公交补贴提高公交利用率。再次，推进公交信息化发展。鼓励采用新的技术促进公交智能化，大力发展智能交通信息系统，为公众出行提供信息服务，提高公交运行效率和服务质量。如在公交车枢纽、站点普及电子信息站牌，使出行者可以方便及时地获取公交服务信息。最后，调动公民参与低碳交通建设的积极性。加强交通文明宣传，号召市民文明出行，提升交通服务、管理水平，通过开展公交周、无车日等活动，倡导采用公共交通、骑自行车或网上购物等绿色出行方式。未来北京的"低碳交通"发展需要依靠政府、企业、社会与个人的共同努力。

1. 空间低碳

合理的城市空间结构布局是实现城市交通低碳发展的长效措施。城市空间布局形态是出行距离的决定性因素。大城市单中心布局会产生大量的远距离向心交通，城市尺度越大，平均出行距离则越大，同时中心城区路网负荷度会越高，潮汐交通现象也就越显著，交通设施往往得不到均衡的利用。促进城市空间结构由单一中心向多中心演变，可以有效降低平均出行距离，在一定程度上抑制向心交通和潮汐交通现象的发生，均衡交通设施的使用率，如图7－5所示：

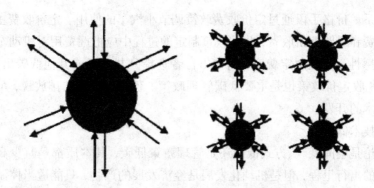

图7-5 单一中心城市和多中心城市出行距离对比

　　空间低碳措施除了在宏观层面调整城市空间结构外，在中观层面还可以通过土地混合利用降低出行距离。无论是旧城区的改造还是新区的建设，都应充分重视土地混合利用。不仅要注重城市外围区域的职住平衡，而且要不断推进中心区的职能疏解，既避免在中心城区外围形成功能单一的工业区、居住区，又不使中心区功能过于集中，居民大部分出行可以实现就近解决。通过这种模式，既可以实现出行距离的降低，又能促进一部分小汽车交通向慢行交通转化，这对碳排放总量的降低无疑是大有裨益的。

　　2.方式低碳

　　方式低碳是指通过调整出行结构，增加绿色低碳出行比例，从而达到低碳发展的目的。绿色交通出行方式的萎缩是低碳交通指数增长的主要原因之一。为了避免绿色出行方式的萎缩，应大力发展完善公共交通系统，通过加快推进轨道交通建设，建设快速公交，实现公交系统主骨架的发展，通过优化公交线网，加快与地铁站点衔接的无缝换乘系统建设等，增加公共交通的便利程度，提升公共交通的吸引力。慢行交通方面，应结合城市开敞空间、河湖水系等资源优化慢行交通出行条件，为短距离出行提供便利的慢行交通环境。

　　3.管理政策低碳

　　管理政策低碳是指通过行政手段和价格手段，调整小汽车出行的效用，进而调整出行结构，达到降低机动化出行比例的目的。行政手段可以较为刚性地调控小汽车的拥有和使用。在停车控制方面可以实施停车区域差别化管理，城市中心城区采用适度从紧政策，减少机动车的滞留，外围地区采取适度宽松的政策，引导车辆停车换乘。在控制拥车和用车方面，必要时可以启动限购和限行政策，合理限制个体机动交通自由发展，动态调控机动化交通需求和交通供给的关系。价格手段通过定价收费政策调节小汽车的使用。定价收费主要包括停车收费和道路拥挤收费，收费政策制定的过程中应把握费用对机动车出行方式的敏感性，合理制定费率，引导出行者选择公共交通或其他低碳出行方式。此外，税收定价政策也是重要低碳管理政策。例如，征收碳排放税，可以促进低碳技术的开发。

4. 技术低碳

无论是空间低碳、方式低碳还是管理政策低碳，其本质都是减少高排放水平方式的出行里程，但是机动化发展是经济发展的产物，只能适当控制机动化出行，不能也不应当过分限制。降低这些机动化交通所产生的碳排放，还应主要从化石燃料的使用着眼，发展节能动力车和清洁能源车辆，通过节能减排技术的创新和应用达到减少化石燃料消耗的效果。此外，加强智能交通技术的开发和应用，推动交通运输行业的智能化和信息化，也可以在一定程度上减少碳排放。比较分析如表 7－2 所示：

表 7－2 　　　　　　　　北京低碳绿色交通发展策略比较

方面	策略
空间低碳	在宏观层面调整城市空间结构，在中观层面通过土地混合利用降低出行距离
方式低碳	发展完善公共交通系统，通过加快推进轨道交通建设，建设快速公交，实现公交系统主骨架的发展，通过优化公交线网，加快与地铁站点衔接的无缝换乘系统建设等，增加公共交通的便利程度，提升公共交通的吸引力，增加绿色低碳出行比例
管理政策低碳	是指通过行政手段和价格手段，调整小汽车出行的效用，在停车控制方面可以实施停车区域差别化管理，在控制拥车和用车方面可以启动限购和限行政策，价格手段通过定价收费政策调节小汽车的使用，以及税收定价政策
技术低碳	通过节能减排技术创新和应用，降低机动化交通所产生的碳排放，发展节能动力车和清洁能源车辆，加强智能交通技术的开发和应用，推动交通运输行业的智能化和信息化

第三节 北京市发展循环经济

一、北京发展循环经济的因素分析

（一）世界城市的定位决定北京必须发展循环经济

根据中央对北京做好"四个服务"的工作要求，北京确立了建设世界城市的努力目标，不断提高北京在世界城市体系中的地位和作用，充分发挥首都在国家经济管理、科技创新、信息、交通、旅游等方面的优势，建设空气清新、环境优美、生态良好的宜居城市，创建以人为本、和谐发展、经济繁荣、社会安定的首善之区。实现这些目标，必须以先进的科学技术为手段，改造传统产业体系，构建以企业绿色制造为基础、以生态工业园区为主体、以资源再生产业为补充的循环经济产业体系，实现产业技术和产业结构升级，从而为成为世界城市奠定良好的产业基础和经济基础。

（二）资源制约决定北京必须发展循环经济

2010 年，北京实际常住人口已经达到 1972 万人，提前 10 年突破国务院批复的到 2020 年北京常住人口总量控制在 1800 万人的目标，也大大突破了"十一五"规划末常住人口 1625 万人的控制目标，已经接近甚至超过北京环境资源的承载极限。人口持续增加，对水、能源的消费量和土地占用量不断加大。地表水的资源开发率高达 86%，地下水过度开采，人均水资源是全国平均水平的 1/8，是全国严重缺水城市之一。北京能源资源极为有限，本地自供能源仅占能源消费总量的 6%。100% 的天然气、100% 的石油、95% 的煤炭、64% 的电力、60% 的成品油从外地调入。人口、资源逆向互动，使得资源供需矛盾日益加剧，城市摊大饼式无序发展，导致城市生态承载能力下降，生活垃圾问题严重。废弃物产生量逐年递增，资源化水平亟待提高，资源节约和综合利用率也需要进一步提高，可再生能源的比重约为 1.0%，低于全国 4% 的平均水平，有待进一步提高。面对如此严峻的现实，北京地区的人口和城市建设仍在高速增长，如果不能从根本上改变现行的经济发展模式，不仅将无法继续维持经济的快速发展，还会因环境的恶化与资源的难以为继，把北京变成不适宜人类居住的地区。只有发展循环经济北京才可能走上可持续发展之路，才能使经济发展引发的环境、社会矛盾得到缓解。

二、北京发展循环经济的现状及问题

（一）北京发展循环经济的现状

"十一五"期间，北京围绕"建设资源节约型、环境友好型城市"的战略目标，结合北京经济社会发展阶段的实际情况和循环经济发展的内在规律要求，从资源节约利用入手，以节能、节水、节地为重点，以高消耗行业作为突破口，加强监管整治，积极通过结构调整、技术创新和强化管理等手段，依托北京的科技资源优势，充分发挥市场机制作用，加快循环型社会的建设。

1. 出台了法规和优惠政策

针对自身产业结构特征，北京制定了一些循环经济的地方性法规，并配合国家《循环经济促进法》，实施出台了中国内地省市首个循环经济鼓励政策——《北京市循环经济试点工作实施意见》。按《实施意见》要求，北京在区县（城镇）、园区和企业三个层面选择循环经济试点，并对试点机构给予政策、资金、税收、土地申请、政府采购等多方面支持。首批入选的24家机构涉及现代服务业、高新技术产业、现代制造业、废弃物循环利用、都市型生态农业等多个领域。

2. 循环经济链条渐具雏形

北京以提高资源附加值为主题，积极实施项目带动战略，在产业结构调整和提升、改造传统产业过程中，改变过去传统的生产方式和资源利用方式，逐步形成了"资源——产品——再生资源"的产业链条。如在海淀区建立了电子产品回收——再利用——环保处理的"IT环保产业链"；德青源已形成了一条由订单农业，到生态养殖，再到食品加工、清洁能源以及有机种植为一体的循环农业产业链条等。这些产业链条的形成、发展、成熟，促进了资源集约化利用和废弃物资源化。

3. 一批循环型企业基本成型

随着国家节能降耗和节能减排工作力度的加大，在北京市政府的积极引导、扶持下，一些企业已经开始认识到改变传统的经济发展模式，发展循环经济的重要性，自发地走上了循环经济发展之路，涌现出一批基本成型的循环型企业。如金隅集团已有23家政府认证的资源综合利用企业，年资源综合利用产值超过 60 亿元,每年通过资源综合利用消纳粉煤灰、脱硫石膏、废陶瓷、矿山尾矿石等各类工业废弃物 1000 多万吨,取得了良好的生态效益、社会效益和经济效益。

4. 农村新型清洁能源工程发展势头强劲

北京在发展农业生态产业方面,支持农村以开发利用新能源和可再生能源为技术支撑的新村建设示范试点工程。大力推广生物质能转换技术的应用,集约化畜禽粪便的资源化利用,实施农村沼气开发利用示范工程,把畜牧业与种植业连接起来,形成了以"猪-沼-果"、"猪-沼-菜"、"猪-沼-鱼"为纽带的农村循环经济模式。大力发展太阳能、地热能等示范工程建设,广泛推广新能源在发电、照明、制冷、供暖、制热水等方面的实际利用,缓解了北京供电紧缺的局面。如试点单位密云县十里堡镇通过发展以绿色安全农产品生产为特色的生态农业,积极探索农村清洁生产、农业资源节约以及再生能源综合利用的循环经济实践新模式,目前全镇农田灌溉水有效利用系数 0.95,畜牧污水处理率达到 80% 以上。

5. 节能降耗和污染减排工作取得明显成效

北京加强对耗能耗水大户的监管和限制,引导企业积极参与节能计划。在市区推广使用节能环保车辆,推行快速公交和上下班通勤铁路以节约石油并减少污染。积极实行自来水上下水双向收费,使用季节水价和阶梯价格鼓励节水。政府还通过改进排污和污水处理系统,立法禁止或减少工业排污,推广使用可被生物分解的清洁剂。目前,北京大中型企业基本自觉实行清洁生产,30% ~ 50% 的中小企业开展清洁生产,工业万元产值能耗下降 15%;工业万元产值水耗下降 30%;工业用水重复利用率 96%;工业废弃物综合利用率 90%。

(二)北京发展循环经济存在的主要问题

循环经济发端于人类对资源供求矛盾和环境污染的关注,源于对人与自然关系的处理。是人类社会发展到一定阶段的必然选择,是重新审视人与自然关系的必然结果。"十一五"期间,北京循环经济发展成效明显,但是,我们也应该清醒地看到,北京循环经济的发展,按照循环经济的内在要求和发展目标,仍然存在着诸多问题和制约因素:

1. 责任主体不明确,缺乏有效的协调和激励机制

循环经济涉及面广,各部门协同工作体系尚未形成。北京循环经济发展普

遍存在技术供需信息不对称，企业面临技术困惑缺乏解决途径，科技资源不能发挥有效作用的问题。环保审批和环境稽查与治理工作比较到位，但对企业的生产运营缺乏有效监管。对宣传发动和教育培训工作也重视不够。工矿企业和广大群众对循环经济的认识和理解还很肤浅，就是现有发展较成熟的循环型企业，其当初的本意也多是出于降低生产成本，实现利益最大化。支撑循环经济发展的财税、土地、价格、金融、奖励、处罚等政策还不完善、不配套。资源再生企业废弃资源收购成本高、企业负担重，市政府对相关企业的扶持力度不够，影响了企业发展循环经济的积极性、主动性和创造力。

2.循环产业链的构建，缺乏强有力的技术支撑

循环经济，也可以说是一种技术经济。没有强大的技术作为支撑，发展循环经济只能是纸上的空谈和美好的愿望。支撑北京各重点领域循环经济发展的关键技术明显不足。北京能源外埠依赖性强，各行业领域能源利用效率有待进一步提高，建筑节能技术需要在更大范围内推广应用，水资源供应紧张，以农业为首的水资源利用水平急需提升。城市废弃物产生量逐年上升，缺乏先进实用的处理技术。再生资源集中处理环节严重缺失，下游再生资源加工利用规模小、技术落后，没有形成专业化经营，难以产生规模化、高附加值、高竞争力的产品，资源浪费严重。目前，北京已经发展起来的循环模式，普遍存在着循环链条不长、链条科技含量不高，企业内部循环多，企业之间循环少，纵向循环多、横向循环少等问题。

3.产业园区建设过度专业化，缺乏循环链条的对接和延伸

产业园区和产业集群是发展循环经济，实现新型工业化的重要载体。北京现有产业园区从布局来看，产业集中度高，具有很强的专业化色彩。虽然相同或相似产业集聚发展，可以形成规模效益，但是由于产品单一，上下游产业脱节，难以形成彼此之间的链接，不利于循环经济的形成，很难建立起园区系统内资源——能量——产品——废弃物——资源化——再利用的循环网络。而且企业之间还容易出现恶性价格竞争。此外，北京现有的关联产业共生关系不强，产业布局需要进一步调整和优化。在工业行业产业共生方面，仅冶金、电力与建材产业在利用粉煤灰、煤矸石、脱硫石膏等工业固废再生建材方面有一定共生基础，但产业空间配合不好，关联产业间能源、水梯级利用较少。如何把大量工业固废和建筑废弃物变成新型建筑材料，将是循环经济技术领域的重要方面。

4.公众生态环境意识薄弱，缺乏发展循环经济的动力

社会对循环经济的认知度不高，生态环境意识薄弱使社会公众缺乏发展循环经济的动力。社会公众或者将循环经济万能化，或者将其等同于污染治理，或者简单地把循环经济理解成生物链，缺乏自然资本的观念，缺乏应有的环境和法律意识。而这种经济发展中的短期意识导致了短期行为。目前北京公众的节约意识仍然不高，绿色消费意识淡薄，过度消费现象较为普遍，垃圾分类措施落实较差，生活垃圾分类率仅为15%。为了追求生活上的便利，大量使用一次性物品，使用短生命周期电器和生活用品，并且过分追求高档物品而忽视其对环境的负面影响等等。公众的非理性的消费方式与循环经济的要求相违背，严重约束了循环经济的发展。

三、北京发展循环经济的策略

发展循环经济，需要政府、企业、科学界和公众的共同努力。市政府要进一步转变政府职能，加强政府利用法规、政策和标准等手段，对循环经济发展方向和重点进行调研引导的积极作用，通过加大资金、科技投入，联合企业、中介、行业协会等多方合作，构建完善的配套服务体系，打造技术、人才、信息服务平台，扩大宣传教育等措施来推进循环经济的快速发展。

（一）编制总体规划和科学布局，将循环经济发展引入快车道

发展循环经济是一项复杂的系统工程，必须以周密可行的战略规划作指导。北京应以贯彻国家发展循环经济、建设节约型社会为政策导向，结合建设世界城市的经济社会发展总体规划，建立适合北京循环经济发展需要的科技创新体系。充分整合北京相关资源，以提高资源利用率和减少污染物排放为核心，以技术创新和制度创新为动力，迅速提升城市环境承载能力。在企业、行业（产业）、园区、社区、区域等多个层次着力推进资源循环式利用，产业循环式组合，区域循环式开发，建立适合北京市产业特点的循环经济发展模式、适用范围、主要内容、重点任务、目标体系和保障体系，提出循环经济的资源效率标准、能源效率标准、废弃物排放标准。同时，加快节能、节水、节地、节材、资源综合利用、再生资源回收利用等循环经济发展重点领域专项规划的编制工作。建立科学的循环经济评价指标体系和发展循环经济战略目标及分阶段推进计划，依靠科技创新、技术产业化实现资源的高效循环利用，促进新型工业化进程，

建设都市型农业，改善生态环境。

（二）加强技术支撑体系建设，增强循环经济技术创新能力

循环经济发展必须要有技术作为支撑，需要一大批成熟的节能技术、清洁生产技术和生态工业链接技术，以及再制造技术、废旧原料再生技术和污染治理技术等作为支撑，而这些支撑的供给应当通过科技创新来完成。一是发挥政府统筹协调功能，采用各种鼓励和优惠政策，千方百计引进人才、留住人才，加强科技队伍建设，提高北京市的科技创新能力。二是安排财政资金，吸引社会资金，组织力量进行科技攻关，力争在资源节约和替代技术、能源梯级综合利用技术、延长产业链和相关产业链接技术、废弃物的资源化利用技术、废旧产品和物资的回收及再生利用技术、高效生态农业发展及农业废弃物综合利用与处理技术、城市生活垃圾资源化技术等方面有所突破，加快循环经济发展。三是以项目为依托，推进循环经济技术装备的研发制造和改进。通过生产工艺、生产设备的改进和管理进步，推进企业清洁生产和资源循环利用水平。四是充分发挥行业协会和中介机构在循环经济发展中的技术指导和服务作用。要建立和发展专业化的技术咨询服务、信息服务和管理服务机构，广泛开展循环经济宣传培训，引进推广先进技术，促进循环经济的发展。

（三）按照循环经济发展理念，建设产业园区

产业园区建设要体现推动产业集聚发展、企业集中布局、土地集约使用、污染集中处理和废弃物循环使用的功能。北京今后的产业园区建设，要按照循环经济发展理念，产业链构成的基本定位，下游原料之间的供求关系，做好前期科学规划，合理布局，避免重复"先发展、后治理"的老路。一是搭建设施完善、功能齐全的招商引资平台，营造良好的基础环境，加强基础、政务、土地、政策、市场、法制、安全等软环境建设；二是要以科技为支撑，以高新技术嫁接、改造传统产业为手段，着力促进产业园区内各类产业、企业进行废弃物交换利用、能量梯级利用、土地集约利用、水资源逐级利用和循环利用，共同使用基础设施和其他公共设施；三是在引进入驻产业园区项目上，必须进行环境影响评价，考察项目的关联度，把好入口关。不仅要控制污染，保护产业园区生态环境，还要看项目的科技含量，看项目在产业园区产业发展中的"链接性"，特别要注重引入具有"补链"和"延伸链条"作用的项目，实现产业园区层面上的"链式发展"，

使产业园区内企业之间形成一批相互对接、相互支撑、互为依托、相互促进、互为供求、综合利用的高新技术产业链群。只有按照高起点、高科技、高产业链、高附加值、高度环保的标准建立起来的产业集聚发展、"三废"循环利用的新型产业园区，才能以最低的资源消耗和环境成本，获得最大的经济效益和社会效益，实现经济、社会、环境效益的和谐统一。

（四）加大宣传教育力度，营造循环经济发展良好氛围

推进循环经济发展，建设社会层面上的大循环，需要全社会的共同参与。一是采取多种形式，广泛开展循环经济、节约资源和环境保护的宣传教育活动。提高全社会对循环经济的认知程度，激发社会公众积极参加循环经济建设的实践中来。要使更多的公众树立可持续的绿色消费观和节约资源、增强保护环境的责任意识，自觉参与循环经济建设，逐步使节能、节水、节材、节粮、垃圾分类、减少一次性产品使用等与发展循环经济密切相关的活动，变为公众的自觉行动；二是对政府领导干部、公务员、企业家、技术人员和员工开展多层次的培训工作，并发挥他们在推进循环经济发展中的主体作用；三是在中小学校深入开展"绿色学校"创建活动，开展国情及市情教育，编发节约资源和保护环境的教育手册，将可持续发展观教育普及到每个孩子身上。循环经济是可持续发展战略的深化和具体化，是解决北京经济高速增长与生态环境日益恶化矛盾的根本出路。立足于北京经济和社会的可持续发展、人民生活质量的提高和生态环境安全的目标，推行循环经济发展模式，是解决当前和今后面临的一系列重大资源、环境和经济问题，把北京建成产业优化、资源节约、环境舒适、持续发展、社会和谐的世界城市的有效途径。

第四节　北京城市病问题

一、城市病的特点

（一）复杂性

城市病往往是人口、环境、交通、居住、资源各种要素不能合理配置的一种综合性表现，原因复杂。

（二）阶段性

城市病不是一开始就有的，也不是永远持续的，在某个时期随着要素之间的失调而产生，随着治理也许会消失。

（三）并发性

特别是一些发展中国家，比如在我国，城市病与农村病并存。农村病是由于我国长期存在着对于农村不合理的制度所带来的农村发展滞后现象。我国长期存在城乡二元结构、剪刀差，广大农民被户籍制度束缚在土地上，不能得到应有的发展。随着市场经济的发展，农民有了机会就会离开农村。一方面城市人口人满为患，交通拥堵，房价高涨；另一方面优质的农村劳动力都离开农村，留守老人、失学儿童、土地荒芜、基础设施失修等农村病显现出来。

（四）可治理性

国际上很多世界城市都经历过城市病，纽约、伦敦、洛杉矶、东京等国际大都市莫不如此，尤其在工业革命时期。经过治理，这些城市逐步解决了这些问题。今天北京面临的城市病不同于墨西哥城和巴西利亚，这些城市平民窟很多，犯罪率极高，社会治安非常严重，但北京也面临着令人揪心的很多问题——人口过多、交通拥堵、房价高涨，还面临着十分严重的环境问题——蓝天难见、河水断流、地下水超载、地面下沉等。因此，必须下决心治理，不把难题都留给后人。

二、北京城市病的成因分析

北京城市病产生的原因很多，主要有三个方面：

（一）经济发展及其所引致的人口过快增长是造成北京城市病的核心原因

北京人口增长过快主要是由于北京城市功能过于集中，背后核心是经济功能变得越来越强大。从全球来看，首都城市分为两大类：一类是单一功能的首都，像美国的华盛顿、澳大利亚的堪培拉、加拿大的渥太华等，这些首都功能单一，以行政功能为主，往往通过"首都财政"来解决城市的运行问题，本身并没有发展经济的压力;另一类是复合功能的首都,像东京、伦敦和巴黎等,这些首都是在一个有悠久历史的城市基础上附加了首都功能,必然是行政、经济、文化、科教等各种功能集中的综合性城市。北京是复合功能首都,承担着政治、文化、国际交往、科技、教育、经济等多重功能,尤其是经济功能过于强大。近年来,北京常住人口增长很快,但是在人口增量中户籍人口增长只占到23.9%,外来人口增长占到76.1%。这就表明依靠原来的户籍制度和行政手段已经难以解决北京的人口增长问题。

北京市人口增长的原因很复杂:

1. 首都独特资源优势和行政权力中心的吸引

中国由计划经济向市场经济转型尚未完成,市场经济还不完善,行政力量在资源配置当中的作用还比较大,因此很多经济主体在北京集聚。

2. 北京教育、文化、科技资源很丰富

这给人们创造了更多展示才能的机会,很多人怀抱梦想到这里圆梦。

3. 北京的经济社会发展水平比较高

对生活性服务业的需求旺盛。北京有30万家政人员,但是保姆和月嫂依然紧缺难找。

4. 北京与周边的发展水平落差大

这种落差越大,周边区域人口往北京集聚的动力越足。

5. 住房改革滞后

从1998年底取消福利分房,整个房地产进入商品化阶段。在过去北京商品房不限购的情况下,"有钱就到北京",一大批人到北京置业安家享受北京高品质的生活环境。这些背后依然是经济问题。可以看到,北京近十年新增的外来人口80%都实现了就业,如果北京没有提供这么多就业岗位,这些人在北京难以持久的生存下去。

北京提出了首都经济,要发展服务经济、总部经济、知识经济、绿色经济,这个战略很正确,但是在现有的体制下,区县和乡镇在经济发展过程中面对规模和质量、速度与效益、经济效益与社会效益、生态效益这些矛盾时,往往选择前者,所以北京经济发展方式还是比较粗放的,转变发展方式的任务依然艰巨。特别是发展了很多与首都功能不相适应的产业,比如近十年外来人口集中在批发零售、制造、住宿餐饮、建筑这四个传统产业,占到外来就业人口的2/3,尤其是批发零售增加值年均增长17.7%,不但超过了GDP的增速,也超过了第三产业的增速。2012 年北京市批发零售创业人员达到 124.6 万，占全市总就业人口的 11.6%。

（二）城市规划不科学、不合理，"单中心"格局未能突破

城市规划在引导城市由单中心格局向多中心格局演变中的作用没有充分发挥出来，不是发展跟着规划走，而是规划跟着发展跑，单中心格局没有突破。北京平原面积是东京的三倍，GDP 却只有东京的 1/10。北京的空间结构不合理，综合承载力太小，主要集中在中心城区，郊区县得不到足够的发展。中心城区功能过多，城市六区平原面积占 21.3%，经济产出占 70%、消费占 77%、服务业占 80%。同时由于对特大城市发展规律认识不够，规划建设的边缘集团、卫星城距离中心城区太近，以至于成了"卧城"。2004 年提出了"两轴—两带—多中心"（"两轴"，即城市传统中轴线和长安街沿线十字轴，这是北京城市的精髓，主要是强化政治、文化与首都经济发展的职能，在其外围构建"东部发展带"和"西部生态带"。"东部发展带"，北起怀柔、密云，重点发展顺义、通州、亦庄，东南指向廊坊、天津，与区域发展的大方向相一致，应主要承接新时期的人口产业需求。"西部生态带"与北京的西部山区相联系，既是北京的生态屏障，又联系了延庆、昌平、沙河、门城、良乡、黄村等，应实现以生态保护为前提的调整改造，各级城镇主要发展高新技术、高教园区等环保型产业，为北京建成最适宜人居住的城市奠定基础。"多中心"是指在市区范围内建设不同的功能区，分别承担不同的城市功能，以提高城市的服务效率和分散交通压力，如 CBD、奥运公园、中关村等多个综合服务区的设定。）的发展思路，但是没有抓住如何从"单中心"走向"多中心"的关键问题，中心数量过多，十一个新城都要发展，还设立了八个功能区，这样将近二十个要重点发展的区域，多中心等于没中心，结果十年下来依然是单中心。东京发展是分阶段实施副中心战略。经过多年呼吁，北京市委市政府才提出建设通州副中心发展战略。同时，北京轨道交通体系建设滞后。对于特大型城市，交通载体主要是什么，理论界争论不一，"步行系统论""自行车系统论""公共汽车交通优先论"等观点仍存在。"步行系统"、自行车都不可能成为交通主要载体，北京的空间尺度太大，短距离可以，长距离依然不行。"公共汽车交通优先论"没有抓住关键，无法满足在短时间内大规模人员的高效移动。通过研究国际大都市公共交通建设经验，巨型城市必须要发展大容量、网络化、快速化的轨道交通体系，除此之外没有第二

选择。东京与北京的区别主要有两条：一是东京分阶段实施副中心战略，把城市形成一个网络化、多中心的空间格局；二是形成一个密集的网络化地铁系统，整个城市2300多公里轨道交通。北京这两个方面发展都滞后，城市病治理起来难度就大了。换言之，如果北京是多中心格局，地铁很密集，城市病也不会这么严重。

（三）体制机制受阻是造成北京城市病的根本原因

一方面，我们国家采取中央-地方分税制，以行政单位为组织经济发展的单元，在这种情况下全国各省市都要关注本地的经济发展。北京没有独立的首都财政，要解决这么大规模人口的城市运行和发展问题，就要发展经济，发展产业。而发展经济不可避免地带来人口集聚，人口集聚必然会带来城市基础设施需求增加、公共服务需求增加、能源消耗加大，同时带来生态环境的压力。为了维持城市运行建设和环境治理，又需要更多的财力，需要发展更大规模的产业，这又会带来新的、更多的人口集聚，产生恶性循环。这样的体制不仅使北京市承受着这样的压力，而且已经延伸到区县和乡镇。区县、乡镇同样都在拼命地发展经济。财税体制倒逼条件下，这种发展经济的思路使我们陷入更大困境；另一方面，北京要改变这种状态极其艰难，就要调控北京的各种资源。但是北京的资源分为两大类，第一类是中央资源，包括国务院单位、中央军委单位以及国家级的大医院、大学、科研机构，北京作为一个地方政府来调控这些资源是很难的，缺乏调控的通道和机制。另一类单位就是地方单位，虽然可以调控，但是在现有财税体制下，这种调控也很困难。区县发展经济的压力很大，动力也很足，这些发展从每个区县角度看都是合理的，但是站在全市角度看，这种发展结果就是使北京越发展越陷入城市病。

三、北京市城市病的治理思路

（一）明晰城市战略定位

解决北京功能过度集中的问题，核心是要明晰首都城市战略定位，要坚决克服"舍不得"的思想，对不符合首都城市战略定位要求的功能要下决心"减"，通过非核心功能的疏解，有效控制人口规模，缓解资源和环境压力。

(二)调控产业,提质发展

现在直接调控人口缺乏法律依据,也不符合公平公正自由的社会道义,通过调控产业,特别是把一些不适合首都功能定位的产业转移出去,进而调控人口。

(三)优化城市空间,重心外移

要"疏堵结合",建议将中心城区设置为"限建区",暂时搁置开发。不是不发展,北京中心城区与东京相比开发程度并不是太高,但是,目前看已经不具备再开发的条件,未来在轨道交通进一步完善,城市综合承载力提高后,再进行开发。目前,要集中建设城市"副中心",使重心外移,打破单中心格局。

(四)加快轨道交通体系建设

一方面,中心城区加密,按照每500~1000米能看到地铁口的密度把地铁路网加密;另一方面,要加快城际铁路建设。国际大都市经验表明,15公里(距离)以内核心区以地铁为主,15公里到30公里(距离)以快速铁路为主,大站停,30公里到70公里(距离)以市郊铁路为主,一站式到达。伦敦、纽约、东京、巴黎等城市市郊铁路都非常发达,分别达到3650公里、3000公里、2031公里和1867公里,而北京的市郊铁路只有107公里,所以要加快市郊铁路建设,把短板补起来。

(五)跳出北京,推进京津冀区域协同发展

北京与周边有很大的发展落差,原因多个方面:一是自然因素。京津冀地区有22个国家级贫困县,230多万贫困人口,这些贫困县和贫困人口基本都分布在西北部山区。这些区域自然条件恶劣,承担着京津冀区域生态屏障、水源涵养等功能。在这种情况下无论如何努力都不能与长三角、珠三角肥沃土地的产出效率相比。二是市场化程度较低。长三角和珠三角一直是全国经济最发达地区,民营经济很活跃,但是京津冀地区民营经济落后,即使北京有技术,很多技术成果是"导弹式转化",越过河北到长三角和珠三角地区转化。三是北京自身发展阶段。北京自身面积很大,中心城区的功能和产业还没有扩散到郊区,郊区县依然比较落后,跨越郊区直接转移到周边的河北地区难度就会更大。四是在我国现行财税体制下,各地区合作都面临同样的问题和制度的瓶

颈。长三角地区也是如此，据调查，上海通过"飞地经济""共建园区"等模式将上海的产业转移到江苏，上海出项目，江苏出地，也面临着制度瓶颈，GDP 核算和税收分成问题操作起来难度很大。分析比较如表 7 – 3 所示：

表 7 – 3　　　　　　　北京城市病特点、成因分析及治理思路比较

问题	比较分析
城市病特点	复杂性、阶段性、并发性、可治理性
成因分析	经济发展及其所引致的人口过快增长，城市规划不科学，体制机制受阻
治理思路	明晰城市战略定位，调控产业、提质发展，优化城市空间、重心外移，加快轨道交通体系建设，跳出北京、推进京津冀区域协同发展

本章小结

大北京作为一个复合城市生态系统，生态文明的核心是人与自然的和谐发展，其生态文明建设涉及自然、经济、社会、文化等各个方面。把北京生态文明建设融入"五位一体"，强调了中国特色社会主义建设是一个系统，经济建设、政治建设、文化建设、社会建设和生态文明建设构成了这一系统的子系统。"五位一体"是相互联系、相互促进、相互影响的有机整体。针对北京市生态文明建设的系统性和整体性，建立适合北京市的评价指标体系，对指标属性值进行无量纲化处理，并按权重进行加和，以求得生态文明建设水平指标值，从而衡量北京市生态文明建设的水平，寻求北京市生态文明建设的途径。

低碳绿色交通运输发展包含交通运输的绿色发展和低碳发展内涵，交通运输属于一种经济形态，它们对应的经济学理论基础分别是环境经济学、生态经济学和能源经济学。城市交通是碳排放的主要来源之一。通过计量城市活动碳足迹，计算基于碳排放的绿色交通指数，即人均单位里程碳排放量与碳排放比较基准的比值，探讨推进北京市低碳绿色交通发展。

随着大北京的逐渐扩容，空气污染、人口膨胀、交通拥堵、资源紧缺，城市

病问题突出，分析北京城市病的成因，探讨城市病的治理思路，以先进的科学技术为手段，改造传统产业体系，构建以企业绿色制造为基础、以生态工业园区为主体、以资源再生产业为补充的循环经济产业体系，实现产业技术和产业结构升级，从而为成为世界城市奠定良好的产业基础和经济基础。发展循环经济，需要政府、企业、社会的共同努力。

|第八章|

京津冀区域协同创新发展

第一节　京津冀区域协同发展

一、京津冀协同发展战略

（一）京津冀协同发展战略的意义

京津冀协同发展是解决北京大城市病的需要。中央把京津冀协同发展定位为国家重大发展战略的重要原因之一就是要解决北京大城市病，要通过在京津冀大区域内引导首都城市功能的合理配置，并发挥首都的辐射带动作用，促进京津冀区域转型发展，解决区域发展面临的环境困境。京津冀协同发展是北京、天津、河北的协同发展，是打造中国经济第三增长极的需要，如图 8-1 所示。改革开放以来，长三角、珠三角已经成为中国经济增长的两极。但是，作为中国环渤海区域乃至整个北方区域经济增长引擎的京津冀发展却相对落后。推动京津冀协同发展，就是要实现京津冀优势互补，把京津冀打造成为中国经济的第三增长极，参与全球竞争，形成一个具有更大影响力的世界级城市群。

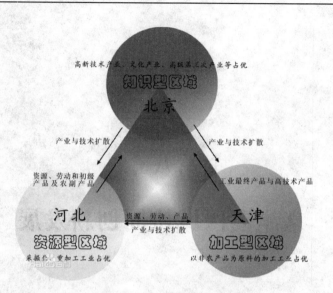

图 8 - 1　京津冀都市圈

　　京津冀协同发展也是国家创新战略的需要。从全球来看，创新地位越来越重要，美国提出创新战略，要放大硅谷的创新效应，日本提出打造以东京、大阪等核心城市为中心的"国际战略综合特区"。我国经济粗放发展道路已经不可持续，必须走创新驱动发展道路，否则难有国际竞争力。实施创新驱动发展战略，需要打造一个引领国家创新发展、参与国际创新竞争的核心区域。京津冀地区具有得天独厚的优势，这里集中了全国 1/3 左右的国家重点实验室和工程技术研究中心，拥有超过 2/3 的"两院"院士，聚集了以中关村国家自主创新示范区为代表的 14 家国家级高新区和经济技术开发区，是我国重要的科技创新源头。习近平总书记到中关村集体学习，希望中关村在中国创新发展中发挥重要引领示范作用。因此，京津冀区域的协同发展，不同于长三角和珠三角区域，要把创新放在重要位置，要打造以创新为导向的世界级城市群。

　　（二）京津冀协同发展战略提出的背景

　　改革开放以来，在市场经济体制导向的指导下，随着中央经济权力的不断下放，我国地方区域经济主体意识和发展动力不断加强，区域之间也开始了经济领域多层次的新的分工协作进程。京津冀地区是我国沿海三大核心综合经济区之一，是比较早地开展高层次的综合区域经济合作的试点地区之一，从上世纪70年代末以来，该综合经济区的合作共经历了以下三次较大的发展阶段。

第一次是上世纪80年代中期，国家开始实施国土整治战略，将京津冀地区作为"四大"试点地区之一（其他是沪苏浙、珠江三角洲和"三西"煤炭能源基地），要求环渤海和京津冀地区开展全面的国土整治工作，以实现区域分工协作、发挥资源比较优势、治理生态环境、开展跨区域基础设施建设、优化产业和人口布局，实现区域协调发展。这次区域合作在跨区域交通基础设施建设、水资源节约利用、土壤污染等方面取得了一定成效，为以后的区域合作打下了一定基础。

第二次是本世纪初，为配合北京市新的功能定位和天津滨海新区大规模建设，由国家发改委牵头在河北廊坊举行了的京津冀三方和政府、企业和学者等各界人士参与的京津冀区域合作论坛，并达成了著名"廊坊共识"，提出了在公共基础设施、资源和生态环境保护、产业和公共服务等方面加速一体化进程的愿望；此后，国家发改委有关部门一直在据此起草有关合作规划和文件。但由于种种原因（特别是世界金融危机的爆发），该规划几经调整和修改，至今还是没有出台。应该说，京津冀综合经济区以上两次合作虽然都夭折了，但实际上还是取得了一些成效的，虽然这些成效实际意义不大，同长三角、珠三角区域合作相比，有较大的差距。其中的原因很多，归纳起来主要两条：一是当时该地区市场化程度相对较弱，区域合作动力不强；二是那时该地区发展水平和阶段还比较低，还没发展到从集聚走向扩散的阶段，区域内部差距也较大，难以形成合作的意愿。

2014年2月26日，习总书记在北京主持召开座谈会，专题听取京津冀协同发展工作汇报，强调实现京津冀协同发展，是面向未来打造新的首都经济圈、推进区域发展体制机制创新的需要，是探索完善城市群布局和形态、为优化开发区域发展提供示范和样板的需要，是探索生态文明建设有效路径、促进人口经济资源环境相协调的需要，是实现京津冀优势互补、促进环渤海经济区发展、带动北方腹地发展的需要，是一个重大国家战略。要坚持优势互补、互利共赢、扎实推进，加快走出一条科学持续的协同发展路子来，开启了京津冀第三次区域合作的新进程。这次因"雾霾"起，习总书记倡导，范围扩大、深度加强、力度前所未有，必将打破前两次区域合作不顺的体制和机制障碍和各种不利因素的影响，通过大胆改革创新，在全国率先走出一条综合经济区合作的新路来。

（三）京津冀协同发展战略的顶层设计

1.明确协同发展的总体目标

通过实施区域协同发展战略，在不久的将来把京津冀地区打造成为实力雄厚的我国区域经济的第三极，我国第一个综合性区域经济协同发展的成功示范区，以及生态环境可持续发展先行改善区。

2.突出区域协同发展的三个重点

首先，是加强生态环境保护合作和跨区域基础设施合作。实施区域联防治理"雾霾"，采取应急的末端治理、中期的落后产能淘汰和长期的能源消费清洁化和产业结构循环化等组合措施，应对突如其来的大面积严重的"雾霾"大气污染，强化城镇体系之间交通基础设施建设，构建越来越便捷的区域合作"硬件"基础。其次，是产业分工布局和城镇体系优化合作。采取有力的加减法措施，毫不动摇地疏散和转移北京非首都城市功能，大力强化天津在华北地区的经济中心地位和环渤海地区的门户地位，充分利用河北广阔的土地资源空间和环境容量资源，努力通过京津辐射带动解决环京津贫困带问题。第三，是要素自由流动和社会政策一体化合作等。探索京津之间同城化道路和与河北一体化道路。

3.把"京津石"三角区确定为京津冀协同发展的核心区

"京津石"是京津冀的三个经济实力最强的城市，只有这三个实力城市最强的城市合作了、一体化了，才能有整个区域的合作化和一体化。京津冀协同发展的核心区应该是"京津石"三角区，相应地北部和南部的次中心分别是唐山和邯郸，这样整个区域未来经济发展空间格局才能拉得开。建议在首都经济圈规划和环渤海区域规划的基础上，组织三省市和国家有关部门制定新一轮京津冀区域协同发展规划，处理好首都经济圈（该规划应该是主要针对京津周边贫困带的扶贫规划，该规划不能代替京津冀协同发展规划，建议将该规划改名为首都周边贫困带发展规划）、"京津石"城镇群、京津冀区域协同发展、环渤海合作区以及北方腹地等区域合作与发展层次之间的关系。

二、京津冀区域差异分析及协调发展

(一)京津冀区域差异形成原因分析

京津冀区域经济发展差异比较大。北京、天津是京津冀区域经济发展的龙头,是京津冀经济区的经济增长的极点。从理论上来讲,北京、天津的发展应对京津冀区域的发展起到非常好的辐射和带动作用。但是,京津冀在经济发展上却出现了明显的差异,造成这种差异有以下几种原因。

1. 合作机制的政府制约

制约京津冀区域经济协调发展的最根本因素是现有的行政机制下的地方经济利益分配问题。京津冀区域国有经济比重较高,政府对资源控制能力较强,对企业干预较大。各个地区的发展缺乏市场观念,缺乏区域合作概念,都是就市论市、就地区论地区,肥水不流外人田。市场分割和地方保护阻碍了经济资源的自由流动和跨地区经济合作,行政力量干扰制约了区内企业之间的市场运作,使得京津冀区域的合作机制尚未形成。

2. 核心城市定位不明确

核心城市的带动作用不明显,"核心城市—外围辐射区域"模式没有形成。从区域经济发展角度看,较为理想的区域发展格局是:以一个大城市为核心,若干专业化中小城市形成外围和辐射区域,区域资源按照产业链合理配置,形成合理的分工协作关系。京津冀区域两大都市北京和天津比肩而立,都具有直辖市的政治地位,二者相距只有100多公里,呈现特有的"双子星座"格局。但两大城市和产业定位不明确,经济竞争激烈。

3. 产业分工不合理

产业同构和低水平竞争现象严重,缺乏明显的产业分工。京津冀区域的产业链还没有建立起来,区域内没有形成合理的分工,存在产业结构雷同、低水平无序竞争的现象,而且产业的传递梯度落差大,导致产业链中间断层。北京、天津两大城市的各种产业发展快,产业定位高,但周边地区很低。而目前跨国公司竞争已经从单纯的技术竞争转为产业链竞争,没有产业链支持的地区,对跨国公司地区总部的选择和制造企业的选择都产生不利影响。

4.金融支持体系不完善

北京的金融业在我国具有举足轻重的地位和作用。天津是环渤海地区金融监管和服务中心，金融业已形成一定竞争力。河北的金融业发展相对落后，在经济圈内处于较低层次，与自身的工农业基础不相匹配。京、津、冀三地的金融业与各自区域经济的发展水平相关联，相互之间具有较大差距，这导致了三地进行金融业整合的产业基础薄弱。同时京津冀都市圈的一体化程度较低，产业跨地区布局、整合发展的局面尚未充分形成，因此对金融业一体化发展的需求不足，推力不够，京津冀金融业的良性互动发展有待进一步引导。

5.交通设施的不健全

交通设施网络化程度不高。目前，长三角已经在构筑"三小时"都市圈，届时上海与江苏和浙江的高速公路通道将分别由目前的2条增加到7条和4条。珠三角则要构架以香港、广州、深圳为节点，连接周边多个城市的城市基建交通网络体系。而京津冀区域高速公路密度还相对较低，港口、机场的整合刚刚起步，交通设施网络化程度和加快经济整合矛盾突出。

（二）京津冀区域协调发展现状评价

选择和建立区域协调发展指标体系是进行评价的基础，科学合理的指标体系是系统评价准确可靠的基础和保证，也是正确引导系统发展方向的重要手段。要建立一个科学、合理和可行的区域协悯发展指标体系，首先需要有一个清晰、明确的构建原则，并在这些原则的指导下构建区域协调发展指标体系的框架及其具体指标内容；然后根据研究目的选取合适的指标体系构建方法；最后建立区域协调发展评价指标体系。

1.评价指标体系建立的原则

（1）系统整体性原则。区域系统是一个复杂系统，组成因素繁多，结构层次复杂，各子系统相互联系紧密。由此所构建的评价指标体系应该能比较好地反映区域协调发展，既要让与区域协调发展有关的内容都能在指标体系中得到比较好的体现，并使评价目标和评价指标有机联系起来，形成一个层次分明、相互依存、相互支撑的整体。同时评价体系不是简单的堆积，为了清晰而便于评价，可以将评价指标分为目标层、准则层与指标层等若干层次。只有这样，才能使构建的指标体系比较全面、准确地反映区域协调发展的真实现状和水平。

（2）可操作性原则。在遵循系统性原则的基础上，评价指标体系的设立应该坚持可操作性的原则，主要包括三个方面的内容：一是数据资料的可获得性。数据资料尽可能通过查阅全国和城市统计年鉴及各种专业年鉴获得，或者是在现有资料上通过简单加工整理获得，或者对研究对象进行问卷调查获得。二是数据资料可量化。定量指标数据要保证真实、可靠和有效，而定性指标和经验指标应尽量少用，或尽量选取那些能通过专家间接赋值予以转化成定量数据的定性指标。三是评价指标不能过多，应尽可能简化。

2. 评价指标体系的构建方法

建立科学、合理的区域协调发展指标体系，是对区域是否协调发展进行科学评价的基础和关键环节。指标体系对区域协调发展问题的涵盖是否全面、层次结构是否清晰合理，直接关系到评价质量的好坏。在有关区域协调发展的研究中，研究者所使用的评价指标不尽相同，究其原因既可能是对区域协调的表征认识有所差异，也可能是受到统计资料的限制。区域协调发展评价涉及面广、内容多，评价指标选取考虑的因素也较多，因此采用合适的指标选取方法很重要。现有的指标选取方法一般有三种：目标层次分类法、因果法、复合法。本书拟结合研究的目的和任务，在采用目标层次分类法的基础上，综合应用因果法、复合法，建立区域协调发展评价指标体系。

3. 评价指标体系的建立

这里根据区域协调发展系统的内涵与特征，在上述评价指标体系构建原则和构建方法的指导下，结合现有的区域协调发展指标体系及其它相关指标体系，选择那些频度较高、能表征区域协调发展重要特征的指标，建立京津冀区域协调发展评价指标体系，如表8－1所示。该指标体系由目标层、准则层、子准则层、指标层四个层次，共33个指标构成。目标层是区域协调发展水平，准则层由经济子系统、社会子系统、生态子系统构成。经济子系统主要从经济水平、经济结构、经济效益和经济外向度四个方面的情况来体现；社会子系统从人口发展、科教水平和基础设施方面来考察；生态子系统从资源利用和环境保护两方面来衡量。基于可操作性原则，指标层选取了一些能够体现准则层特征的关键指标。

表 8-1　　　　　　　　京津冀区域协调发展评价指标体系

目标层	准则层	子准则层	指标层	变量指标	单位
区域协调发展水平	经济子系统	经济水平指标	人均地区生产总值	V_1	元
			GDP 增长率	V_2	%
			人均固定资产投资	V_3	元
			人均社会消费品零售总额	V_4	万元
			人均年末储蓄存款余额	V_5	万元
			城镇居民年人均可支配收入	V_6	元
			农村居民人均可支配收入	V_7	元
			人均地方财政收入	V_8	元
		经济结构指标	农业占 GDP 的比重	V_9	%
			第二产业占 GDP 的比重	V_{10}	%
			第三产业占 GDP 的比重	V_{11}	%
		经济效益指标	工业增加值率	V_{12}	%
			全员劳动生产率	V_{13}	元/人·年
		经济外向度指标	进出口总额	V_{14}	亿美元
			实际利用外资额	V_{15}	亿美元
	社会子系统	人口发展指标	人口自然增长率	V_{16}	%
			农村居民恩格尔系数	V_{17}	无
			城镇居民恩格尔系数	V_{18}	无
			每万人拥有医院床位数	V_{19}	张
			城镇人口医疗保险参保率	V_{20}	%
			城镇人口养老保险参保率	V_{21}	%
		科教水平指标	科教文卫支出占财政支出的比重	V_{22}	%
			每万人高等教育在校生数	V_{23}	人
			每万人专业技术人员数	V_{24}	人
		基础设施指标	每万人拥有公共交通车辆	V_{25}	标台
			人均拥有道路面积	V_{26}	m^2
	生态子系统	资源利用指标	人均水资源量	V_{27}	m^3/人
			单位 GDP 能耗	V_{28}	t 标准煤/万元
			单位 GDP 电耗	V_{29}	kw·h/万元
			单位工业增加值能耗	V_{30}	t 标准煤/万元
		环境保护指标	环保与治理投资占 GDP 的比例	V_{31}	%
			单位 GDP 的"三废"排放量	V_{32}	万 t/亿元
			"三废"综合治理达标率	V_{33}	%

　　构建了评价指标体系之后，需要选择一种适宜的评价方法。由于区域协调发展是一个系统概念，需要采用综合评价的方法。主成分分析法既是一种权重确定方法，也是一种成熟的综合评价方法。这里采用多元统计分析中的主成分分析法对区域协调发展的现状进行综合分析与评价。

　　主成分分析法是将多指标化为少数几个综合指标的一种统计方法。它从原始变量中导出少数几个主分量，使它们尽可能多地保留原始变量的信息，且彼此互不相关。它常被用来寻找判断某种事物或现象的综合指标，并且给综合指标所包含的信息以适当的解释，从而更加深刻地揭示事物的内在规律。数据的主成分分析，根据主成分分析法对京津冀区域协调发展现状进行综合评价。输入标准化数据，运用 SPSS 软件进行分析，得出了主成分分析的各个特征值、方差贡献率和累计方差贡献率。累计方差贡献率达到了100%，显然这两个主成分能够解释评价指标的所有变量。参与分析评价指标的初始共同度和两个主成分后的再生共同分析表明，评价指标与被提出的主成分之间有着紧密的内部结构联系，能够满足分析的要求，因此可以选定两个主成分。

第二节　京津冀区域合作共赢发展

一、京津冀区域经济合作

（一）京津冀区域经济合作的客观必然性

1. 地域相连和交通网络发达是京津冀产业协同发展的客观条件

　　京津冀三地共同位于华北平原的冲积平原上，东部濒临渤海，共处同一个自然地理单元，地域结构相对完整。河北贯穿京津，北京、天津两市的周边为河北省，地域紧密相连，三地之间有多条干线铁路和地方铁路贯穿其间，公路联系更是发达便捷。目前，京津冀地区已基本形成了以北京为主中心、天津为副中心的陆海空综合运输网络，并呈现出以首都为中心的放射式的组织形态。京津冀在地理位置上邻近，交通便利，基础设施完善为三地产业转移和产业对接提供了可能。

2. 资源禀赋的互补特性是京津冀区域经济产业协同发展的资源基础

　　由于自然和历史发展等方面的原因，京津冀三地的资源，分异特征比较明显。河北省的自然资源居三地之首,河北省矿产资源丰富;北京市的政治、文化、教育、科技、人才、旅游等资源名列三地前茅;天津市的科技成果转化以及工业制造能力资源处于三地的龙头地位,京津冀三地的资源禀赋的互补性十分明显,三地合作可使资源得以优化配置,发挥出更大的资源效应。

3.产业的互补特性是京津冀区域经济合作的内在需求

从产业分工角度看,京津两市作为首都和直辖市,金融、保险、高科技、服务等产业都有绝对的优势,河北第一产业有天然优势,而在金融、保险、社会服务、科技等方面不具有比较优势。从区域比较优势、竞争优势和区域产业分工的关系来看,北京属于知识型地区,高新技术产业和文化产业都具有优势;天津属于加工型地区,以非农产品为原料的轻、重加工工业具有优势;河北属于资源型地区,采掘业、重加工工业占优势。从城市定位上看,北京是全国政治、文化、金融中心;天津是商贸金融、物流、制造业中心;河北定位于港口、京津装备制造业及现代制造业配套产业与农副产品生产供应基地。可见,京津冀彼此之间的城市功能存在很大的互补性。

(二)京津冀区域产业协同发展的影响因素

京津冀都市圈是指以北京市、天津市为双核,囊括河北省的石家庄、唐山、保定、秦皇岛、廊坊、沧州、承德、张家口市。京津冀三地比较优势明显,具有较好的合作基础,合作潜力巨大目前,京津冀都市圈的产业合作已经开始,但合作力度不大,影响京津冀区域经济合作中产业协同发展的主要因素是:

1.产业同构,产业互补性不强

多年来,北京、天津以及河北省均各自为战,城市发展目标相似,在产业政策上追求大而全,均强调"一个都不能少",存在划地为牢和"地方保护主义",相互之间争资源、争项目、争投资等过度竞争和封闭竞争严重,导致重复建设、产业结构趋同,北京的首都优势、天津的港口优势以及河北周边各市的资源优势与区位优势没能协同发挥,未能形成区域整体的竞争能力。

2.产业链断裂,产业联动动力不足

产业链是带动区域经济发展的重要纽带。然而,产业结构的趋同使得京津冀都市圈内各城市之间无法形成合理充分的产业链条,仅有的几个产品的价值链也十分单薄。京津作为北方的两个特大城市,其对地域经济的辐射和带动作用不强,三地产业联系不够紧密,缺乏区域内强大的产业链,没有形成紧密的分工协作关系。

3. 各地协作不紧，未能形成利益共同体

京津冀都市圈形不成产业链，既有客观因素，也有主观原因，京津两大城市从本地经济出发，虽然也有产业链，但这种产业链配套是要把自己本地区原有企业消化了，甚至不惜组建新的企业以满足自己的需求。例如，天津市的汽车产业，零部件很大一部分是自己的零部件厂指令生产的，市场竞争并不充分；而原唐山市的齿轮厂专门给天津夏利配套生产微型汽车齿轮变速器，引进了大量设备，已经生产了很长时间，技术比较成熟。但天津自己建厂并生产，导致唐山生产的齿轮只好给别人配套，本来是合作，却变成了竞争对手。

（三）京津冀区域产业协同发展路径

1. 充分发挥政府在区域产业发展中的协调作用

政府的首要作用在于协调区际利益，消除行政分割与障碍，建立市场竞争的环境和条件，通过制度规范保证市场竞争的公平、公正，从而减少市场运行的交易成本，充分保证市场机制在区域资源配置中的基础性作用。一是要逐步形成区域利益协调机制；二是要协调区域内财政政策、货币政策、产业政策等，创造公平的竞争环境，形成区域统一市场体系；三是加强市场不愿涉足的公共领域的跨区域协作，主要包括指交通、生态环境、水资源等市场不愿意提供也无力推动的公益性项目，京津冀三地在这方面的产业协作空间十分宽广，大有可为。

2. 制定并落实京津冀地区产业协调发展规划

经济发展各自为政、竞争无序、基础设施重复建设等问题是京津冀地区产业协调发展的主要障碍之一。因此，必须科学合理地进行区域发展规划，从而有效地协调区际利益，促进区域经济的协调发展。规划应本着开放的原则，利益共享，合作共赢，弱化"行政区划"概念，强化"京津冀都市圈"乃至"环渤海经济圈"的概念，明确区域产业发展目标、各城市的分工和定位；整合区域产业布局。

3. 合理引导产业梯度转移

地区间的产业转移，有利于使先进地区加快产业升级。集中人力、财力、物力发展高附加值、高技术含量的产业；而后进地区则可以较低的成本引进相对先进的产业与技术，以后发优势尽快提高产业层次和水平，从而实现产业转移方和被转移方的双赢。从京津冀三方来看，京津冀存在着明显的产业梯度，并且具有进行产业梯度转移的可能性。京津在第一产业上与河北相比处于劣势，第二产业对于

京津经济发展的支撑作用正在相对弱化，第三产业的比重及其对 GDP 的贡献率却稳定上升，这与经济发展规律及京津城市经济的地位相符合。而河北在第一产业方面具有明显的优势，但第二产业和第三产业在产业技术层次上都与京津存在明显的差距。因此，京津冀之间在产业结构上不但存在梯度差距，也存在梯度转移的广阔空间。

4. 构建基于各地的比较优势的京津冀产业链

京津冀各地区应根据自身的比较优势，自觉、能动地形成合理的产业链，以加快促进区域产业协调发展，北京应充分发挥其人才、技术、信息齐备的首都优势，发展具有更高层次的知识密集型产业、信息产业、"总部经济"；天津则应利用其天然的港口优势，充分发挥商埠和金融、物流的幅射能力，利用其雄厚的制造业基础，着力发展制造业、物流业、海洋经济等；河北从资源和基础条件出发，坚持发展自己的基础产业，并充分利用京津两地的部分产业大量转移的大好时机，接收京津的产业转移，从而提升自己的产业结构。目前，可构建的产业链条包括电子信息产业链、汽车产业链、装备制造产业链、冶金产业链、石油化工产业链等。

5. 营造京津冀统一的市场环境

要保证各种生产要素通过市场自由流向报酬率最高的地区，保证各产业转移主体能够自主地选择成本最低的区位，必须有发育完善的市场体系和统一的市场作基础。因而。京津冀必须按照建立社会主义市场经济体制的总体要求，进一步深化改革，完善市场体系，尤其要打破"地方保护主义"和垄断，在完善商品市场的同时，加快发育和完善各要素市场，加快区域市场互相接轨的步伐。

6. 培育技术创新体系

企业是承接产业转移的主体，对于吸纳产业转移的规模和层次具有决定性的作用。因此，首先要制定促进企业技术进步的产业技术政策，集中科技资源扶持高技术产业，并且鼓励运用高新技术和先进适用技术改造和提升传统产业；二是要建立并健全企业技术创新机制，使企业真正成为技术开发的主体，加大金融对企业科技研究、开发产品的支持力度，鼓励企业组建技术研发中心。引导企业与科研机构、大专院校大力开展"产学研"结合，实现优势互补；三是支持有条件的企业，利用网络技术，实现从产品设计、开发、制造到市场营销全过程的计算机化，使企业的生产方式、技术水平和管理水平上台阶，增强市场竞争和应变能力。

（四）京津冀区域产业协同发展策略

在新的发展定位下，京津高新技术产业带的产业体系面临着转型，应把握新的产业发展趋势，从带动区域产业结构升级、实现国家战略角度，确定未来主导产业的发展方向；创新技术发展新兴产业，引领区域产业结构升级；大项目带动发展国家战略性产业，实现国家战略布局；基于高新技术产业发展现代服务业，建立创新服务网络。

1.创新技术发展新兴产业，引领区域产业结构升级

世界经济增长的动力将主要源于高科技的发展，源于信息和知识在投资、贸易和生产等领域的高度运用，以信息技术和生物技术产业为核心的高新技术产业将成为新一代主导产业，构成21世纪新的世界经济增长点。京津高新技术产业带已经具备雄厚的产业基础，但创新能力尚需进一步强化，而且创新与科研成果转化互动不足，未来京津高新技术产业带的发展要能够代表世界产业发展方向，引领区域产业结构升级，大力发展信息技术、生物技术、新材料技术、先进制造与自动化技术、资源环境技术、能源技术等高新技术产业，形成一批与知识和信息密切相关的新兴产业。

2.大项目带动发展国家战略性新兴产业，实现国家战略布局

国家战略性产业是对国民经济发展和国家安全有战略意义的产业，在一个国家发展中极其重要，京津高新技术产业带联系了首都、北方第一大港口和新时期国家战略区——滨海新区，作为国家区域经济发展的重要战略部署、区域经济的核心，要进一步吸引航空航天、装备制造等国家战略性产业大项目落户，并充分发挥产业技术创新能力强、产业辐射带动能力强的优点，在区域内构建完备的产业链条，成为国家战略性产业的重要基地。

3.基于高新技术产业发展现代服务业，建立创新服务网络

随着高新技术产业的发展，其对现代服务业，特别是生产性服务业的需求会增加，推进基于高新技术产业的现代服务业发展符合京津高新技术产业带的定位。基于高新技术产业的现代服务业主要包括以下几类：一是由于技术进步从高新技术产业分离出的新服务业，如软件产业、网络游戏、移动通信增值服务等；二是依托科技进步的生产性服务业，如研发、技术交易、咨询、工业设计等；三是科技、经济和文化融合而成的创意产业。比较如表8-2所示：

表8-2 　　　　　　　　　京津冀区域产业协同发展的比较分析

问题	分析
京津冀区域产业协同发展影响因素	产业同构,产业互补性不强;产业链断裂,产业联动动力不足;各地协作不紧,未能形成利益共同体
京津冀区域产业协同发展路径	充分发挥政府在区域产业发展中的协调作用;制定并落实京津冀地区产业协调发展规划;合理引导产业梯度转移;构建基于各地的比较优势的京津冀产业链;营造京津冀统一的市场环境;培育技术创新体系
京津冀区域产业协同发展策略	创新技术发展新兴产业,引领区域产业结构升级;大项目带动发展国家战略性新兴产业,实现国家战略布局;基于高新技术产业发展现代服务业,建立创新服务网络

(五)价值链升级下的京津冀区域产业升级

开放经济条件下,对区域经济合作的研究越来越离不开对全球价值链升级问题的考察。产业价值链理论始于波特的价值链理论。波特认为,企业是一个涵盖了设计、生产、销售和辅助产品生产的过程集合,即形成一个价值链。就产业而言,产品的价值被分解到不同经济单元上,各个经济单元的经营性活动决定着整个产品的价值,环节紧密相扣,并形成产业价值链。因此,产业价值链是价值链概念在产业层面的延伸,也是企业价值链的整合与重塑过程。随着经济全球化向纵深发展,产业内分工日益深化,产业价值链各个环节在不同国家和地区实现了转移和合理化配置,由此形成全球价值链。全球价值链形成以后,发达国家占据了价值链的高端环节,发展中国家则处于低端。而全球价值链的形成,一方面促进了发展中国家的经济崛起;另一方面则为发展中国家的产业升级创造了现实条件。产业升级意味着产业结构的改善和整个产业素质的提高,微观视角的产业升级主要从生产要素组合的优化、技术和管理水平的提高来说明,这也是从宏观视角考察产业升级的基础。当前对产业升级的研究主要集中在四个方面,即产业结构升级、产业价值链升级、产业集群升级和企业组织升级等。其中,从价值链角度考察产业升级注重考察企业如何增强自身的获利能力,尤其注重考察企业从生产劳动密集型向资本或技术密集型产业的转移过程。一些研究表明,发展中国家的产业升级往往沿着从 OEM 到 ODM 再到 OBM 的路径实现,这是建立在全球贸易基础上的。而随着产业价值链的延伸,未来发展中国家的产业升级也将主要采取这种形式(李平,狄辉,2006)。因此,从价值链升级的视角考察产业升级问题,能够为区域经济合作提供重要的借鉴思路。

1.区域产业升级下的京津冀区域经济合作

当前,中国经济发展的一个重要背景是对区域经济协调发展的要求越来越高,而基于增长极理论,以核心城市为基础的城市群的发展日益主导了当前经济圈发展的新格局,并成为区域竞争的主要模式。同时,全球价值链升级背景下,区域产业升级已经突破了区域边界,并与地方制度和社会背景紧密结合,区域的特质由此对产业升级产生重要影响。因此,产业升级应该纳入区域经济合作的研究框架下。

京津冀是指以北京、天津为核心城市,并将河北唐山、保定等城市纳入辐射范围的城市圈。京津冀地区是我国北方较为发达的经济与产业密集区,在地理位置、经济基础和政策环境等方面都具有一定的发展优势。不过,近年来京津冀地区与长三角等地的经济差距拉大,这与其区域比较优势的发挥和产业升级动力不足有关。未来几年,京津冀地区的区域发展任务离不开区域整体的产业升级的带动。因此,认清京津冀地区的区域产业升级背景有着重要的现实意义。本书将京津冀地区的区域产业升级界定为本区域内实现产业向更好状态转变的过程,可以从四个角度理解,即产业结构优化升级、国际产业转移承接、主要企业的创新与升级能力、产业集群状况等。

2.京津冀区域经济合作与产业升级中存在的问题

作为传统的产业密集带,京津冀地区产业发展的比较优势较为明显,但与长三角和珠三角相比,京津冀区域的整体经济实力偏低,且区域内部的产业结构发展并不均衡。而在全球价值链升级背景下,伴随着传统比较优势的丧失,京津冀地区的价值链升级状况并不乐观,主要表现在以下几个方面:

(1)整体经济实力不强

京津冀地区与长三角和珠三角地区相比,区域的整体经济实力不强。虽然京津冀的经济总量比珠三角大,但却远远低于长三角,且从财政收入看,长三角的财政收入是京津冀的四倍。而从进出口贸易总额看,京津冀地区不仅低于珠三角地区,与长三角相差的更远。其次,京津冀地区的区域内部实力并不均衡,产业结构发展中的不平衡性比较严重。整体来看,京津冀地区内部发展的实力存在不均衡性,河北省的人均 GDP 远远落后于京津两市,但在地区生产总值方面,京津两市又没有形成绝对的实力以发挥龙头带动作用。从产业结构看,北京市的三次产业结构比重已经接近发达国家的水平,服务业在其经济发展中占到四分之三,农业比重已经不足 1%。天津与河北则是传统的以工业为主导的地区,并成为其经济增长的主要推动力量。从工业化阶段而言,天津与河北地区处于工业化中期阶段,仍旧面临着工业化发展的任务。

(2)北京的第三产业发展较好,天津与河北的第三产业则发展滞后

按照标准的产业结构理论,三次产业的演变规律应该形成三、二、一的结构。近年来,除北京地区的产业结构趋于优化外,天津与河北的第三产业发展滞后,且远未达到初级现代化下的 65% 的衡量标准。从第三产业的内部结构看,北京的第三产业以体现产业和城市竞争力的高端服务业为主,经过多次调整与升级,其内部结构已经趋于合理并走向高度化。天津与河北的第三产业则以批发零售、交通运输为主,虽然现代服务业不断进步,但由于资源禀赋的差异,其第三产业发展的空间还很大。

(3)京津冀地区的科技竞争力分布不均衡,产业的创新能力差别较大

京津冀地区产业价值链升级的创新动力不足。区域创新能力更多地依赖于科技竞争力,而京津冀地区的科技实力过度集中在北京地区,其产业创新的能力更强,产业升级的动力也更强。但在与制造业的衔接上,北京则缺少明显的动力支撑。因此,区域科技竞争力在分布上的不均衡性使得北京对其他落后地区的产业升级支持效应明显不足。

3.价值链升级下京津冀产业升级的制约因素分析

价值链升级主要有两种方式,既要充分结合地区经济发展的实际,又要结合地方经济所具有的要素禀赋而进行选择。京津冀地区在全球价值链升级背景下,虽然在一定程度上承接了产业转移,促进了自身的发展。但伴随着传统比较优势的丧失,京津冀区域的价值链升级状况并不乐观。同时,虽然京津地区政策与科技要素突出,但向制造业转化的过程并不顺利。当前京津冀地区的产业升级面临着诸多挑战。

(1)价值链升级角度

京津冀地区在价值链升级过程中进行的产业结构调整没有突破行政界限，各个地区更多地着眼于本地利益，缺乏整体的区域协作观念。这与长三角地区核心城市的整体带动和辐射效应较强形成鲜明对比，其核心城市在产业链升级中不仅积极转移落后产业，还为新兴产业的发展创造了良好的条件。就京津冀而言，北京虽然很早就确立了产业结构调整的思路，将部分低端产业转移到了河北，但与天津的产业合作不够，使得京津冀地区的区域发展与产业升级并不协调。

(2)京津冀地区的产业升级中又面临着较严重的工业结构趋同问题

在价值链升级过程中，各地区产业结构调整的目标着眼于眼前利益，使得工业结构趋同的问题愈演愈烈，区域内部竞争多于合作的实际行动，限制了区域产业结构的高级化。除此之外，京津冀地区的产业创新能力不强，尤其在全球价值链升级背景下，区域竞争力的核心越来越表现为产业创新能力，而京津地区虽然科研实力较强，但由于优势产业薄弱，产业转化与创新能力并不强。另外，在价值链升级中，京津冀地区内部产业转移的衔接性不强，一方面京津两市的旧产业的转移不足；另一方面河北等周边地区的产业承接能力有限，导致产业升级动力不足，这又反过来制约了中心城市的产业升级。

4.以价值链升级促进京津冀区域经济合作与产业整合

全球价值链升级的背景下，国际分工日益深化，全球产业的梯度转移也在不断进行。因此，要实现京津冀地区的产业升级，进而促进区域经济合作与协调发展，就要从区域发展的视角进行政策和制度的安排，同时，要积极创新区域合作模式，推动产业的持续创新。当前，以价值链升级促进区域经济合作与产业整合的策略有：

(1)积极促进内生拓展型的升级

通过依靠自身实力，大力构建区域内部完整产业链，注重增强制造环节的实力，积极向研发、设计等环节和高附加值环节转移。一方面要促进产业结构尤其是产品结构的升级，例如，北京的高端创新资源最多，其产业结构的升级应该通过促进产业转移、突出创新源头来进行，其产业发展的方向是第三产业、服务业和高科技产业，天津则要着力调整产业结构，促进现代服务业的发展；另一方面，要积极实现制造业的结构转型，促进产业链升级，实现由粗加工向深加工和自主研发、高端制造转型。河北作为重要的产业转移承接地，要积极发挥要素禀赋优势，淘汰落后产业，承接产业转移，实现产业升级。此外，在宏观层次上要制定正确的产业集群政策，不断提升产业园区的层次，在微观上要推进企业改制，优化产业分工的内在动力，促进企业成为产业升级的主体。

（2）努力嵌入全球产业价值链的升级过程中

除了依托内源性的价值链升级路径，京津冀地区的产业分工还要积极依托全球价值链进行，促进产业转型，即在依靠区域内经济腹地促进协调发展的基础上，要实现产业发展模式的外源化，积极促进自身产业嵌入全球价值链中，具体方式可以是外生性的嵌入模式也可以是内生性的模式。前者主要通过引进外国资金和技术而进行，后者则是通过委托加工等贸易方式嵌入发达国家的全球价值链体系中，以此实现产业的高端化，不断延伸产业的价值链。

（3）从区域合作的角度看，还要积极进行合作模式的创新

可以尝试以项目合作为载体，以务实化的态度加快京津冀区域经济的合作，加快深度合作的步伐。当前，天津滨海新区的建立为京津冀合作提供了一定的契机，而通过实现北京的科研优势和天津制造业优势的对接，能够为科研资源的扩散和河北承接产业转移提供契机。同时，以项目合作为载体的务实化合作，将能够促进各方实现自身的利益诉求，促进区域合作与协调发展。另外，要积极创新合作模式，鼓励民间组织参与京津冀区域发展的规划，从组织和战略上保证政策的合理性，促进区域合作机制的完善。

二、京津冀区域能源合作

（一）多种视角下的国际区域能源合作

国内外学者对能源合作的研究由来已久。总体上对国际区域能源合作的研究归属地理学、政治学和经济学范畴，且不同视角下的方法论的应用具有较强的学科属性。

1. 地理学、政治学和经济学视角下的国际区域能源合作

在地理学视角下，研究者们偏重将"区域"作为研究能源合作的前提和关键，认为合作的地理范围是由具有地缘关系的国家或组织所组成的区域空间。就像 Melvin A. Conant 和 Fern Racine Gold 认为的那样，能源合作现象的产生以及合作领域的扩大应当最先在具有地缘关系的国家之间产生。地理学研究者们通过对"区域"范围内特定资源以及国家间的流动往来进行描述以解释区域范

围内能源合作的合理性。在政治学视角下研究者们大多站在国际关系的视角分析能源在国家交往中所起到的媒介作用。在研究方法上既有定性的描述又有通过建立模型而实现的定量分析。在经济学领域内，学者们对国际能源合作的研究较为丰富。无论是国际合作理论、竞合理论还是成本收益理论，其实现合作最基本的前提条件是资源要素禀赋的差异，而其所表现出来的形式为自然资源、资本、技术、人才的跨国界流动。在国际区域能源合作问题的研究中，一方面，单个国家总是因自身利益最大化的驱使而背离合作轨迹；另一方面合作会因为各国收益函数的相左难以维持或付出成本，其上述行为主体的特质符合博弈论参与者的基本特征。因此，博弈论也是解决经济学问题最为常见的分析工具。地理学研究者对特定"区域"的研究既实现了对区域内能源合作国各种复杂关系的分析，又描述了区域外国家以及各种势力对合作的影响，这与区域能源合作的复杂性与开放性相符。"区域"的划定在地缘上为合作参与主体与外部环境划清了界线，使合作具有空间上的整体性。但地理学的思维模式侧重于对客观事物特殊性的研究。由于地理差异具有绝对性，因此各地区的水文、地貌、气象、资源储量、方位和开发利用程度以及在此基础之上的国家间的交流方式对区域能源合作的影响差别很大。国际政治的复杂性将敏感的能源合作置身在复杂开放的国际关系系统内。因此，站在国际关系学视角，无论是定性描述还是定量分析都对揭示国际能源合作的本质起到了重要作用。但是过多的突出国家"权力"的作用会弱化其他部分对系统功能实现的作用。无论现实主义还是新自由主义，在对能源合作问题上过多纠结于合作达成与否以及现实条件对合作影响的静态描述，从而忽略了合作系统整体功能与部分功能差异性的比较，无法动态揭示能源合作系统在结构上的相互作用过程。此外，虽然在部分文献中对复杂国际关系的研究实现了定量化的描述，但在定量模型设立的初始，对假设条件的过多设置以及对原本复杂变量的过度简化限制了模型功能的发挥。经济学视角的相关理论和分析工具为学者们研究能源合作相关问题提供了广泛的思路和空间。但经济学者们过多的重视在要素禀赋理论、优势互不理论基础上通过开展区域间的能源合作所实现的经济收益。通过成本和收益的比较来设定合作的假设、路径和机制。这种微观的分析思路难以解释宏观的国际区域能源合作的相关问题。此外，传统的国际贸易理论将国家间资源禀赋的差异作为开展贸易的条件。在该理论视角下，无论是定量的分析工具还是定性的描述都依赖于完全理性假设条件，从而偏离了能源合作的复杂性与非线性特征。

学者们站在地理学、政治学、经济学等学科视角对国际区域能源合作问题的研究既有定性的描述，又有定量的分析，为后继者对该问题的继续研究提供了广泛的思路和启示。但是国际区域能源合作是一个复杂、开放的系统，构成该系统的不仅有区域内的参与国，还包括促进和阻碍合作的各类要素。要素之间的相互作用关系决定了国家的行为选择。因此，作为宏观系统的国际区域能源合作，其整体性、结构性、层级性、功能性特征决定了我们应当用系统论的方法对该问题进行分析，以便有助于我们认清区域能源合作的运动规律。

2. 系统论视角下的国际区域能源合作

系统论是研究系统的一般模式、结构和规律的学问，它研究各种系统的共同特征，用数学方法定量地描述其功能，寻求并确立适用于一切系统的原理、原则和数学模型，是具有逻辑和数学性质的一门科学。系统论、信息论、控制论俗称老三论。系统论认为，开放性、组织性、复杂性、整体性、关联性、等级结构性、动态平衡性、时序性等，是所有系统的共同的基本特征。系统论的核心思想是系统的整体观念。贝塔朗菲强调，任何系统都是一个有机的整体，它不是各个部分的机械组合或简单相加，系统的整体功能是各要素在孤立状态下所没有的性质。系统论的基本思想方法，就是把所研究和处理的对象，当作一个系统，分析系统的结构和功能，研究系统、要素、环境三者的相互关系和变动的规律性，并优化系统观点看问题，世界上任何事物都可以看成是一个系统，系统是普遍存在的。

国际区域能源合作是一个复杂开放的系统。从"国际区域"的角度看，地缘位置邻近或交通便利的国家或经济体构成的区域空间在地理范畴上为能源合作系统的边界进行了圈定；从"能源"的角度看，油气一类不可再生资源集中体现了能源的多重属性；从"合作"的角度看，"国家之间的合作，是国家为满足各方实际的或预期的利益而相互调整政策和行为的过程"。因此，"国际区域能源合作"可以看成是在地理位置邻近、交通便利的特定区域内，能源消费国和能源供给国围绕共同利益而在石油、天然气能源领域中相互作用的宏观系统。与一般系统类似，国际区域能源合作系统也具有整体性和相关性的特征。所谓"整体性"主要由系统的功能表现，正如亚里士多德指出的那样，"整体功能大于部分功能之和"。在系统内部，整体与部分是相对的。从宏观层面，国际区域能源合作系统由经济系统、政治系统、环境系统、外交系统等子系统构成;从微观层面看,由资源、技术、资本、人员等元素组成。对于总系统而言,各个子系统是部分,对于各子系统而言,组成系统的微观元素则是部分。各部分有机的连接在一起,为了同一目标而实现某种功能。共同利益是合作系统与外部环境进行物质能量交换的驱动力,而该动力的施力效果则要通过系统的功能,即合作的效果表现出来。国际区域能源合作的"相关性"是构成能源合作系统的各个子系统之间、系统内部各元素之间以及系统和外部环境之间存在的相互关系,且这种相互关系以因果关系为主。根据上文提到的国际区域能源合作的概念可知,能源合作系统的相互关系表现为地缘关系、参与主体之间的互动、经济往来、要素流动等。由于地理边界和能源属性的影响,国际区域能源合作系统是开放的,其系统结构与环境的因果关系也是系统相关性的重要体现。根据"热力学第二定律",在封闭系统内部,即使能量的分布是有序的,那么能量在做功的过程中也是经历自身消耗的,其熵值会随能量做功的完成而增加,并且这种熵值增加的过程是系统自发性的。同样,国际区域能源合作系统要实现生命的维持就必须是开放的。外界条件不断调整变化的阈值,为能源合作系统的能量分层提供动力,像"贝纳德流"一样实现系统与外部环境物质能量交换的循环往复。根据唯物辩证法,矛盾的主要方面推动事物的变化发展处于主导地位,矛盾的次要方面处于从属地位。国际区域能源合作系统的不同部分对系统功能实现效果的影响也是不同的,这体现为系统的等级性。资源的逐利性的存在,使得在理想条件下构成能源合作系统的元素能够在参与主体之间流动。因此,具有互补性的资源流动系统对能源合作系统的功能实现具有主要影响。在现实国际社会中,该"理想状态"并非存在。在涉及国家安全的能源合作问题上,即使具有地缘关系的国家之间也会存在政治、外交、意识形态、固有文化的分歧,并且这种分歧属于软层面,在可预见的有限时间内难以改变。软层面的分歧使资源流动系统对能源合作系统功能的影响效果降低,从而使系统的等级性发生变化。综上所述,国际区域能源合作是一个复杂开放的系统,具有整体性、相关性特征,因此通过剖析系统的构成、结构、功能可以更准确直观地揭示能源合作的运动规律。比较如表 8 - 3 所示:

表 8 - 3 　　　　　　　　　多种视角下的国际区域能源合作比较分析

视角	分析
地理学视角下	通过对"区域"范围内特定资源以及国家间的流动往来进行描述以解释区域范围内能源合作的合理性
政治学视角下	大多站在国际关系的视角分析能源在国家交往中所起到的媒介作用。在研究方法上既有定性的描述又有通过建立模型而实现的定量分析
经济学视角下	无论是国际合作理论、竞合理论还是成本收益理论,其实现合作最基本的前提条件是资源要素禀赋的差异,而其所表现出来的形式为自然资源、资本、技术、人才的跨国界流动
系统论视角下	把所研究和处理的对象,当作一个系统,分析系统的结构和功能,研究系统、要素、环境三者的相互关系和变动的规律性,并优化系统观点看问题,国际区域能源合作是一个复杂开放的系统,具有整体性、相关性特征

(二)区域能源需求的影响因素分析

协整理论是 1969 年美国计量经济学家提出因果关系分析的概念和方法,成为国际上研究能源消费与经济增长之间关系的一种重要工具。目前,广泛应用于能源需求的建模和分析的方法主要有部门分析法、弹性系数法、时间序列分析法、投入产出分析法等,传统的建模要求所分析的时间序列数据是平稳的,即它们没有随机趋势或确定性趋势。但是,通常在现实经济中的时间序列都是非平稳的。这样在做回归分析或建模时为了所得到的模型有意义,就需要对其实行平稳化。而一般采用的方法是对时间序列进行差分、然后对差分序列进行回归。这样的做法可以忽略原时间序列包含的一些可能有用的信息。为了解决这个问题发展了一种处理非平稳数据的新方法——协整理论。1987 年 Engle 和 Granger 提出的协整理论及其方法,为非平稳序列的建模提供了另一种途径。虽然一些经济变量的本身是非平稳序列,但是它们的线性组合却有可能是平稳序列。这种平稳的线性组合被称为协整方程,且可解释为变量之间的长期稳定的均衡关系。

区域能源需求是指消费者在各种可能的价格下，对能源愿意并且能够购买的数量。能源需求在很大程度上是一种派生需求，是由人们对社会产品和服务的需求而派生出来的。能源需求从本质上来说，是类似于劳动和资本这样的生产要素。因为能源可以转换为现代化生产过程必需的燃料和动力，或直接作为最基本的生产原料，它们与劳动、资本等生产要素相结合，就能为市场提供产品和服务。能源需求容易与能源消费相混淆。在实际中，能源消费量是有效能源需求的反映，当能源供给充足，且不存在库存时，能源需求量上等于能源消费量。但是，能源需求一般很难准确测度。因此，实际分析中经常用能源消费代替能源需求。本书也不严格区分能源需求与能源消费两个概念。本书中的能源仅指一次能源。经济学需求理论告诉我们，影响商品需求的首要和关键因素是价格，但除此之外，还有很多因素影响能源需求，有的因素甚至比价格的影响更重要。主要包括：

1. 价格因素

像其他任何商品一样，能源的价格是影响能源需求的主要因素，且能源市场的市场化程度越高，能源价格对能源需求的影响也越大。在市场经济条件下，价格是稀缺资源配置最主要的市场机制，与其他经济产品类似，能源价格与能源需求二者之间呈反向关系，需求曲线向右下方倾斜。即能源价格上涨，能源需求减少；反之，能源价格下跌，能源需求增加。

2. 经济增长

通常来说，一国经济发展水平制约能源工业的发展水平。研究显示：人均GDP和人均能源消费量呈正相关关系，即人均GDP越高，人均能源消费量就越大，反之亦然。因此，经济增长成为影响能源消费的一个非常重要的因素。

3. 人口和城市化

能源作为人类赖以生存的基础，人口数量的多少直接影响能源消费总量，也直接影响着能源的人均占有量和利用方式。近年来，随着我国城市化进程的加快，推动了大规模城市基础设施和住房建设，整体能源的需求水平大大提高，因此城镇人口是能源需求的影响因素之一。

4. 产业结构

近年来，各产业能耗指数呈现一些变化趋势，第一产业所占比重逐年下降，第三产业比重逐年上升，而第二产业则波动较大，但能耗指数仍远高于第一产业和第三产业。因此，在分析能源需求影响因素时必须考虑产业结构的调整和变化。随着工业化进程的加快，工业部门的能源需求量比重一直维持在较高水平，故将第二产业 GDP 总量做为能源需求的影响因素之一。

5.技术进步

在能源消费部门，技术进步对能源需求的影响不可小视。科学技术的发展，一方面通过提高设备的工作效率而直接降低了单位产品的能耗；另一方面通过电子商务、信息产业、通讯设备等产业的迅猛发展，缩短了交易过程，降低了中间环节的成奉，使得能源强度下降，进而降低了能源消费量。因此，本书用能源强度的概念代表能源技术进步，将之作为能源需求的影响因素之一。

6.环境因素

考虑 CO_2 排放产生的温室气体效应及减排情景下的能源需求要同时满足经济效率、节能、供应安全和减缓，将 CO_2 排放量作为能源需求的影响因素之一。

第三节　基于生态文明建设的京津冀区域发展

目前，京津冀都市圈雾霾天气范围扩大，环境污染矛盾突出，资源相对紧缺，需要建设生态文明，把解决环境问题的目标定位于生活、生产与生态的协同发展，是三者在时间和空间上的共赢和协同发展，以生态文明建设为核心，如图 8-2 所示，以生态建设促生产发展，以良好生态保幸福生活，生态、生产、生活协同发展，正确处理好经济发展同生态环境保护的关系，追求生活提高、生产发展与生态改善，寻求既能保护环境、又能促进经济发展的方案，发展一种以能源消耗较少、环境污染较低为基础的全新的低碳绿色经济发展模式，实现京津冀都市圈生态、生产、生活的协同发展，促进大北京的发展，促进京津冀都市圈的可持续发展。

鉴于京津冀都市圈的条件和发展水平以及在发展低碳绿色经济上的制约因素，京津冀都市圈建设生态文明，建设基于生态、生产、生活协同发展的低碳绿色经济，将有助于技术与经济、社会、环境最佳组合的方式、途径、效果与规律的研究，优化能源结构，推进产业结构合理化，推动京津冀都市圈的协同发展，推进京津冀都市圈的可持续发展，是非常重要的。

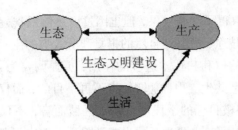

图 8-2　生态、生产、生活协同发展示意图

一、区域生态文明建设的目标

伴随着发展过程中生态环境问题的频发，人类社会对传统文明（特别是工业文明）进行了深刻反思。以重构人与自然、人与人、人与社会的关系为基础，生态文明成为新时期人类追求的新的发展方向。党的十七大报告明确提出了建设生态文明的要求，理论界也由此兴起了生态文明的研究高潮。这对生态文明的内涵解析和理念传播无疑具有重要价值，但要探索生态文明实现机制并将其真正转化为区域发展的实践，还必须进一步在区域尺度上解析生态文明建设的内涵，从而为发展模式的优化奠定基础。

生态文明的确切内涵在学术界同样没有取得高度共识，但一般认为，其是指建设有序的生态运行机制和良好的生态环境所取得的物质、精神和制度成果的总和。它应以尊重和维护自然为前提，以人与人、人与自然、人与社会和谐共生为宗旨，以资源环境承载力为基础，以建立可持续的产业结构、生产方式和消费模式以及增强可持续发展能力为着眼点；其本质是要以生态平衡为基础促进经济社会与生态环境的协调发展；其特征主要表现为思想观念、生产技术、目标与行为以及伦理价值观与世界观的大转变。就特定区域而言，生态文明建设不仅是一种全新的生态文化伦理和价值取向，更是以经济和生态环境协调发展为基础的更高水平的发展目标。在实现这一目标的过程中，不仅要重新评价区域发展的基础条件，建构新的保障机制，探索新的发展路径，而且必须塑造新的区域间协调共生。

（一）实现生态人本主义

区域生态文明建设必须牢固树立科学的自然观和发展观，真正实现人与自然和谐共生基础上的"生态人本主义"的发展。近代以来，在科学主义的召唤下,传统工业文明取得了丰硕成果,但也因过度迷信"科学就是力量"而陷入了对自然疯狂索取的歧途,遭遇到自然的报复和全人类的生存危机。生态文明不仅强调要尊重发展的权利和技术进步的作用,更强调要为了人类自身的发展,实现人与自然的和谐共生。由此,增长将不再是目的,而仅仅成为实现区域持续、健康发展这一终极目标的手段。就特定区域而言,不仅要为了持续发展而尊重发展权的代际公平,也要为了减少或消除外部效应而尊重发展权在区域之间的公平,赋予公平的发展机会,由此将成为区域发展中协调人、环境、社会三者之间关系的重要准则,而这也完全符合"第一要义是发展,核心是以人为本,基本要求是全面协调可持续"的科学发展观的要求。

(二)追求发展质量和效率目标

区域生态文明建设必须适应特定区域发展的内在要求,着力追求发展的质量和效率目标。在区域发展的起步阶段,为满足基本的生存需要,人们可能狂热地追求经济的快速增长和物质产品的极大丰盛,并由此造成对自然资源的掠夺和对生态环境的破坏;但是在"先污染后治理"的模式下,自然环境对经济发展的约束必将日渐显著,片面追求数量增长的传统发展目标很难真正实现;即使少数地区能在短期依靠粗放型增长模式实现物质财富的增长目标,但随着收入水平的提高和技术进步的加速,按照马斯洛需求原理,人们将转而追求更优的生活质量和人生理想价值的实现,这就同样要求反思数量增长的目标,转而致力于发展质量和效率的提升。总之,特定区域自觉建设生态文明或者是遭遇到自然资源和生态环境对经济社会发展的紧约束,或者是在更高经济、技术水平条件下对区域发展有了更高层次的需求,这都要求超越传统的区域发展目标,通过更加注重发展的质量和效率减轻人类发展对自然生态环境的索取和侵害。

(三)保护开发自然资源与生态环境

区域生态文明建设必须优化对基础条件的评价思路,合理利用经济和法律手段实现对自然资源与生态环境的保护性开发和修复。传统对地理位置和自然资源等基础条件往往倾向于封闭的和静态的评价,这就可能低估自然资源与国土空间的经济价值,导致对自然生态系统的掠夺性开发。为了实现人与自然的和谐共生,特定区域不仅要努力提高资源的使用效率,也要努力提高资源的配置效率,这就要求以更加开放和动态的视野评价区域基础条件,积极吸引外部自然资源的流入。同时要合理利用法律手段和经济杠杆调节资源的配置与使用，不断优化自然资源的产权结构和交易体系，逐步建立有效的生态补偿机制，努力促进自然资源和国土空间在合理、有序的流动中得到更有效地开发利用。由此，才能既可保留经济增长带来的益处，又能消除其给环境带来的潜在威胁。此外，在条件许可的情况下，还要积极推进生态环境的保护和修复工程，着力提高资源环境的承载能力。

（四）提高技术、人力资本的集聚水平

区域生态文明建设必须积极推动制度创新与管理创新，努力提高技术、人力资本等无形要素在本区域的生产和集聚水平。如果说传统的区域开发主要通过政策激活闲置的自然资源和劳动力等有形要素，那么生态文明下的区域发展就必须以制度和管理创新加大对无形要素的吸引、培育和集聚能力。从开发政策到制度创新和管理创新的转变不仅是着眼点由有形要素向无形资源的转变，更是由偶然、零散的政府干预到系统性政策环境优化的转变。如果说增加要素投入是传统区域开发中人类主观能动性的重要表现，那么优化要素结构和质量才是生态文明建设中人类学习与创造能力的成果体现。在新的保障机制建设中，重要的是要通过促进知识的流动和创造，提高人类技术的产出与利用水平，这对区域发展路径的优化将具有决定性意义。

（五）探索特色发展道路

区域生态文明建设必须根本改变传统主要以有形要素投入支撑经济增长的方式，转而主要依靠无形要素推动经济发展，同时要善于发挥区域的特点和优势，因地制宜地探索特色发展道路。区域经济的发展道路问题，首先要回答主要依靠何种要素投入，来促进最终产品的生产和服务水平的提高。传统经济发展道路虽然也重视技术进步的力量，但主要还是依靠少量的技术与大量的自然资源和劳动力相结合来推动经济规模的扩张。这固然与技术存量的不足有直接关系，但也与人定胜天的文化决定论思想密切相关。在此发展道路上，有形要素被过度耗费，不仅利用效率低下，而且带来了严重的环境污染与生态破坏，区域经济遭遇发展的瓶颈。在生态文明建设的过程中，区域发展必须寻求自然环境系统紧约束状态下的发展道路，因而尽量减少有形要素、特别是不可再生资源的消耗，尽量降低废弃物、特别是有毒有害物质的排放就成为内在的要求。而在此状态下要进一步优化发展的成果，就只能通过增加知识、技术和人力资本等无形要素的投入，更大程度上以人的智慧替代自然资源的消耗。此外，由于传统的区域发展往往都依赖于更大规模地投入有形要素，因而在发展道路上具有相似性，但在生态文明建设过程中，区域发展将越来越依赖于人类智慧的创造物和资源的有效配置与保护性开发。因此，适应特定区域的特色和优势探索特殊的发展道路就成为必然的选择，发展道路的多样性也将成为区域生态文明建设的内在要求。

（六）构建合作共赢的区域发展环境

区域生态文明建设必须转变或者封闭孤立发展或者互相斗争的区域间关系格局，积极构建开放竞争与合作共赢的区域发展外部环境。传统区域的发展，要么倾向于封闭的内向型孤立发展，要么倾向于通过对外掠夺甚至战争以获得更多的资源。但从发展的价值取向看，都以满足于本区域自身的利益最大化为目标，事实上形成了区域间零和甚至负和的博弈关系。然而，自由流动的大气和水体使得生态环境问题显现出巨大的外部效应，这就要求在生态文明建设过程中必须摒弃以自我为中心的倾向，积极构建区域间合作共赢的正和博弈关系。这种合作共赢的关系，不仅是生态环境保护措施取得积极成效的基础保障，还是相关努力的成果为全人类共享的前提。没有区域间的互利合作与相互信任，没有资本、信息和技术的交流，也就难以在生态环境保护领域实现共同行动，单方面的生态环境投入也难以取得预期的成效。从斯德哥尔摩人类环境会议到哥本哈根世界气候峰会，人类日益深刻地认识到国家和区域间合作的必要性和重要性，但也意识到互利合作中利益博弈的艰难。然而，在全球化的背景下，面临共同的生存危机，人类必能寻求到构建竞争与合作共赢新格局的有效途径。

综上，区域生态文明建设目标的确立将深刻改变区域经济发展模式中的重要问题，如图 8 - 3 所示。因此，基于生态文明建设的目标要求，区域经济发展模式必须进行新的调整和优化，以更好地实现区域经济的全面发展、协调发展和可持续发展。

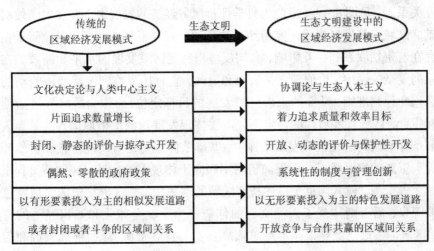

图8-3　生态文明建设与区域经济发展模式优化

二、基于生态文明建设的区域发展模式

区域经济发展模式在区域经济学的论述中被频繁使用，但其确切概念和研究内容并未取得广泛共识。无论是对温州模式、苏南模式的剖析，或是对义乌模式、珠江模式等的探索。尽管基于不同空间尺度的区域展开，但都着力于研讨特色区域的特色发展路径，或者说在追寻一定地区在一定历史条件下的特色经济发展路子。因而，倾向于将区域经济发展模式简单地理解为发展道路；另有一些研究主要分析了区域发展的平衡或非平衡模式，这实质上也是将发展模式简单理解为发展路径的表现。诚然，发展路径的探索，的确有助于剖析区域发展成果的生成机制，但区域经济发展模式更应着眼于区域系统的特点，从更广阔的视角解析区域经济发展中的共性问题，以求更好地探索区域发展的客观规律。黄鲁成等曾经提出区域经济发展模式是指根据区域内外的基本条件，确定一个共同发展目标，以及为实现这一目标所必须具备的基本手段与采取的主要措施；还有学者认为区域经济发展模式，应探讨区域内生产要素的存在、配置方式及生产力发展的方向、速度和水平。这些认识都对从区域系统各要素的相互作用中探索区域发展模式的必要性具有积极价值，只是略显笼统或抽象。

区域经济发展模式乃是对区域经济发展问题的系统性研究，需要重点解析区域经济发展的价值理念、目标定位、基础条件、路径选择、保障机制以及区域间相互关系等，见图8-4。由此为科学评价区域经济的发展水平和发展绩效奠定基础。区域经济发展模式研究所涉及的各项内容并不是彼此孤立的，而是相互间存在着密切联系和相互影响，共同反应出特定区域发展的水平和绩效。在这一系列复杂关系中，价值理念是核心和灵魂，它直接影响到区域经济活动的指导思想和评判准则，从而约束着区域发展的目标定位；而作为区域经济活动的直接指针，区域发展目标的确定不仅需要体现发展观的价值取向，也受到区域发展条件的制约。在区域发展条件中，基础条件主要是指地理位置和自然环境等先天资源的禀赋状况。而保障机制则倾向于体现人类在学习和创新过程中积累的无形资源，前者侧重于描述特定区域的本底状况，这也是塑造区域特色的重要源泉，后者则体现了人类文明的创造价值。在全球化和知识经济的背景下，区域的发展已经越来越不单单依靠自身的自然资源禀赋、外部资源和后天获得的技能等对区域发展的作用逐渐显著。创造有利于吸引和培育人才、技术等无形要素集聚的条件和机制变得极为重要，这都体现了保障机制在不断优化区域发展环境中的特殊价值。区域发展路径乃是区域基于发展条件实现发展目标的方式、方法，也是以往特色区域发展模式的研究重点。在经济学家看来，发展路径也可借鉴生产函数的概念，理解为主要依靠哪些生产要素的支撑实现经济发展的目标。区域发展路径的选择既受制于基础条件和保障机制，也会对其产生巨大的反向作用。例如，主要依靠自然资源的发展路径，不仅可能对自然生态环境造成明显压力，而且可能抑制无形要素的生产与集聚，而资源节约型发展道路则将刺激相关技术和管理的创新，有效地减缓自然资源的消耗速度。区域在开放中发展的要求使得区域间关系成为区域发展模式中不可忽视的研究内容。能否形成有效的区域间竞争与合作关系，不仅影响到区域发展的保障条件（例如能否获得外部的要素资源等）和路径选择，也影响到区域发展成果的评价标准，特别是在生态环境保护等具有明显外部效应的领域更须加以重视，其对特定区域的持续、健康发展有着深刻影响。总之，区域经济发展模式的研究包含一系列重要命题，它们相互联系、相互影响，共同形成了区域经济发展问题的研究框架和区域发展特色的构建平台。解析这些命题并分析其相互和谐程度，对于研判区域经济发展的水平和困难、问题，都具有重要意义。这不仅是基于区域发展共性问题探索区域发展模式的研究框架，也拓宽了以往关于特色区域发展模式的研究思路。从实践层面看，研究特定区域的经济发展模式，不仅有助于科学评价区域经济发展的水平和质量，也有助于优化区域经济的发展目标和路径，促进区域的和谐、持续发展。

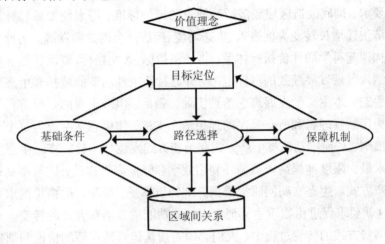

图8-4 区域经济发展模式涉及的主要内容及其相互关系

三、基于生态文明建设的区域发展模式优化

区域生态文明建设对于区域经济发展的价值理念、目标定位、发展条件评价与保障机制建设、发展道路选择以及区域间关系的重塑等都提出了新的要求，这对全面优化区域发展模式具有重要意义。在建设生态文明的过程中，各区域虽然要努力加强联系与合作，但首先还是要着力优化区域自身的发展理念和行为，自觉地按照科学发展观的要求，不断优化区域发展的目标、行为、支撑要素和发展路径，从而为更好地保持区域经济社会的持续发展与生态环境的保护、修复奠定坚实基础。

（一）以科学发展观为指导，构建区域经济发展的新目标和新行为

发展的价值理念乃是区域经济发展模式的核心和灵魂。在区域生态文明建设的过程中，唯有自觉以科学发展观武装头脑和约束行为，才能真正实现发展模式的优化。科学发展观是"马克思主义关于发展的世界观和方法论的集中体现"。它以发展为第一要义，"核心是以人为本，基本要求是全面协调可持续，根本方法是统筹兼顾"，它是我国各区域在经济社会发展中必须坚持和贯彻的重大战略思想。以科学发展观为指导优化区域经济发展模式。首先，要更新发展的价值理念，深化对发展依靠什么、发展为了什么等重大问题的思考，真正确立以人地和谐共处为基础的人本主义的发展观；其次，要以全面协调可持续为基本要求，彻底改造区域经济活动绩效的评价标准，努力使发展目标从片面追求经济快速增长转变为促进人、生态环境、经济社会的共同发展。为此各区域有必要构建起科学的评价指标体系，将经济指标、人文指标、资源指标和环境指标等都纳入区域发展绩效的考评范围，并通过约束性的节能减排和生态环境类指标将生态人本主义的发展理念落到实处。最后，但最重要的是要将科学发展观转变为区域管理者和所有公民的理想信念支柱，使生态文明成为每个人自觉的行为准则，从而推动区域生产方式和消费方式发生根本性转变。生态文明客观上要求最大限度地提高资源循环利用效率和降低废物排放，这就需要建立新型的生产方式。生态文明同时提倡摈弃纯物质享受，提升人的精神需求和生态需求，这就要求促进由物质主义消费方式向功能主义消费方式的转变。在生产方式和消费方式的转变过程中，人们必须重新认识自然资源的价值和消费的功能与意义。同时要自觉地为长期持续发展牺牲一部分短期利益，忍受结构调整的阵痛，而这些都必须以新的区域发展行为准则的确立为基础。

（二）以创新型国家建设为契机，提高创新对区域经济发展的支撑作用

生态文明客观上要求增加技术等无形要素对区域发展的支撑作用，这也是我国在新世纪之初就提出创新型国家建设战略的重要背景。这一战略不仅推动着我国科技体制改革进入到在国家层面上进行整体设计、系统推进国家创新体系建设的新阶段。同时也充分关注区域"作为知识创造和学习的重要载体"的作用，重视通过学习型区域建设提升技术创新和成果产业化的效率。另一方面，"制度重于技术"的理念日益深入人心，构建有助于技术创新和生态环境保护的系统性制度环境对于生态文明建设将具有更加积极的作用。它不仅将提升技术成果创造、流动和使用的效率，也将直接服务于生态环境资源的保护性开发利用和科学修复。在此过程中，充分尊重市场在资源配置中的基础性作用、合理利用法律和经济手段等都将具有特殊价值，诸如自然资源产权和交易制度的创新、区域间生态补偿机制的构建等都应纳入重点议事日程。管理创新是指微观经济主体通过引入新的管理方法、管理手段等促进经济活动目标优化的创新活动。强调管理创新就是要强调企业、家庭等微观经济主体的经济行为优化

对于生态文明建设的积极效应。生态文明不仅是人类文明形态的更替，更是生产方式、消费方式和生活方式的根本性转变，如果不能充分调动每一个微观经济主体的创新潜力，就难以真正实现区域生态文明建设的目标。

（三）按照统筹兼顾的要求来探索区域经济发展的特色道路

统筹兼顾就是要"认真考虑和对待各方面的发展需要，正确反映和兼顾各阶层各群体的利益要求，充分调动全社会全民族的发展积极性、主动性、创造性"，"形成广泛共识、集聚强大力量"。在区域生态文明建设的过程中，不可避免地面临错综复杂的利益矛盾，特别是在局部利益与整体利益、当前利益与长远利益等方面存在冲突的可能性还比较大，这就有必要按照统筹兼顾的要求，尽力凝聚共识，合力探索区域发展的特色道路。运用统筹兼顾的科学思想方法优化区域发展模式，首先要系统、科学地规划区域生态文明建设的全局，瞻前顾后、统筹安排，既要着眼长远，又要立足当前，坚持实现阶段性目标和促进可持续发展的有机统一，坚决防止急功近利的短期行为。同时，要正确处理全面推进与重点突破的关系，积极适应区域发展的特殊条件，发挥特色优势，探索特色化的发展道路。当前各地区应按照主体功能区建设的要求，根据资源环境承载能力和发展潜力，明确各自的功能定位，逐步形成各具特色的区域发展格局。例如，优化开发地区可通过生产函数内部扩展走技术推动型的过程创新之路，而欠发达地区则可以通过开发资源环境产品走产品创新之路等。然后，要充分考虑周边区域和本地区不同群体的利益要求，善于把握各方利益的结合点，使各个方面的利益和发展要求得到兼顾，从而为区域生态文明建设营造团结合作的氛围，也为构建开放竞争与合作共赢的区域间关系奠定基础。

综上所述，生态文明建设是以科学发展观为指导、立足经济快速增长中资源环境代价过大的严峻现实而提出的新要求。区域为建设生态文明必须努力实现经济发展模式的全方位优化，尤其要以发展理念的更新促进发展目标和发展行为的转变，以全方位的创新支撑区域发展路径的转型。同时，还要以统筹兼顾协调好各方利益关系，从而为推进区域生态文明建设形成强大合力。

第四节　京津冀区域协同创新发展战略

一、京津冀区域协同创新的分析

(一)京津冀创新资源分布比较

总体来讲,京津冀地区创新资源比较丰富,创新能力比较强,但是区域内部创新能力却显得很不均衡,北京作为我国政治中心,具有丰富的创新资源,是全国最重要的自主创新高地和技术辐射源头,天津作为北方经济中心,创新能力也在不断提高,向河北的创新能力相对而言则比较落后,特别是创新资源显得相对匮乏。如表 8 - 4 所示,河北、天津与北京相比存在着"高层次人才比较匮乏、R&D 经费投入少、有效发明专利数少(2012 年)、技术市场成交额低"等问题,特别是河北省各项资源相对最为落后,与北京相比差距过大,创新资源的分布不均在一定程度上造成了京津冀创新能力的差距。但另一方面,区域协同创新是区域内各创新主体及创新要素协同整合的结果,上述现象在一定程度上也为实现京津冀协同创新提供了现实基础。

表 8 - 4　　　　　　2012 年京津冀创新资源各指标比较

省份	R&D人员全时当量(人/年)	专利申请数量(件)	有效发明专利(件)	开发新产品经费(万元)	技术市场成交额(万元)	年末人口数(万人)	大专及以上(人)	所占比例
北京	235493	20189	14051	2527103	24585034	2069	6143	0.03%
天津	89609	13173	7341	2192138	2323275	1413	2553	0.02%
河北	78533	7841	3358	1798885	378178	7288	3232	0.004%

(资料来源:北京市、天津市、河北省统计公报,中国统计年鉴 2013)

(二)京津冀协同创新的现状分析

近年来,京津冀三地区的高校、科研机构与企业的合作一直在不断增强,协同创新机制不断完善,京津不仅是河北技术、资金和人才的最大来源方,而且京津技术市场的活跃,也为河北技术转移提供了重要公共平台,为其科技创新活动提供有利条件。但另一方面，京津冀区域协同创新仍然存在着一系列需要解决的问题：一是区域间科技资源共享理念尚未完全建立，跨省市的科技资源共享的深度与广度都还未达到，区域科技资源投入结构雷同，资源浪费现象严重；二是创新资源的流动受阻、利用效率低下，创新成果的产业化受到严重的阻碍；三是区域间分工不明确，本应该以研发为主体的区域以产业化为先，而应该以产业化为主体的区域却因为缺乏研发成果支持而被迫从事研发；四是科技中介服务机构的作用还没有有效发挥，完善的科技中介服务体系还没有建立起来，特别是在技术交易过程中，科技中介机构服务的能力发挥得还不够。

（三）京津冀协同创新发展的关键

1.制定实施产业技术路线图，围绕产业链进行技术创新

产业链是创新链的载体，技术创新就必须紧紧围绕产业链。要从技术的层面，找出要实现的技术目标，以及达到目标的路径，进而找到路径上的关键技术节点。即通过制定产业技术路线，使创新链与产业链相互融合、相互协同，使创新的方向、目标也更加明确，进而有效地解决"科技与经济两张皮"、"成果转化率不高"的问题。京津冀协同创新也要注重产业技术路线图的制定。应组织京津冀地区高校、科研院所、企业和行业协会的专家对京津冀地区产业进行深入调研的基础上，系统规划，绘制重点产业技术路线图。特别要注意满足新能源、新材料、装备和先进制造领域、传统产业节能减排、低碳技术等领域的技术需求。在此基础上凝练出了重点攻关项目，使得科技创新更加有针对性和有效率，更能清晰地把握产业的主流产品、产业目标和核心技术研发方向。

2.推动建立协同创新联盟，集中优势资源联合攻关

协同创新联盟是企业、大学、科研机构以及社会其他组织，以共同发展需求为基础，以提升产业技术创新能力为目标，建立的联合开发、优势互补、利益共享、风险共担的技术创新组织，是促进区域协同创新的有效组织模式。京津冀协同创新要把三地区，特别是河北地区的企业、产业技术创新的需求和京津高校、科研机构等丰富的创新资源有机结合起来，建立区域性的协同创新联盟。例如，河北省钢铁行业面临着创新体系不完善，企业间技术壁垒严重，产学研之间的合作不成体系的问题。基于此，可以探寻京津冀三地区高校、企业、政府等之间以钢铁共性技术为协同创新方向，按照"强强联合、优势互补、分工协同"的原则组建钢铁行业协同创新联盟，集中创新资源对钢铁行业核心共性技术和关键钢种等方面的创新进行突破研究，解决钢铁产业结构调整和技术升级两大行业需求。

3.建立以科技中介机构为主体的协同创新服务联盟

政府、企业、社会合力互动，按照"组织网络化、功能社会化、服务产业化"原则，加强科技中介服务组织体系的建设，引导和扶持各类科技中介机构的发展，形成协同创新服务联盟，切实解决京津冀高校、科研院所与企业间信息不对称和科技资源共享难等问题，有效地支持协同创新。目前，北京已经建立起了协同创新服务联盟，并围绕服务重大科技成果转化与产业化等目标，进一步完善技术转移创新服务体系，积极汇聚全球创新资源，开展了大量技术转移促进工作，推动了企业的创新发展。

二、京津冀协同创新发展策略与模式

（一）推进京津冀协同创新的政策措施

1.完善投资和利益分配机制

一是建立一套完整健全的投资机制，寻求多元化的投资主体，逐步形成以政府投入为引导、企业投入为主体、银行贷款为支撑、社会集资和引进外资为补充的多元参与的投资体系；二是建立有利于协同创新中各方发展的利益共享机制；三是建立完善的保护知识产权、规范合作的法规政策体系；四是建立规范的科技成果价格评估体系，保证各方的合理利益，引导各主体积极性。

2.积极开展新产品、新技术应用和示范工程

新产品和新技术跨区域的应用示范带动创新产品和技术市场需求，是推动科技成果转化和产业化的重要途径，要围绕解决城市人口管理、资源环境约束、交通拥堵等关键问题的创新需求，设计组织一批具有标志性和影响力的关键技术的应用和示范工程，引导和扶持区域内产业界、高校、科研院所、企业间联合攻关承担政府示范应用工程。

3.实施财税、金融、法律等多种政策和方式，推进协同创新

对高校主动同科研院所、企业开展深度合作、协同创新予以重点引导、支持和调控；设立区域性的专项基金，对符合条件的协同创新联盟等机构给予资金支持，促进更多主体加入到区域协同创新的队伍中来；制定各类科技资源的标准规范，建立促进科技资源共享的政策法规体系，破解条块分割、相互封闭、重

复分散的障碍弊端。

（二）京津冀协同创新发展模式

努力构建政治、经济、社会、环境、文化"五位一体"的生态、生产、生活协同的京津冀都市圈建设发展模式，建立京津冀都市圈企业、政府、社会合力互动型协同发展机制。突出一体化的整合思想，基于系统结构理论、互补性原理和集成效应原理，进行一种效率和效果并重的管理模式——集成管理，是一种全新的管理理念及方法，其核心就是强调运用集成的思想和理念指导企业的管理行为实践。

1.在城市发展关系方面

从目前的京津冀经济发展的状况来看，有了作为"增长极点"的中心城市，但"增长区"的规划不够。所以，应在中心城市多极化发展的同时，促进周边城镇的共同发展，建立梯度发展的多层次的多个极点，加快每一层次中心城市与周边城镇的经济往来，增加往来项目与频率。如以北京和天津为第一个层次中心城市，石家庄、唐山、秦皇岛等为第二个层次中心城市，多层次中心城市呈梯度发展，以点连面，形成多梯度蛛网式发展，解决中心城市孤立发展的境地。国家在政策上应对河北与京津给予同等优惠政策，使资源配置趋向在政策因素上处于同等地位，建立行之有效的区域协调机制，扫除行政和地区壁垒，真正形成一体化的经济格局，加快要素在区域内自由流动。

2.在市场方面

必须建立统一市场，减少行政干预对区域内要素流动的各种阻碍。可以考虑在区域内省市交界的地方，建立由双方共同管理的、共享收益、对各方统一政策、统一价格的各种要素交换市场。一方面规范交换行为，一方面使要素流动更加自由。

3.在产业引导方面

各方应以互利共赢的合作规划为突破，引导区域内产业集聚，最终形成多个产业集群，发展外向型经济合作。在这方面，三地已经在汽车、电子、高科技研发等方面形成内部竞争，应考虑将有竞争的产业在地域范围上进行合理转移、集聚，促进各地方的产业合理分工，实现产业分工和产业集聚同时进行，互相促进的局面。

4.在基础设施方面

加快建设京津冀域内多层面、多样化立体交通网,实现域内快速便捷交通,加快域内经济流动,密切各城市和省份经济关系。现在京津与河北之间交通网建设仍较山东及东南沿海落后,交通方便程度不佳,这成为阻碍经济交流的重要障碍之一。

5.在文化、教育和培训方面

目前,京津冀都市圈内,科研和文化实力最为明显,但所发挥的优势却略弱,这也是缘于资源配置的不合理。北京现有26所211工程高校,科研院所比任何一个城市都多,但所培养的人力资源绝大多数都是配置在北京;河北很难吸引到高科技领域的专业人才,即便是高级技工也都是类似的配置方式。因此,加强域内教育与科研培训的交流至关重要。京津冀三地在文化上的差异是导致三地联合经济优势发挥不畅的潜在因素,虽然文化差异在短期内不能消除,但在教育以及科技、培训资源利用上,在人力资源开发与利用上是可以先行一步的。而且产业结构的调整必然也伴随着专业人员就业及培训的地域转移调整,没有配套的人力资源,产业转移和调整就无法实现。在这方面,河北已提出了"但为所用,不求所有"的人才利用模式。在未来如果能将这种模式的使用范围扩大到实现京津高级人才对河北人才的传帮带上,在促进京津人才更广泛范围利用的同时,不断缩小河北与京津人才状况的差距,最终才能实现人才及技术的自由流动。

6.在行政及法规体系方面

首先,要建立多方协调机构,确立协调的组织保障。同时,在区域内一体化发展政策,建立统一经济惯例、规范,建立各方参与的有效的、合理的、权威的经济争端解决机制,破除地方保护,减少行政干预,保障合理有序的竞争机制。统一协商地方法规、政策制定、实施和监督,为建立统一开放的区域大市场建立行政体系基础。

7.在资源利用上

从保持可持续发展优势的角度共同协商资源配置,发展优质高效低耗的产业配置方式。京津冀都市圈最缺乏的资源就是水资源。这可能会成为本区域未来经济发展的资源瓶颈。在开源的同时,也要注意节流。南水北调也好,西藏引水进京也好,远水解近渴,还要注意提高资源利用的效率。同时,要注意生态环境的优化规划,通力解决沙漠化问题、高污染问题,努力实现社会、经济、环境、文化协调发展。

三、京津冀区域新兴产业协同发展

(一)区域新兴产业协同发展的自组织特征

自组织理论是 20 世纪 60 年代末期开始建立并发展起来的一种系统理论，是 L. Von Bertalanfy 系统论的发展。它的研究对象主要是复杂自组织系统(生命系统、社会系统)的形成和发展机制问题，即在一定条件下，系统是如何自动地由无序走向有序，由低级有序走向高级有序的。耗散结构论和协同论是自组织理论的两个重要分支，另外还包括突变论和协同动力论、演化路径论、混沌论。自组织理论为我们揭示了推动开放的复杂系统有序演化的方法。首先，对于一个开放系统，可以通过创造条件，加强物质、能量与信息输入使自组织过程得以产生；其次，激励系统内部子系统的非线性相互作用，通过竞争、合作推动系统产生新的模式和功能；第三，重视演化的环境条件，没有条件就没有演化，重视条件就是重视演化的个性和多样性。总之，自组织方法论把相互作用看成是推动系统自组织的根本动力，并且把这种非线性相互作用分成竞争、协同两种相反相成的互补对立性机制。

1. 区域新兴产业协同发展是一个开放的系统

其开放性具有内部开放性和外部开放性两个特征。外部开放性是指该系统在积极参与新一轮的全球产业分工的同时，还在国家新兴产业体系中承担着一定的功能、职能。内部开放性是指系统内部之间不断地进行着物质、人员、技术、信息、资金的交流，存在着复杂的相互影响、相互制约、相互促进的关系。自组织机制发生作用，必须避免系统与外部环境之间、内部主体之间、子系统之间的封闭和隔绝状态。保持系统与外部环境及系统内部各要素之间足够强的"负熵流"，不断抵消系统内部熵的产生，并通过反馈进行自控和自调，以达到适应外部环境变化的目的。

2. 区域新兴产业发展存在着非线性相互作用

随着区域新兴产业的发展，京津冀三地在产业结构、区域分工与合作、生产要素的流通以及资源配置、环境保护等领域存在着错综复杂的竞争与合作的关系。这种关系不是简单的线性依赖关系，而是既存在着相互不断促进的正反馈的倍增效应、也存在着限制增长的负反馈饱和效应的非线性相互作用。非线性相互作用是系统从无序到有序演化的内部根据。

3. 新兴产业协同发展是具有一定空间结构和功能特征的非平衡系统

在区域协同机制的作用下，三地通过物质、能量、信息的交换，克服冲突、相互依存，在形成结构合理的区域发展模式的同时，也推动各子系统向更高层次发展，形成基于总体利益最大化的动态有序结构。因此，该系统处在远离平衡的稳定、有序的非平衡态。

4. 区域新兴产业发展过程存在着涨落

出现涨落情况的影响因素主要有政策的变动、经济环境的变化、协作问题、市场变动、技术的变革、内部文化冲突、成员的加入与退出、资源配置的调整等；为了适应这些新的变化，系统内部各类资源必然会重新配置和合理流动，形成新的有序结构，出现协同发展过程中的涨落现象。

（二）京津冀区域新兴产业协同发展存在的问题

1. 新兴产业发展过程中区域内部开放性不足

京津冀由于行政边界的阻隔、合作观念的缺乏以及由此形成的区域壁垒和特殊的财政、金融、投资体制等方面的制度障碍，导致区域内各系统之间的物质流、资金流和信息流的交流渠道并不十分通畅且周转速度较慢，自组织机制的作用难以有效发挥，直接影响系统的演化过程。在新兴产业发展层面，开放性不足主要表现为三地产业选择的趋同。三地在新兴产业的选择上，都有新一代信息技术、新能源、节能环保、新材料和高端装备制造，在"生物技术"领域虽然提法表述不同，但实质内容确是大体一致的。在产业发展的操作层面三地出现了竞相发展电子信息、生物制药、新材料的局面。产业选择趋同必然会导致产业结构自成体系、自我封闭和结构趋同继续加重，难以进行区域分工和区域统筹。与之伴生的重复建设又会带来大量的经济损失和浪费，还会造成区域系统内部产能过剩和资源配置效率的降低。这种状况不利于未来产业的健康发展，直接影响区域新兴产业系统的演化过程，甚至导致系统内原来某些结构的消失，后退到混乱的平衡态上。

2. 京津冀在新兴产业微观层面结构相似系数较低

从京津冀新兴产业的优势领域看，产业间非线性相互作用机制的协同效应难以有效发挥三地在全国具有共同比较优势的领域较窄。除在地质勘查业具有共同的比较优势外，京津在航空航天制造和环境污染处理的专用药剂材料制造领域具有共同的比较优势;京冀仅在地质勘查专用设备制造领域具有比较优势。这说明京津冀新兴产业发展的微观层面存在着较大的结构差异。结构上的差异虽然有助于形成区域内各自的主导产业、有助于形成区域经济特定优势,为该地区在参与更大范围的竞争与合作时能够带来更多收益。但是,我们也应该清醒地看到,结构相似度低、结构差异大,必然影响京津冀区域新兴产业间深层次的分工与合作,导致新兴产业协同发展的相关性降低。另外,从区域产业融合的角度看,与新兴产业各节点具有紧密联系的科研开发、产品设计、教育培训与制造等环节也会产生脱节。致使同一领域深层次的产业分工与合作在区域系统内部难以形成,最终影响跨京津冀的产业链延伸和产业集群的形成,造成区域内产业协同发展所需的非线性相互作用机制难以有效发挥,系统协同效应缺失。

3. 京津冀新兴产业的非平衡有序结构尚未形成

从京津冀新兴产业增加值占全国的比重看,京津冀新兴产业增加值占全国的比重分别为5.85%、2.39%和2.42%。虽然北京的发展水平明显好于天津和河北,但与广东和浙江的19.96%及14.85%相比,还没有形成一批在全国具有突出优势和较强国际竞争力的优势产业链,对周边地区的辐射、带动能力不强,极化效应大于扩散效应,难以形成基于区域总体利益最大化的非平衡动态有序结构。即便是在发展水平和规模相近的节能环保、高端装备制造等领域,由于各地子系统自组织目标不同,出于自身利益的考虑加之协调机制的缺失,也容易造成各个行政区之间的过度竞争、无序竞争、重复建设,最终导致资源浪费、效率低下,难以形成区域内部较大规模的要素和产品市场,要素流通受到限制,影响区域间的有效合作与协调发展,不利于未来产业的健康发展及其转型升级,造成竞争与协同失调。

综合以上分析,可以看出由于三地缺乏统一的规划与协调,目前京津冀新兴产业的发展更多的是建立在各自利益基础上的,竞争大于协同,区域间协同发展的良性互动机制尚未形成。因此,建立区域新兴产业协同发展的机制,就成为当下需要解决的问题。

(三) 京津冀区域新兴产业协同发展的策略

1. 构建京津冀区域新兴产业协同发展的熵减机制

开放性是京津冀新兴产业协同发展的前提。从上面的分析也可以看出,区域产业的发展要走向有序,必须重视其开放性。只有开放才能产生与外界物质、能量和信息的交流，才能增加区域系统的"负熵流"，提升系统的有序度。只有建立起区域合作的熵减机制，才有可能避免区域内部的产业过度趋同、无序竞争，实现京津冀三地之间的统筹协调，优化配置，高效发展。

（1）统筹协调，完善京津冀区域新兴产业协同发展规划。区域新兴产业的选择、培育、发展，应该是纵向与横向结合的立体优化配置。纵向是区域内各行政单元自身在产业、领域、项目（企业）的统筹协调。横向是区域内各地之间的产业、领域、项目（企业）的统筹协调、优选、链接。解决京津冀新兴产业选择趋同的问题，需要区域的总体规划和区域间的统筹、协调、优化配置。规划的完善应本着开放的原则，利益共享的原则，合作共赢的原则。同时，弱化"行政区划"概念，强化"京津冀区域经济一体化"的概念，明确区域新兴产业发展的总目标、各地的分工和定位。

（2）加强沟通，建立区域新兴产业发展的合作体系。由于资源禀赋、经济发展水平、历史因素等方面造成的差异，区域内各地区存在着通过互利合作而实现利益最大化的需要。目前新兴产业的发展中，三地往往只关注于自身发展，即使考虑区域内其他经济体的发展情况，但总体目标仍是自身利益最大化，缺乏建立区域合作机制的考虑。这很大部分是由于信息不对称造成的，使得对其他地区的发展现状认识不足，决策依据缺失。因而，京津冀需要通过良好的信息沟通平台而建立双边或多边协商机制，降低区域内交易成本，寻找区域内各经济体的合作方向，建立有效的新兴产业合作体系。为此，京津冀三地的经济政策和相关政策应尽可能地公开，增加各地区对区域产业合作的可能性预测，最大限度地减少由于相互信息封锁而导致的合作风险。同时，应建立一个化解区域合作冲突的协调组织，负责京津冀新兴产业区域合作中的矛盾和冲突的裁定，这是区域新兴产业协同发展的必要条件。

（3）完善市场体系，营造有利于要素合理配置和流动的市场环境。新兴产业发展所需的人才、技术、资金等要素的合理配置和有序流动必须有发育完善的市场体系和统一的市场作基础。要保证京津冀新兴产业的发展所需的各种生产要素通过市场自由流向报酬率最高的地区，保证各产业转移主体能够自主地选择成本最低的区位，人才使用的协同、技术要素的合理分工、资本要素的自由流动是前提。因此，三地应该按照市场经济体制的总体要求，进一步深化改革，完善市场体系，尤其要打破"地方保护主义"和垄断，加快培育和完善各要素市场，加快区域市场互相接轨的步伐。

2. 构建京津冀区域新兴产业协同发展的涨落机制

(1)全面梳理当前制约区域内经济合作体制、机制、制度、法规的障碍，协调区域内财政政策、货币政策、产业政策、人才政策，从政策层面真正打破区域分割和障碍。

(2)科学谋划、合理定位，构建具有各地特色的战略新兴产业类型。新兴产业发展类型有原始创新型、引进型和资源禀赋型。根据京津冀新兴产业发展现状以及新兴产业培育与发展所需要的产业、技术、人才、市场、服务等条件要求。北京、天津相对于河北具有比较优势，应重点发展原始创新型和引进型新兴产业。河北应重点发展资源禀赋型和引进型新兴产业。这样在区域内进行产业转移时就可以有效利用区域资源，实现资源有效配置。同时，京津冀还应树立长远意识，找准自身的产业角色定位，扬长避短，打造特色，形成合理的分工和功能互补，实现错位发展。

3. 构建京津冀区域新兴产业协同发展的驱动机制

区域新兴产业协同发展的过程，就是区域内各地及产业间各子系统竞争与协同相互作用的过程。自组织理论把竞争与协同看作是复杂系统演化的内在动力，竞争与协同的共同作用形成了区域新兴产业协同发展的驱动机制。京津冀新兴产业选择上的趋同势必造成资源的浪费和内部的竞争。同时，发展水平的差距和微观层面结构的差异性又降低了区域新兴产业的关联效应，存在着协同发展中自我内部循环的倾向，造成了竞争与协同的失衡。对此，在京津冀新兴产业发展的过程中，三地需要建立产业协同发展的驱动机制，自觉克服各自追求综合化和高端化的倾向，主动向功能互补化转变。只有共同构建具有国际竞争力的新兴产业集群、产业链，才能实现产业结构优化升级和协同发展。具体措施是：首先，进一步加大京津冀都市圈内部相互合作的力度。由于京津冀各地区发展阶段不同，资源优势不同，产业结构也存在差异，因此三地之间存在良好的合作基础。各地区应根据自身战略定位和比较优势，调整产业结构，加快促进区域产业协调发展。其次，完善京津冀区域产业链，加快形成产业集群。京津冀地区许多产业尚不具备完整的产业链，大大削弱了产业整体竞争力。因此，各地应积极整合资源、分工合作，构建合理的产业链，并进一步形成产业集群。

本章小结

京津冀区域协同创新发展是解决北京大城市病的需要。中央把京津冀协同发展定位为国家重大发展战略。京津冀协同发展是北京、天津、河北的协同发展，是打造中国经济第三增长极的需要，也是国家创新战略的需要。京津冀区域经济发展差异比较大，北京、天津是京津冀区域经济发展的龙头，是京津冀区域的经济增长点。通过对京津冀区域的差异分析，找出差异形成的原因，促进京津冀区域的协调发展。基于价值链升级下的京津冀区域产业升级，通过区域产业升级下的京津冀区域经济合作，寻找京津冀区域经济合作与产业升级中存在的问题，对价值链升级下京津冀产业升级的制约因素进行分析，以价值链升级促进京津冀区域经济合作与产业整合，探讨京津冀区域产业协同发展路径和方案策略，促进京津冀区域能源合作，促进低碳绿色经济发展。

以生态文明建设为核心，以生态建设促生产发展，以良好生态保幸福生活，生态、生产、生活协同发展，正确处理好经济发展同生态环境保护的关系，追求生活提高、生产发展与生态改善，寻求既能保护环境、又能促进经济发展的方案，实现京津冀都市圈协同发展，促进大北京的发展，促进京津冀都市圈的可持续发展。通过探讨区域生态文明建设的目标，寻求基于生态文明建设的区域发展模式及模式优化。

对京津冀创新资源分布比较，分析京津冀协同创新现状，找出京津冀协同创新发展的关键，探讨京津冀协同创新的政策措施和发展模式，努力构建政治、经济、社会、环境、文化"五位一体"的京津冀区域协同发展模式，建立企业、政府、社会合力互动型协同发展机制。区域新兴产业协同发展是一个开放的系统，通过区域新兴产业协同发展的自组织特征分析，发现京津冀区域新兴产业协同发展存在的问题，探讨京津冀区域新兴产业协同发展的策略，推进京津冀区域协同创新发展。

| 第九章 |

发展战略的比较分析研究

第一节　大北京与国内外大城市的比较分析

一、国外大城市发展对北京发展的启示

（一）法国"大巴黎计划"

1. 城市的发展

在新一轮的全球城市竞争中，很多人认为巴黎大区再继续这样"循规蹈矩"地采取"新城＋多中心"的发展理念，已经无法处理城市发展中所遇到的新问题，也无法适应全球化趋势下的城市竞争。其中遇到的主要问题是：一切都以突出独一无二的"巴黎中心区"为重点，而忽视了"外部地区"的需求与发展；市区和郊区资源分配出现失衡，中心城与卫星城间的联系仍显薄弱，郊区边缘化现象严重等问题日益明显，行政体制和交通基础设施（环城高速公路）的阻隔最终造成了经济和文化上的阻隔。为此，2008年法国总统萨科奇在上任伊始，从国家层面来负责和协调巴黎未来20年至30年的拓展振兴计划，即"大巴黎计划"。其目标是重塑巴黎、重组交通，把首都巴黎建设成一个21世纪可持续发展、具有国际竞争力、郊区概念淡化的绿色环保大都市。

鉴于巴黎市中心区与郊区发展的不平衡性，规划师们提出继续加强并优化多中心城市空间的拓展，目标是实现内外平衡、相互编织的多中心格局，真正建设一个没有郊区概念的大都市。2009 年和 2030 年巴黎城市规划的发展格局比较见图 9 - 1 所示：

 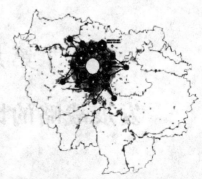

a) 2009年的强极核、多中心发展格局　　　　b) 2030年的内外平衡、相互编织、没有郊区的大都市格局

图 9 - 1　2009 年和 2030 年巴黎城市规划发展格局比较

2. 交通的发展

基于上述城市发展逻辑的思考，巴黎大区计划耗资 200 亿欧元，在 10 年(2009 ~ 2018 年)内建设 130km 的"8"字形或叫双环形全自动化轨道快线，以重点解决巴黎大区外围区域环向客流的问题。利用轨道快线把主要的客流点和经济就业中心联系起来，以提升郊区的客运服务质量。届时，无论是从拉德芳斯新区还是从市中心的巴黎圣母院出发，其到北郊戴高乐机场的时间均不超过 25min。2030 年巴黎郊区大环线建设规划的市郊大环线的轨道快线线路特点有：

(1)大运量:高峰小时单向运量 4 万人次。

(2)高速度:高峰小时旅行速度为 80 km/h，平均速度为 60 km/h，大大高于目前的地铁速度。

(3)自动化:全自动无人驾驶，全部采用屏蔽门，目标是成为全世界最高效的轨道快线系统。

3. 轨道交通与城市发展间的关系

巴黎中心区"强极核"的形态经历了漫长的发展过程，仍然没有得到质的改变，市区强大的吸附力蚕食了部分新城的发展空间，城市规划中所倡导的"多中心"格局目前并未圆满实现。这其中固然有经济发展、移民政策、地区分治体制等方面的原因，但最重要的两个原因是：一个是行政管理未能跟上城市拓展的步伐；另一个是交通基础设施对城市空间的割裂。这不仅间接加剧了城市发展的不均衡性，而且导致产生了一系列经济、文化和社会问题。这也是"大巴黎计划"所需重点解决的一个问题，即实现一个不再具有郊区概念的巴黎。其核心的理念除了采取修建双环形全自动化轨道快线等措施来增加既有交通设施的通达性之外，还包含了城市活动的接近性这一理念。即加强居住、就业、生活之间的混合度，形成独立的新城，避免新城成为主城区的"卧城"。

（二）英国伦敦

伦敦有 2000 多年的建城史，在当代众多的国际经济中心城市中，只有伦敦经历了工业革命以来世界经济发展的四次长波，历经工业化进程的各个阶段，且重化工业阶段相对较长。20 世纪 20～30 年代，伦敦相继建立了一系列新兴工业部门，包括电器机械、汽车、飞机工业等，从而大大推进了城市经济的发展。二战后的 20 多年，伦敦的制造业部门结构合理，工资相对较高，引进技术和工艺，专业化水平高。在若干工业部门中，伦敦占有相当大的产出份额。自 20 世纪 60 年代开始，伦敦进入了从重化工阶段向后工业化阶段的经济转型，经历了大约 20 多年的时间。在经济转型的初期（20 世纪 60 年代后期），伦敦原来强大的制造业呈现明显的衰退，相当数量的工厂关闭（直接造成 20 万人失业），部分企业向伦敦之外的地区转移，制造业部门出现大量失业。导致伦敦制造业衰退的原因十分复杂，有些是西方老工业化国家共有的原因。如国际竞争的加强、工厂现代化投资不足导致生产能力下降、特定时期的汇率对制造业出口不利等；但更主要的是发展空间狭小、土地价格昂贵等因素，在产业生产急需大规模空间时，城市有限空间束缚了其扩张。尽管伦敦的制造业整体处于下滑，但仍有一些相当强的高工资、高附加值的产业部门，比如印刷业、高新技术产业以及通讯产业。随着制造业的衰退，伦敦其他部门的就业岗位也在减少，比如建筑业、公用事业、运输和通信业、配送贸易等部门，在 1973～1983 年失去了 21.8 万个工作岗位。伦敦的就业人口从 1961 年的 430 万人降到 1985年的 350 万人，出现了整个社会就业减少的局面。随着公司外迁和经济不景气，甚至还出现了城市人口减少的情况。为此，伦敦的经济处于长达 20

多年的萧条之中。

但在制造业就业、以及整个社会的就业人口处于大量减少的情况下，伦敦的全部服务业就业稳定在 260 万人左右（1978～1985 年）。其中，有些服务部门的就业水平是下降的，特别是运输和通讯业；而银行、保险业等就业水平则是上升的。从 1984 年起，基于金融和生产者服务的经济进入一个新的快速发展阶段，一些产业部门的就业比重发生了显著的变化。1981～1987 年，商务服务业就业增加 30%，个人服务业就业增加 20%，银行、证券业就业增加 13%。服务业就业增加，带动了整个社会就业的增加，在经历了 25 年的就业人口净减少后，首次出现就业净增加。伦敦就业人口从制造业转移到服务业，用了约 15 年的时间。1971 年，27% 的就业集中在制造业，68.6% 集中在服务业；到 1986 年，这一比例分别为 15% 和 80%。

1. 注重整体规划

伦敦建设世界城市的每个阶段都注重规划，伦敦的每次规划都体现出城市发展的国际性，都充分意识到国际经济政治发展带来的挑战和机遇，以一种开放、积极的态度，迎接城市人口的增加和经济的增长。规划提升了伦敦世界城市的整体竞争力，为伦敦经济发展提供了支撑，有效地指导伦敦利用土地、水、能源、交通等资源进行开发活动，为经济发展战略的实施提供了重要保障。20 世纪 70 年代以来，伦敦政府通过各项改革措施，成功实现了从世界文化古都向可持续发展的世界城市转变。

2. 大力发展金融服务业

伦敦是英国的金融中心，也是世界上最大的金融中心之一。以伦敦城为大本营的金融垄断资本，不仅控制着英国的经济命脉，对世界许多地方的经济也有着举足轻重的影响。伦敦的国内生产总值占英国的 1/5，其中超过 40% 的国内生产总值和 30% 以上的就业机会是以商业和金融服务为依托的。金融服务业每年为伦敦创造 5% 以上的国民生产总值，金融从业人员达 36 万以上。

3. 构建多元完善的交通体系

伦敦拥有一流的国际、国内交通系统。伦敦的 5 个国际机场拥有通往世界范围内 530 个目的地的直航航班，还有到巴黎和布鲁塞尔的高速列车。伦敦是世界上最大的国际港口和航运市场之一，可停泊 10 万吨至 20

万吨级的大油轮。伦敦公共交通网络非常完善发达,包括了由地铁、国铁构成的高架公交系统,以及由常规公交、轻轨、有轨电车、轮渡形成的衔接邻里社区、旅游观光、接驳长距离交通出行的辅助公交系统。为使交通高效运转,伦敦还动用了智能化管理,伦敦各种交通方式之间的换乘十分方便,很好地体现了"以人为本"思想和一流设计水准。

4．建设国际多元文化中心、创意城市

伦敦拥有大批国际人才,使用超过 300 种语言。伦敦有着丰富的文化资源,号称博物馆之都,拥有的博物馆数是纽约或巴黎的两倍多。伦敦每天都有数量巨大的文化活动,几乎每月都会有一次大型的庆典活动。伦敦有 3 个世界级文化遗产景点——格林尼治天文台、伦敦塔和威斯敏斯特宫。此外,创意是伦敦城市新符号,伦敦已经成为全世界的创意之都。文化创意产业的可持续性和高附加值等特点,极大地提高了伦敦城市的软实力。

（三）美国纽约

纽约城市转型与绿色发展的主要特征是:

1．创新驱动战略的指引

纽约城市转型成功实现,离不开科学有效的创新发展战略的引领。纽约结合自身区位条件、交通枢纽、教育集聚、文化创意、金融服务等方面的优势,实施创新驱动战略,并通过区划法规的强制性控制,实现城市的战略转型和绿色发展。创新驱动包括科技创新和产业创新,纽约通过科技创新、金融创新和服务创新战略,实现了金融业和商务服务业的繁荣与发达,构建高效、服务、自由的创新环境,提出建立"数字化纽约"的战略目标,整合科技创新、文化创意、人才集聚等资源,实施大力发展金融服务、商务服务、文化创意产业等创新战略,使纽约成为国际金融中心、总部经济中心和文化创意经济中心。创新驱动战略的指引,明确了城市转型与发展的方向,同时大力发展金融服务、商务服务、文化创意等产业创新,也是实现城市绿色发展的重要方面,是实现资源集约利用,降低资源投入和能源消耗,实现城市绿色转型、创新驱动的重要内容。

2．现代高端服务业的集群

创新驱动战略的实施,进一步促进了纽约高端服务业的集群。以金融服务、商务服务、文化创意产业为主导的服务业发展呈现集群发展态势。

1994~1999 年，纽约商务服务业增加 11.9 万个工作岗位，增长率达到 24.8%。2004 年金融服务业的就业人数为 51.5 万人，占整个纽约州金融从业人员的 60%。纽约城市转型表现出服务业高度化、集群化、知识化的特征。现代高端服务业的集群，提高城市产业技术含量和市场竞争力，形成对全球产业与经济发展的引领和标杆作用，也为纽约城市品质提升和国际影响力提供了经济基础和文化品位。

3. 人才教育培养的推动

纽约重视教育和人才培养，在城市转型和产业升级中发挥巨大的作用。文化教育是提升人力资本的根本举措，是为城市转型和质量提升提供高水平、专业化人才队伍的重要基础，大力发展文化教育和人才培养既是纽约城市转型和绿色发展的重要智力支撑，也是纽约产业发展和技术创新的核心竞争力。纽约的教育体系健全，政府注重市民文化教育素质提升，致力于制定适应市场要求的教育培训政策，使文化教育和人才培养顺应科技、产业、市场的需求，实现人才供需对接，增加就业机会也提高了人才素质和城市整体的知识水平，为保证城市发展和产业结构向高端化、知识化、专业化方向发展。纽约城市转型依托众多的高等教育资源，吸引国际优秀学生就读。邀请外国专家学者到纽约从事各种科研工作，从全球范围内争夺一流人才，提高纽约城市的科研实力和研发水平，为城市转型和跨越发展提供人才基础，也为进一步促进金融业、商务服务业、文化创意产业、教育服务业的转型发展。

4. 城市服务功能的融合

纽约不仅重视城市经济功能的实现，还重视城市社会服务、生活质量等多方面功能的融合与共同发展，强大的产业驱动与转型发展需要城市功能的配套和协调融合。纽约重视城市功能的分散与融合，减少区域差异，避免城市功能包括医疗、教育、行政、商务等过度集中在核心区，实现城市的宜居、和谐、绿色转型。纽约在大力发展教育服务业的同时，大力发展医疗服务业，能为纽约市民提供均衡化、全民化、全覆盖的各种医疗保障服务，依靠市场机制，实现医疗服务业的高度发达，为纽约市民享受及时、高质量、全覆盖的医疗服务提供了条件和坚实基础，也进一步促进城市就业。2010 年，医疗服务业有 60 万雇员，成为纽约就业量最大的产业部门和美国最领先医疗服务体系。纽约市正着手发展美国最大的生物医药研发基地，利用当地9大学术研究中心和美国最大的医学研究机构，保持纽约生物医药的领先地位。通过包括医疗服务业、教育服务业、金融服务业等在内的诸多服务业均衡发展，促进城市功能的均衡化融合和服务供给，满足城市居民多样化的生活需求，使城市功能更加完善、强大、宜居和惠民。

5. 城市基础设施的关联

城市基础设施建设是城市转型和产业发展的基石，是降低企业成本和增强产业关联的重要条件。纽约在通信网络、物流、交通、场馆等硬件和软件建设方面加强基础设施供给，促进基层设施建设与产业的对接和关联，为产业转型和发展提供基础。纽约城市通信网络容量和可靠性的强大，为全美和全球1600家金融企业处理2600万宗交易提供完善、安全、便捷的信息交换，通信设施的建设和信息网络的发达，提升纽约全球金融中心和信息中心的国际地位。物流基础设施的建设为美国区域性乃至国际性的物流业务提供了强大的自动化立体仓库、自动分拣系统、电子订货系统，有效降低库存，提高物流业的整体效率；促进城市物流业的发展和产业转型。纽约在交通、场馆等领域的硬件基础设施建设和政策法规、管理模式等软环境建设与完善，为纽约实现产业关联和城市转型提供了重要基础。纽约注重先进的管理方式，如对于会展场馆的管理，纽约便有政府直接管理、委员会管理和私人管理等3种方式相得益彰。

6. 城市绿化建设与公共交通的全覆盖

城市绿化、发展低碳经济和循环经济，实现节能减排的整体规划促进纽约城市转型与绿色发展。主要包括三个方面：

（1）城市绿化特别屋顶绿化建设，建筑节能改造为城市建设营造良好的生态环境，缓解城市病和城市污染的压力。纽约州政府2008年出台减税措施，鼓励居民绿化屋顶，规定只要业主绿化50%以上屋顶面积，就能减免地产税。每平方米绿色屋顶每年能为业主减税大约45美元，减税总额上限可达10万美元。历经多年发展，绿色屋顶已经成为纽约的一道别样风景线。

（2）倡导资源循环利用和低碳发展。城市绿色发展不仅表现在城市绿化美化方面，还包括资源循环利用、能源集约利用等多个方面。纽约政府发展专业节能技术咨询服务公司，推广合同能源服务；推行资源和废弃物减量化和循环利用，提倡污染预防；重视太阳能、风能等可再生能源的开发利用,特别是建筑节能与太阳能一体化。

(3)重视交通碳减排实现城市绿色转型与发展。鼓励研发和推广使用混合动力型节能车辆、鼓励汽车少用油少上路,限制地面交通的尾气排放;推广和倡导轨道交通等公共交通利用,使用非机动车类交通工具的比例高达近80%。纽约目前共有24条地铁线纵横交错,线路总长1300公里,468个车站遍布纽约全市各地;纽约有5900多辆公共汽车,运营线路达230多条。发达的绿色公交系统完全满足人们出行需要,控制私人汽车使用量,无车家庭比例远高于其他城市,有效控制城市交通碳排放水平,实现城市绿色发展。

(四)日本东京

东京都市圈建设发展的经验有:

1.完善的法律保障体系

日本首都圈的建设首先得益于法律的保障。为了促进首都圈的建设,1956年日本国会制定了《首都圈整备法》,为首都圈的规划与建设提供了法律依据。随后又相继颁布了《首都圈市街地开发区域整备法》(1958年)、《首都圈建成区限制工业等的相关法律》(1959年)、《首都圈近郊绿地保护法》(1966年)、《多极分散型国土形成促进法》(1986年)等多部法律法规,并在首都圈建设的不同阶段,对相应的法律法规进行修改和完善。一系列法律法规的实施,使首都圈的规划建设有法可依。

2.科学合理的城市规划

日本政府意识到城市建设必须以科学的城市规划为指导,因为规划是其首都圈建设和发展的依据,确定着区域发展方向、布局和规模,并考虑到对资源和环境的影响。因此从1959年开始,针对首都圈建设,日本先后五次制定基本规划,每一次基本规划的制定都充分考虑了当时的政治、经济、地理因素和文化背景以及人口规模等诸多因素。规划协调的主要特点是自上而下,通过项目规划和实施来协调地方间的利益,区域规划机构在规划过程中对地方建设进行指导和协调。

3.循序渐进开发

建立相互依托的都市体系结构日本的首都圈以东京为中心城市,带动周边城市和外缘地域,相互依存,科学合理布局,以中心城市为核心,成为经济、管理、流通、金融和文化的中枢,发挥带动和辐射作用,循序渐进地开发周边中小城市,形成功能和产业互补。

4."多核心"的都市体系结构

国外都市圈多为"多核心"的城镇体系结构,即在一个都市圈中有两个以上的核心城市和多个围绕核心城市的中小城市。日本首都圈在多次规划过程中,实现了城市发展的多核心化,形成了"区域多中心城市复合体"。

5.便捷的交通基础设施和城市绿化相结合

日本东京都市圈是城市交通基础设施建设最为发达的地区。东京城市地下轨道交通线有14条之多,再加上国铁JR的山平线(包括过境铁路,如京滨东北线、中央线、总武线等)和私铁等各类轨道交通,东京的城市轨道交通是一个十分便捷的交通网络。同时,在东京中心区外设置5~10公里的绿化带,以防止城市中心区的过度膨胀。

(五)对北京发展的启示分析

1.北京城市发展的功能定位

中国加速和平崛起,世界格局与国际实力对比快速变化,北京成功举办奥运会和建国60周年大庆后,北京进入了新的发展阶段。基于建设世界城市及全球化的背景,从中长期发展来看,北京建设世界城市,与中国经济在未来战略机遇期的崛起息息相关,也与全球格局的战略性转变紧密联系,是战略前瞻性的功能定位,应符合以下原则:

(1)硬实力与软实力并重。一方面持续提高经济综合实力,科技创新力;另一方面要大力发展文化软实力,提高国际事务话语权、标准制定权。

(2)功能完善与城市再造并重。一方面要按照世界城市的要求着力完善总部经济、国际服务等相关功能;另一方面要使城市的基础设施供给能力、绿色发展能力具有领先示范性。

(3)自身发展与区域协同并重。一方面要继续提高城市本身发展能力;另一方面要更加重视周边区域联动发展,着力打造世界级城市群。

(4)服务提升与惠及市民并重。一方面要具备世界级的服务能力,满足日益增长的国际交往活动;另一方面要真正让市民分享发展成果,提高市民生活水平,成为包容和谐的典范。

北京建设中国特色世界城市,要发挥好北京作为国家首都城市的政治体制优势、社会资源优势、文化历史优势，按照北京城市功能定位原则，努力把北京打造成为国际活动聚集之都、世界高端企业总部聚集之都、世界高端人才聚集之都、先进文化之都、和谐宜居之都，全面提升城市控制力、影响力、竞争力、辐射力，推动北京成为政治、经济、文化、科技和社会协调发展的综合型世界城市。

2. 城市转型的分析

纽约、伦敦、东京的发展都曾面临"城市病"的困扰，直接阻碍其产业调整和重新布局。因此在经济转型中，都把产业结构调整与城市空间结构调整有机结合起来，将单核中心转变为多核中心，从而为产业结构调整提供了有力的保障。实践证明，这是一条城市经济转型的有效途径。可以说，没有空间结构的转变，就不会有增长方式的转变。伦敦作为最早形成的国际大都市，也最早遭遇了"城市病"的困扰。它们最先认识到，由工业化带来的城市化发展并不能任其自由发展，必须进行科学规划、合理引导。之后，纽约、东京、巴黎等众多大都市都效仿伦敦，通过编制城市规划来引导城市空间结构的调整，推动经济增长模式的有序转变。

伦敦、纽约和东京在经济转型中，总的趋势是制造业部门收缩与服务业部门扩展，这对中心城区与外缘城区的影响是不同的。尽管中心城区在经济转型初期也会受到较大的影响与冲击，不仅有工厂关闭和外迁，而且也会有制造业公司总部外迁及中产阶层人士移居郊区等，从而导致内城衰弱的情况。但随着经济转型的不断深化，大量服务业，特别是现代服务业重新集聚到中心城区，其中最为典型的是纽约的曼哈顿。生产服务业的聚集、交通通讯手段的更新，强化了曼哈顿所固有的高度集聚性、高度枢纽性、高度便捷性和高度现代性等特征，使曼哈顿成为当之无愧的纽约市、纽约大都市区以及全美经济乃至世界经济的核中之核。而另一方面，纽约市外缘的其他四个城区经历了真正的衰落，制造业的衰退与迁移对其影响是最大的。

3. 城市转型的条件

通过这几大都市经济转型的比较分析，可以发现，相对单一的城市功能有利于城市的转型。纽约是国际大都市，但不具有首都功能，与东京、伦敦相比，城市功能相对单一。同时，纽约从发展伊始就充分考虑本身的资源优势，扬长避短，不追求大而全，特别是没有重点发展重化工业，因此城市的发展并没有遇到严重的资源约束和城市病。而且，纽约与美国其他大城市的间断性不强，加上与周边城市的合理分工，所以纽约在经济转型和城市变迁中遇到的问题与困难相对伦敦、东京要少。上海与纽约一样，也不具有首都功能，更多的是经济功能和文化功能，这在一定程度上有利转型发展。但与伦敦、东京类似，上海曾是制造业基地，制造业门类齐全，重型化程度较高，城市发展遇到较严重的资源约束和城市病，从而加大了转型发展的难度。

一个大国难以摆脱由轻工业向重化工业再向后工业阶段过渡的工业化路径，但一个城市可以跳过重化工业阶段直接进入后工业化阶段。这里的关键因素是中心城市与周边城市的分工合作。纽约依据自身的资源特点始终没有发展重化工业，伦敦和东京虽然经历了重化工业阶段，但都在重化工业阶段的中期而非后期提前完成了向后工业化的转变。这种跨越式发展模式的实现，离不开大都市圈的协调发展。伦敦、纽约都市圈形成于20世纪50年代，东京都市圈形成于20世纪70年代。都市圈内合理的产业结构和区域分工格局，可以突出中心城市的资源优势，延长其产业链；可以通过周边城市工业的发展为中心城市生产者服务业发展提供市场空间；可以缓解中心城市发展中产生的"城市病"，等等。例如，金融和生产者服务业在纽约的高度集聚，得益于纽约与周围城市合理的功能分工和产业链协作。在纽约都市圈中，纽约的金融、贸易功能独占鳌头，费城主要是重化工业比较发达，波士顿的微电子工业比较突出，而巴尔的摩则是有色金属和冶炼工业地位十分重要，同时，还有华盛顿的首都功能。纽约市一直十分重视与周边地区的关系，将公司总部作为加强这种联系的纽带，通过发挥大都市的整体优势来加快市区的振兴步伐。上海处于长三角城市群之中，并作为其核心城市，与纽约、伦敦、东京相类似，对转型发展是十分有利的。但由于行政区划的分割，上海与周边城市的分工还不尽合理，产业链协作也较弱，存在一定程度的同质化和过度竞争，不利于上海转型发展。因此，上海要实现转型发展，不容忽视同周边地区和城市的关系，必须积极参与和推动区域合作，加快长三角城市群建设，并发挥其核心城市作用，与周边城市形成合理的产业分工，为上海生产者服务业的快速发展、产业链延伸、人口密度的下降等提供保障。

4.对北京发展的启示和政策建议

转型升级是推动科学发展、加快转变经济发展方式的重要路径。借鉴国外大城市转型与绿色发展经验，北京城市转型需要进行战略性思维，根据新的发展形势，依据北京在国内和国际上特殊的社会、政治、经济、文化地位作出战略判断，从国际背景、绿色崛起、创新驱动的战略高度构建北京建设世界城市的清晰的、统一的、前瞻性、宜居的、绿色的战略框架，协调城市转型中的各方智慧、多种力量、各项行动，解决城市转型过程中的各种矛盾和问题，促进北京城市绿色转型。具体而言，主要表现在以下几个方面：

（1）加强城市功能的均衡化疏解和产业转型政策引导

借鉴国外大城市转型与绿色发展经验，北京需要在战略、政策、制度等层面进一步加强城市功能的完善和均衡化融合发展，减少区域、城乡差异，高度重视城市功能的优化布局，加强城市功能疏解，实施多中心城市集聚、核心区与远郊区县统筹协调均衡发展，减少区域之间的基础设施和公共服务差异，为所有城市居民包括农村地区提供完善的城市功能、公共服务和基础设施建设，避免人口、交通、教育、医疗、行政在局部地区特别是核心区的过度扎堆、集聚和拥堵。在缓解北京核心区人口、交通、教育、医疗等集聚压力的同时，达到功能疏解、人口疏解、交通疏解和区域、城乡一体化发展。城市功能的均衡化发展和战略布局既有利于城市功能的疏解，也有利于人居环境的创造和改善，增加城市的人文关怀和文化吸引力，构建宜居的世界城市。从战略层面和城市规划重构的高度，从以人为本、服务均等化的原则出发，实现核心城区与远郊区县之间、北京与周边城市之间、城市与农村之间的基本公共服务均等化建设。城市功能的均衡化发展的基础上，进一步加大产业转型的战略规划和政策引导，促进北京城市转型与绿色发展。西方经济发展的经验表明，"看得见的手"与"看不见的手"始终需要协调作用，才能保证经济发展的相对有序。北京应从城市功能均衡布局和功能疏解的基础上，采取更加科学、合理、均衡的财政货币政策、创新发展政策、城乡一体化政策及人才扶持政策等，鼓励地方和私人投资，加快科技创新和产业转型升级。

（2）加强高端知识密集型服务业的多中心集聚和分散布局

知识密集型服务业以其高技术密集、专业化服务为基本特征，以较低资源能源消耗和投入，获得高效益产出。因此，属于节能、低碳、绿色的产业类型,符合城市转型与绿色发展的基本要求。同时知识密集型服务业具有的知识密集、技术密集和创新性特征,在全球产业价值链中处于较高层次,在全球经济竞争中具有较强的生命力。高端知识密集型服务业的集群发展能实现相关产业信息、人才、知识、技术等的共享,促进人才市场的集聚、基础设施的完善和共享,政策环境的优化和服务管理的一体化,进而带来规模效益和集聚效益。借鉴国外大城市转型经验,北京顺应世界潮流和产业转型规律,加快金融、商务、科技研发等高端的知识密集型的服务业发展,促进北京高端产业转型和绿色发展,占领未来经济制高点,提升北京建设世界城市的国际地位和标杆形象。将高端的知识密集型服务业布局到新城,将CBD延伸和布局到核心城区的周边地区,实现多中心集聚和分散布局,改善服务业集群的软硬件环境,实现统一的政策优惠,在新城和远郊区县、城乡结合部实现更加优惠、合理的人才引进、户口、子女教育、住房、交通等政策,吸引高端人才和优秀企业入驻,形成更加科学、宜居、分散、协调发展的生产性服务业价值链。

(3)加强教育、医疗、文化等服务业发展,提高城市转型的宜居度

根据著名社会学家丹尼斯·贝尔的服务业发展三阶段论,由个人服务和商业服务到金融商务服务,最后到休闲服务和公共服务。金融危机之后,纽约市积极发展教育、医疗、卫生、文化休闲等服务业发展,兴起新一轮服务业升级与转型。教育、医疗、文化、卫生等服务业与人的生活密切相关,随着生活水平和教育素质提升,人们更加重视医疗保健、卫生、教育和文化休闲,以此提升人们的生活质量和生活品位,实现人的全面发展和自我价值的提升。对应后工业化阶段,北京产业转型尽管还没有完全达到纽约城市发展水平,但是也展现出金融商务服务的第二阶段和休闲服务与公共服务的第三阶段融合发展特征,因此北京在大力发展金融服务业和商务服务业的同时,顺应世界产业转型潮流,应该有重点地适时地发展教育、医疗、文化、卫生、休闲等服务业。特别是中国由计划经济体制向市场经济体制转变,市场经济体制还不够完善和成熟,计划经济体制特别是相关管理制度和文化理念对现代城市发展还存在一定制约影响,对于北京而言,教育、医疗、卫生、文化休闲等服务业还不够发达,在区域空间分布上极不均衡,过于集中在核心城区,市场化程度不高,各种制度人为地限制了教育、医疗、卫生、休闲等服务业的快速发展。因此,北京城市转型与绿色发展,需要进

一步放开教育、医疗、卫生、文化休闲等服务市场和行政管理权限,改革行政审批制度,鼓励私人资本投入和兴办教育、医疗卫生等服务产业,加强人才教育与培养,引入市场机制,提高市场活力,搞好公共服务,提高北京作为中国首都和世界城市建设战略目标的宜居水平和舒适度,促进城市和谐、宜居、生态、绿色发展。

(4)优化城市布局与完善低碳绿色公共交通系统

城市布局的合理性直接决定了城市交通系统和通勤距离的长短。由于人口密度较高,纽约市从1982年开始耗资720亿美元,建成了北美最大的公共交通系统。北京核心城市圈人口密度过高、交通过于拥堵、公共交通特别是轨道交通发展滞后,借鉴纽约经验模式具有重要意义。不同交通工具碳排放量差距极大,鼓励市民尽可能采用公共交通出行有利于提高公交资源的使用效率,从而降低交通方面的碳排放水平。因此,北京城市转型与绿色发展,必须避免单中心集聚和人口、产业过度集中核心城区模式,大力发展地铁等公共交通系统,并将轨道交通延伸到城乡结合部,延伸到远郊区县和周边城区,促进城乡结合部和远郊区县以及延伸至周边城市的统筹、协调、均衡发展,大力发展电动汽车和绿色交通,降低碳排放,助推首都经济圈发展和世界城市建设。

(5)加快低碳绿色技术创新,促进低碳绿色转型与发展

构建低碳绿色创新系统,国外大高度重视城市绿化、建筑节能改造,绿色交通发展,倡导资源循环利用和低碳发展。北京建设世界城市和首善之区,解决当前环境污染严重、资源能源瓶颈性危机等问题,需要构建绿色转型的战略规划框架,加快转变经济发展方式,制定绿色发展中长期规划,把绿色技术作为重点内容纳入"十二五"科技发展规划与相关技术产业发展规划,加强能源技术和减排技术的低碳创新,加强建筑节能、屋顶绿化建设,强化清洁能源、绿色能源开发和利用,加强清洁生产和绿色消费,鼓励公众参与植树造林,增加碳汇,强化绿色转型的社会责任,构建中关村绿色低碳创新示范区和北京区域低碳创新系统,建设绿色宜居的世界城市。比较分析如表9-1所示:

表 9 - 1　　　　　国外大城市发展的比较及对北京的启示

大城市	发展比较
法国巴黎	"大巴黎计划"城市的发展,交通的发展,轨道交通与城市发展间的关系
英国伦敦	注重整体规划;大力发展金融服务业;构建多元完善的交通体系;建设国际多元文化中心、创意城市
美国纽约	创新驱动战略的指引;现代高端服务业的集群;人才教育培养的推动;城市服务功能的融合;城市基础设施的关联;城市绿化建设与公共交通的全覆盖
日本东京	完善的法律保障体系;科学合理的城市规划;循序渐进开发;"多核心"的都市体系结构;便捷的交通基础设施和城市绿化相结合
对北京启示	加强城市功能的均衡化疏解和产业转型政策引导;加强高端知识密集型服务业的多中心集聚和分散布局;加强教育、医疗、文化等服务业发展,提高城市转型的宜居度;优化城市布局与完善低碳绿色公共交通系统;加快低碳绿色技术创新,构建低碳绿色创新系统,促进低碳绿色转型与发展

二、国内大城市发展对北京发展的启发

(一)上海

低碳城市的启动和发展更多地依赖制度层面的变革,没有强有力的政策安排与政策行动,没有政府、企业、社会公众的共同参与,到上海要实现到 2020 年在经济增长的同时 CO_2 排放比基准情景减少 50% 的目标是不可能的。上海推进低碳城市发展的对策措施有:

1. 向低碳城市转型的关键措施

(1)建立全市 CO_2 排放账户。要实现低碳城市的目标,就需要建立 CO_2 排放的账户,对上海的 CO_2 排放情况进行规划、均分配与监测。用能源消耗和 CO_2 排放作为约束上海粗放型经济增长的龙头,促进上海的经济结构、城市结构和消费结构向低碳城市转型。

（2）按照 CO_2 排放目标进行分解。实现低碳城市的主要行动领域是输入口的可再生能源，转化端的提高工业、交通、建筑领域的能源效率，以及输出端的加强城市碳汇空间建设。因此，需要将上海的 CO_2 控制目标分解到这三个领域之中，特别是分解到对未来 10 年实行低碳具有主要作用的工业减碳、交通减碳、建筑减碳中去。

（3）建立上海地方性的碳交易市场。要利用上海已经有能源环境交易所的平台，建立碳交易市场，以便促进碳生产率的提高。上海的能源结构短期内不可能有大的改变，化石能源仍将是今后一段时间内主要的能源来源。与发达国家相比，上海提升能源效率的空间还很大。因此，上海发展低碳城市需要实行提高能源效率与发展可再生能源并重的战略。

（4）将单位 GDP 的碳强度或者碳生产率（前者的倒数）指标纳入十二五规划。单位 GDP 的能源强度主要体现经济过程的能源消耗情况，单位 GDP 的碳强度体现经济过程的 CO_2 情况，两者一前一后可以携手成为提升经济发展质量的压力与动力。上海发展低碳城市需要将这两个指标作为经济社会发展的约束型指标，实质性地推动上海发展。

2. 三方合作的低碳城市治理结构

发展低碳城市应发挥政府、企业、社会公众三类主体的作用，各主体要围绕上海发展低碳城市的主要领域发展适合各自特点的行动以及建立横向间的合作关系，共同推动上海低碳城市发展目标的实现，见表 9 - 2 所示：

表 9 - 2　　　基于三方主体、四个低碳城市领域中的治理行为

	工业生产	交通运输	建筑使用	新能源开发利用	碳汇碳捕捉
政府	基于政府管理的循环经济及产业政策	基于政府管理的低碳型紧凑城市	基于政府管理的建筑低碳化政策	基于政府管理的新能源激励政策	基于政府管理的绿地建设及碳捕捉
企业	基于企业创新的低碳生产模式	基于企业生产的低碳型汽车制造	基于企业管理的建筑使用低碳化	基于企业创新的新能源开发利用	基于企业技术开发的碳捕捉技术
社会	基于市民行为的低碳消费模式	基于市民行为的低碳型出行模式	基于市民行为的低碳型居住模式	基于市民行为的新能源消费模式	基于市民行为的碳汇政策

（1）以政府为主体的低碳行动政府可以采用的政策有规制性、市场性、参与

性政策,在低碳城市中要针对低碳城市的主要行动进行相应的政策调整(表9-2,图9-2)。在启动阶段要做的工作主要如下:

①建立完善政府层面的低碳城市治理组织架构。成立各级政府领导负责、参与的办事机构,相互分工,架构完善,建立有效的协调和决策机制;

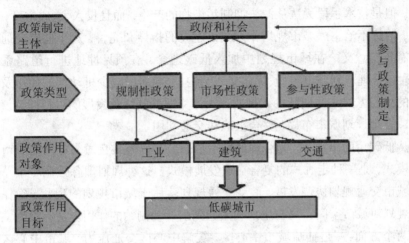

图9-2 治理创新与政策保障

②将 CO_2 排放总量和碳生产率指标纳入各级政府绩效考核的核心指标;

③重视市场性政策在低碳城市中的作用,要运用经济手段抑制高碳能源的使用,给具有低碳城市性质的生产与消费提供补贴,政府财政要加大低碳城市领域的投入;

④制定针对三个低碳城市领域的具有全过程特点的管理措施,加强低碳城市的规划研究、项目实施和效果评价。

(2)以企业为主体的低碳行动,主要有以下:

①建立基于碳生产率的产业、企业评估考核体系和招商引资政策。设立企业碳生产率的基准值,作为效率标尺,达到标准,给予准入;

②企业是低碳城市管理创新和技术创新的主体。使低碳城市发展成为企业新的经济增长点。

(3)以社会为主体的低碳行动,主要有:

①设立人均 CO_2 指标,引导市民对自身进行碳预算管理;

②建立市民参与的政策平台,使得低碳消费更容易成为全社会的自觉行动;

③利用信息公开及宣传，引导市民向低碳消费模式转变。

（二）天津

在实现天津交通低碳化发展过程中，技术性路径无疑是减少碳排放的重要手段，但是技术手段无法从源头抑制污染物的产生，而且投入大、成本高，手段单一，治标不治本。城市规划作为城市建设的指导和完善，对于低碳交通的建设具有重要意义。在城市规划中加入低碳理念，有预见性地进行道路系统规划，通过合理规划城市布局、优化交通结构、引导居民减少机动车的使用及推广绿色的出行方式来共同减少碳排放。天津交通低碳绿色发展的可行性建议有：

1. 合理规划城市布局，整合土地和交通利用

从低碳角度出发，较为合理的城市形态应是以公共交通为导向的城市用地开发模式，是一种走廊式的复合交通发展模式。这种规划理念强调城市总体规划和城市交通规划协调发展，改变交通规划落后于城市规划的现状，确保城市交通规划对城市空间布局与土地利用起到引导和制约的作用。这一策略主要体现在两个方面：一是抽疏城市中心区，缓解中心区交通压力，城市中心区是城市交通矛盾的突发点，要想改善这一矛盾焦点，在提高现有道路设施的通行能力及加强交通管理的同时，必须合理规划城市布局，抽疏城市中心区，使城市功能布局力求均衡，避免城市规模过度扩张以及追求单一功能的聚集效应；二是进行土地控制，构建"紧凑城市"，将城市交通规划与土地利用规划相结合，注重二者的衔接与协调。城市规划中应采取集中、紧凑的布局结构，提高土地资源的开发利用率，土地利用配合公交网络建设，对公共交通沿线的土地进行办公、居住及休闲等用地类型的综合规划，从而减少长距离、跨区域交通，达到节能减排的目的。

2. 优化交通结构，注重各种交通方式的衔接与整合

交通结构的优化包括交通网络和交通出行方式的优化，在路网结构方面，以提高路网承载能力和运行效率为中心，既要扩大路网的规模，又要提高网络的利用效率。天津应当尽快启动限制小汽车交通需求的相关措施，大力发展公共交通，尤其是轨道交通，结合地铁二号线、三号线及九号线的建成通车，调整优化中心城区与外围地区的地面公交线网，促进各种交通方式之间的衔接与换乘，努力实现零换乘，解决居民出行"最后一公里"的问题。例如，可通过设置电梯、自动扶梯与步行道等方式减少换乘，使网络内各种交通方式通行畅通。

提高公共交通服务水平，优化公交站点的设施，完善慢行交通的出行环境以及基础设施建设，加快规划建设自行车专用通道、行人步行通道以及过街设施，提高慢行交通的舒适度。

3. 加强交通需求调控，引导低碳出行

由于居民的交通需求具有时间与空间的不均匀性、目的的差异性、实现方式的可变性等特征，因此必须通过有效的交通需求管理进行调控，从交通需求的源头着手，做好前期规划，通过对人们交通行为方式与消费观念的有效引导与调节，采取合理的措施适当限制、引导需求，从而结合后期管理，使目前的交通系统通畅运转，提高城市交通资源利用率，使交通系统实现可持续发展。结合天津交通发展的实际情况，一方面要加快制定相关政策，大力发展公共交通，处理好交通需求与供给之间的矛盾，从而缓解城市交通拥挤现状；另一方面要适当利用价格杠杆，通过停车收费、交通拥挤收费等措施合理限制小汽车的使用，鼓励慢行交通等环境友好型出行方式，提倡和实践"3 公里步行、5 公里骑行、10 公里乘公交地铁出行"的绿色出行方式。

4. 推进城市交通管理体制改革

改变城市交通管理体制与低碳交通建设不相适应的状况，建立综合协调的城市交通管理体制。一是根据天津的具体情况制定并贯彻城市交通管理调控政策，进一步完善现有的城市规划、土地管理、交通管理等政策法规，通过投资、财税激励及交通管理等政策保证城市交通系统科学规划、建设、运营、管理与维护；二是加强组织领导与综合协调，建立健全节能减排管理体制，完善多部门协同推进机制，实现节能减排目标责任制与问责制，变后置被动管理为前置主动引导。同时，通过激励机制增加交通高新技术的研发和应用，鼓励清洁能源汽车的开发应用。

（三）深圳

1. 碳金融创新对低碳经济发展的作用

碳金融包含了市场、机构、产品、服务、政策等一系列不可分割的要素，这些要素创新性地构成了低碳经济的碳金融体系，为同时实现可持续发展、减缓和适应气候变化、灾害管理三重目标提供低成本的有效途径。碳金融使低碳经济加速扩展到经济的各个脉络，是应对全球气候变化的金融解决方案，是发展低碳经济的重要推动力。

（1）为低碳经济发展提供资金融通机制

低碳技术研发和产业结构转型离不开资金的支持，而碳金融可以通过市场机制聚集巨额资本，并正确引导资源流向低碳经济领域。首先，碳金融市场具有强大的中介能力和信息传递优势，能够通过碳金融产品价格变化引导资金流向收益率最高的投资领域。其次，碳金融是由产品、服务、中介机构、投资者、风险规避者等因素构成的复杂体系，可以通过金融交易、风险对冲、项目融资、风险投资和私募基金等多元化融资方式将社会富余资金吸引到低碳投资领域，从而为低碳经济发展提供资金保障。再次，构建国际化的碳金融体系还有利于吸引国际投资，促进减排资金和技术向发展中国家转移，为国际贸易投资和技术转移提供了便利。

（2）最小化减排成本，优化排放权资源配置效率

碳交易和碳市场是碳金融的重要组成部分，在这种排放权交易机制下，碳排放权具有商品属性，其价格信号引导经济主体把碳排放成本作为投资决策的一个重要因素。随着碳市场交易规模扩大，碳货币化程度提高，碳排放权进一步衍生为具有流动性的金融资产。碳金融构建的稀缺性排放权交易机制使温室气体排放成本由无人承担或社会承担的外部成本转化为由排放企业自身承担的内部成本。一旦碳成本转化为内部成本，企业减排成本上存在的差异便促使企业根据自身减排成本和市场碳价格，进行碳交易或减排投资。借助碳金融体系创造的种类繁多的直接投融资或者碳交易工具，减排成本高的国家或企业通过购买碳排放配额、核证减排量等碳资产将减排成本转移至减排成本较低的欧盟企业或发展中国家，最终在一个自由交易市场上达到稀缺排放权资源的最优效率配置，同时也使微观企业层面和世界经济总体的减排总成本最小化。

（3）加速低碳技术转移和绿色资本流动，健全低碳经济的传导机制

现阶段发展中国家能源利用效率和节能减排技术水平与发达国家相距甚远，其减排成本远远低于发达国家。因此，帮助发展中国家获得先进减排技术是有效并低成本地减少全球温室气体排放的办法。清洁发展机制和联合履行机制搭建了低碳技术由发达国家向发展中国家和经济转轨国家转移的绿色通道，加速了发展中国家由高碳经济向低碳经济的转型。碳金融体系通过直接投资、项目融资、绿色信贷、风险投资和私募基金等多元化投融资方式为资本在国家和地区间的流动搭建起一条绿色渠道。据世界银行估计，从 2007~2012 年，清洁发展机制每年为发展中国家提供大约 40 亿美元资金，而这些资金还具有 6~8

倍的投资拉动效应。因此,碳金融是低碳技术转移和绿色资本流动在不同国家地区间的传导机制,有助于全球低碳经济的均衡化发展。

(4)提供应对气候风险的金融手段,激励相关主体积极开展减排活动

气候变化给企业带来了额外风险,包括:环境风险、法规风险、成本风险以及品牌风险。重旱、洪水、暴雨等重大灾害频发导致的环境风险;碳信息监测披露、碳管制等法规风险;能源价格上涨、碳税以及强制碳减排等成本风险;赤道原则、资源减排、碳标签等品牌风险。碳金融可以为机构、企业和个人提供应对这些风险的多种渠道,市场参与者通过操作巨灾债券、碳基金、环境保险、结构性碳理财产品、碳金融衍生品等碳金融工具可以实现气候风险转移、分散、规避或者对冲,从而有效地降低气候风险暴露。另外碳金融还带来了新的市场机遇,技术先进的企业可以将其多余排放配额出售,从而增加企业收益提升企业品牌形象。因此,碳金融激励企业主动进行低碳技术研发,吸引着越来越多的企业加入应对气候变化的行动。

综上所述,碳金融是发展低碳经济的核心支柱。因此,在低碳城市试点建设中,深圳必须明确碳金融创新的重大意义,结合自身的金融资本优势,有针对性和目的性地开展深圳的碳金融创新工作。

2. 深圳市发展碳金融创新的优势和重点

碳金融是多层次的碳金融市场体系、多样化的碳金融组织服务体系和全方位的碳金融政策体系构成的复杂有机整体,不同国家和地区的碳交易市场、交易机制、交易主体和交易产品,碳金融机构的金融活动和金融创新,碳金融法律政策和规范标准等具有鲜明的地方特色和显著的差异性。因此,碳金融创新工作中,深圳必须以现阶段的经济发展水平为基础,发挥特区的资本、金融优势,牢牢把握创新重点,构建具有深圳特色的碳金融体系。

(1)发展碳金融创新的优势

深圳的金融优势是进行碳金融创新的重要基础。深圳拥有由主板、创业板、中小板和新三板构成的全国最为完善的多层次资本市场体系,对碳交易市场具有借鉴和促进功能;深圳是中国第三大金融中心,投资银行、基金公司、会计师事务所、标准认证机构、资产评估机构、保险公司等第三方服务机构活跃,积累了丰富的市场化经验,能够为碳金融创新提供良好服务;深圳低碳投融资规模不断扩大,基金规模全国第三;深圳金融创新能力强,碳金融产品创新走在全国前列。深圳是国家第一批低碳试点城市和碳排放权交易试点城市,这为深圳

大力推进碳金融创新提供了有力契机。深圳市政府积极倡导低碳发展模式,并出台大量促进绿色金融业发展的优惠政策,有力地推动了碳金融创新。

(2)发展碳金融创新的工作重点

碳金融的发展需要相应法律制度安排作为基础,深圳应当:首先,健全碳金融法律框架,包括碳排放交易制度、低碳投融资制度、碳保险制度、违约惩罚制度等,同时出台统一的行业规范,协调低碳金融业务中的内容、标准和程序;其次,应当积极为碳金融发展提供必要的外部条件,通过采取各种优惠政策支持金融业开展碳金融业务创新,完善政府能源监测体系,夯实碳交易基础;再次,应当重视宣传机制和激励机制建设,让碳金融成为社会各阶层有意识的自觉行为,要让企业充分意识到低碳经济和碳金融蕴涵的巨大价值,调动他们参与碳金融的积极性、主动性和创造性;最后,我们应当认识到任何体系的构建都不是一蹴而成的,因此需要抓紧制定深圳碳金融发展战略规划,使碳金融创新工作能够有条不紊的进行。

3. 深圳发展碳金融创新的支持路径

(1)银行业碳金融创新发展路径

银行碳金融业务的发展依赖于低碳经济的规制和碳金融中心的建设。近几年,国际上银行业碳金融发展的表现为:其一,"赤道原则"签约方数量逐步增加。截至 2011 年 6 月,已有 72 家金融机构自愿采纳"赤道原则";其二,利用传统融资方式支持绿色信贷业务,直接贷款支持低碳产业的发展;其三,围绕现行的碳排放权配额和自愿交易体系进行融资、碳金融产品创新以及碳金融咨询服务。考虑到国际低碳经济的宏观背景以及我国节能减排的大目标,结合广东省的产业结构和深圳的金融地位优势,深圳银行业可以考虑涉足以下碳金融服务,开发相应的碳金融产品。

(2)保险业碳金融支持路径

保险业作为现代金融体系的重要组成部分和社会风险管理的主要工具,在支持绿色低碳产业发展、推动经济发展方式转变中可以发挥更大的作用。碳金融市场与所有金融市场一样存在诸多风险,其中最为直接的是交付过程中的信用风险和未能达到排放目标的罚责风险。作为保险公司,可以设计开发相应的碳减排保险产品。

(3)大力发展低碳产业基金

在我国现有法律条件下,深圳可以考虑利用珠三角的雄厚的产业资本和金融资本以及深圳自身较发达的金融市场和毗邻香港国际金融中心的优势,发展低碳产业投资基金。实践中,低碳产业投资基金的基本运作应涉及投资者、低碳产业投资基金、基金管理人、被投资项目公司四方。投资者通过管理委托合同,将基金资产委托给基金管理人运营。基金管理人按照一定选择标准,独立做出投资决策后,将低碳产业投资基金分配到不同的低碳项目,通过上市、股权转让或被收购等途径退出投资,实现基金资产增值。

(4)碳金融市场的监管政策

深圳碳金融的良好发展还需要有效的监管体系监督与引导。除了传统金融领域的监管机构及其政府相关监督部门外,可以考虑扶持非政府组织的建立与发展,如引导碳金融行业协会的建设。金融非政府组织和金融行业协会作为社会自律性组织,介于政府与金融机构之间,承担部分国家职能和市场职能,在一定程度上弥补市场缺陷和政府缺陷,通过服务、干预和协调,发挥作用。政府监管部门可对上述团体进行委托,对碳金融产品开发、咨询服务、碳权衍生品交易是否依照银监会的指导原则等进行调查。另外,还可对商业银行向社会公布的各种低碳信息、碳权价格、温室气体减排行业指数等进行测算核实,发表客观公正的核查报告,制订道德规范等,由此约束碳金融从业人员的职业行为。几个城市发展比较见表9-3所示:

表9-3　　　　　　　　国内大城市发展的比较

大城市	发展比较
上海	上海推进低碳城市发展的对策措施有:向低碳城市转型的关键措施;政府、企业、社会三方合作的低碳城市治理结构,共同推动上海低碳城市发展目标的实现
天津	天津交通低碳绿色发展的可行性建议有:合理规划城市布局,整合土地和交通利用;优化交通结构,注重各种交通方式的衔接与整合;加强交通需求调控,引导低碳出行;推进城市交通管理体制改革
深圳	深圳发展碳金融创新的支持路径:银行业碳金融创新发展路径;保险业碳金融支持路径;大力发展低碳产业基金;碳金融市场的监管政策

第二节　京津冀与长三角、珠三角的比较分析

一、此三大都市圈发展特征的比较分析

随着中国经济的高速发展,中国城市的发展道路越来越受到世界的关注,"东部地区"作为中国经济高速增长的一个典型区域,已成为重点关注的对象。尤其是东部地区的长三角、珠三角和京津冀三大都市圈,经济发展呈现出明显的极化特征,在全国获得了巨大发展机遇。

京津冀都市圈由京津唐工业基地的概念发展而来,包括北京市、天津市以及河北省的保定、廊坊、唐山、邯郸、邢台、沧州、秦皇岛、张家口、承德和石家庄,涉及到京津和河北省8个设区市的80多个县(市)。国土面积约为12万平方公里,人口总数约为9000万人,2012年地区生产总值约为67598亿元。以汽车工业、电子工业、机械工业、冶金工业为主,是全国主要的高新技术和重工业基地。京津冀位于东北亚中国地区环渤海心脏地带,是中国北方经济规模最大、最具活力的地区,越来越引起中国乃至整个世界的瞩目。中共中央总书记、国家主席、中央军委主席习近平2014年2月26日在北京主持召开座谈会,专题听取京津冀协同发展工作汇报。强调实现京津冀协同发展:是面向未来打造新的首都经济圈、推进区域发展体制机制创新的需要;是探索完善城市群布局和形态、为优化开发区域发展提供示范和样板的需要;是探索生态文明建设有效路径、促进人口经济资源环境相协调的需要;是实现京津冀优势互补、促进环渤海经济区发展、带动北方腹地发展的需要;是一个重大国家战略,要坚持优势互补、互利共赢、扎实推进,加快走出一条科学持续的协同发展路子来。2006年国家发改委为充分听取社会各界对区域规划的意见和建议,进一步提高区域规划的公众参与度,国家发改委在门户网站主页"建言献策"栏目开辟"京津冀都市圈和长江三角洲地区区域规划建言献策"专题。自4月18日起至6月30日期间,面向社会征求对京津冀都市圈和长江三角洲地区区域规划的意见和建议,欢迎各界人士踊跃参与。

长江三角洲是长江入海之前的冲积平原,中国第一大经济区,中央政府定位的中国综合实力最强的经济中心、亚太地区重要国际门户、全球重要的先进制造业基地、中国率先跻身世界级城市群的地区。是指苏浙沪毗邻地区的16个市

组成的都市群,包括上海,江苏省的南京、苏州、无锡、常州、镇江、南通、扬州、泰州共8市,浙江省的杭州、宁波、湖州、嘉兴、绍兴、舟山和台州7市。根据国务院2010年批准的《长江三角洲地区区域规划》,长江三角洲包括上海市、江苏省和浙江省,区域面积21.07万平方公里,占国土面积的2.19%。其中陆地面积186802.8平方公里、水面面积23937.2平方公里。

珠江三角洲,简称珠三角,是西江、北江和东江入海时冲击沉淀而成的一个三角洲,面积大约5.6万平方公里。它位于广东省中南部,珠江下游,毗邻港澳,与东南亚地区隔海相望,海陆交通便利,被称为中国的"南大门"。珠江三角洲地区是有全球影响力的先进制造业基地和现代服务业基地,南方地区对外开放的门户,我国参与经济全球化的主体区域,全国科技创新与技术研发基地,全国经济发展的重要引擎,辐射带动华南、华中和西南地区发展的龙头,我国人口集聚最多、创新能力最强、综合实力最强的三大区域之一,有"南海明珠"之称。珠江三角洲地区包括广州、深圳、佛山、东莞、中山、珠海、惠州、江门、肇庆共9个城市。2008年底,国务院下发《珠江三角洲地区改革发展规划纲要》,珠三角一体化上升为国家战略。围绕着基础设施、产业布局、城乡规划、公共服务、环境保护一体化,珠三角的经济地理结构正在发生重大变化。轨道、绿道"双道"建设,为珠三角区域一体化提速提供了基础性条件。

珠三角、长三角、京津冀地区三大经济圈发展特征明显,发挥地区比较优势,使各种资源配置更加合理,促进区域经济协调发展。

(一)具有先天优势

长三角、珠三角和京津冀地区都具有较强的先天优势,包括区位优势、交通优势和产业基础优势。在区位优势上,三大区域经济体均处于东部沿海经济发达地区,地域宽广,资源丰富,有良好的人力、物力基础。在交通优势上,三大区域经济体都拥有众多的港口群,与内陆腹地有大量铁路公路相连,水陆空交通极为便利。在产业基础上,长三角、珠三角和京津冀地区工业化起步程度早,产业基础比较雄厚,发达的产业集群和完整的产业链形成了对投资的强大吸引。

(二)产业升级,形成集聚产业群

2012年,三大经济圈合计完成地区生产总值223321.48亿元,占全国的比重为 43.03%；其中第一产业为 11569.69 亿元，占全国的比重为 22.09%；第二产业为 104720.67 亿元，占全国的比重为 44.53%；第三产业为 107031.12 亿元，占全国的比重为 46.25%，可以看出三大经济圈在全国占有重要地位。如表 9 - 4 所示：

表 9 - 4　　　2012 年三大都市圈的三次产业生产总值比较（单位：亿元）

（本表绝对数按当年价格计算，指数按不变价格计算）

都市圈	地区	地区生产总值	第一产业	第二产业	第三产业
	全国	518942.1	52373.6	235162.0	231406.5
京津冀	北京	17879.40	150.20	4059.27	13669.93
	天津	12893.88	171.60	6663.82	6058.46
	河北	26575.01	3186.66	14003.57	9384.78
	合计	57348.29	3508.46	24726.66	29113.17
长三角	上海	20181.72	127.80	7854.77	12199.15
	江苏	54058.22	3418.29	27121.95	23517.98
	浙江	34665.33	1667.88	17316.32	15681.13
	合计	108905.27	5213.97	52293.04	51398.26
珠三角	广东	57067.92	2847.26	27700.97	26519.69
合计		223321.48	11569.69	104720.67	107031.12
占全国的比重		43.03%	22.09%	44.53%	46.25%

（2013 中国统计年鉴）

京津冀地区的经济发展水平不够高。经济发展是城镇化的核心动力，河北省经济发展的滞后是京津冀地区城镇化水平偏低、内部结构失衡的关键原因。2012 年京津冀都市圈的地区生产总值为 57348.29 亿元，明显低于长三角的 108905.27 亿元。尤其是京津冀都市圈内部的差别悬殊，北京市 2012 年人均地区生产总值为 87475 元，天津市 2012 年人均地区生产总值为 93173 元，河北省 2012 年人均地区生产总值为 36584 元；而长三角经济圈内部的差别不是很大，上海市 2012 年人均地区生产总值为 85373 元，江苏省 2012 年人均地区生产总值为 68347 元，浙江省 2012 年人均地区生产总值为 63374 元。如表 9 - 5 所示：

表 9 – 5　　　　　　　三大都市圈的人均地区生产总值比较(元)

(本表绝对数按当年价格计算)

都市圈	地区	2010 年	2011 年	2012 年
京津冀	北京	73856	81658	87475
	天津	72994	85213	93173
	河北	28668	33969	36584
	均值	58506	66947	72411
长三角	上海	76074	82560	85373
	江苏	52840	62290	68347
	浙江	51711	59249	63374
	均值	60208	68033	72365
珠三角	广东	44736	50807	54095

(2013 中国统计年鉴)

　　三大区域经济体确定了各自的产业发展战略,并在十余年的发展过程中形成了众多颇具市场竞争力的特色产业群,带动了区域经济的快速发展。长三角地区不断进行产业升级和转移,使上海的集聚产业突出集中于高新技术产业和机械制造业,而江苏和浙江劳动密集型产业集聚能力大幅度上升。广东省形成了电子信息和电器机械及专用设备、汽车、建筑材料、纺织服装、医药、石化、食品饮料和森工造纸等 9 大支柱产业。在京津冀地区,天津有 2 个强集聚行业是石油天然气开采业和通信设备、计算机及其他电子设备制造业;北京有 4 个强集聚行业是燃气生产和供应业、通信设备、计算机及其他电子设备制造业、印刷业和记录媒介的复制以及仪器仪表及文化、办公用机械制造业;河北有 2 个强集聚行业是黑色金属矿采选业、黑色金属冶炼及压延加工业。

(三)城市体系结构

　　城市是人口城镇化的载体,一个区域内的城市体系结构在很大程度上决定着该区域人口城镇化的进程。经过多年的发展,珠三角和长三角城市群的势力相当,均具有较强的综合经济实力。京津冀地区城市之间经济差距很大,中小城市不发达，这是京津冀都市圈与珠三角和长三角很明显的一个差别。

从经济学考察，大都市经济圈是最有效率的空间组织形态。通常，在这种经济圈内有一个经济首位度大的中心城市，它与周边城市区域存在密切的经济联系或分工合作的关系，且同时具有"极化"和"辐射扩散"两种效应。在我国，最接近这种经济学意义的都市圈的当属长三角，珠三角次之，而京津冀相对差些。京津冀都市圈的北京和天津同属中央直辖市，产业结构类似，竞争动机强烈，这些年京津之间围绕机场，港口等基础设施之争！围绕汽车，重化工等制造业之争，围绕北方产权交易中心等平台选择之争，围绕生态环境，水资源之争，造成了资源、效率的巨大浪费，而且使得京津与河北之间经济社会的二元结构异常突出。2012三大经济圈的城市的建设情况以及市政设施情况比较如表9-6和表9-7所示：

表9-6 　　　　　　2012 年三大都市圈的城市建设情况比较

（本表绝对数按当年价格计算，指数按不变价格计算）

都市圈	地区	城区面积（平方公里）	城市建设面积（平方公里）	城市绿地面积（公顷）
京津冀	北京	12187.0	1445.0	65540
	天津	2334.5	722.1	22319
	河北	6611.2	1609.3	73517
	合计	21132.7	3776.4	161376
长三角	上海	6340.5	2904.3	124204
	江苏	13957.0	3701.9	247001
	浙江	10515.2	2246.7	122723
	合计	30812.7	8852.9	493928
珠三角	广东	15984.1	4083.4	401669

（2013 中国统计年鉴）

表 9 - 7　　　　　　2012 年三大都市圈的市政设施情况比较

（本表绝对数按当年价格计算，指数按不变价格计算）

都市圈	地区	城市人口密度（人/平方公里）	每万人拥有公共交通车辆（标台）	人均城市道路面积（平方米）	人均公园绿地面积（平方米）
京津冀	北京	1464	23.43	7.57	11.87
	天津	2782	17.34	17.88	10.54
	河北	2411	11.29	17.84	14.00
	均值	2219	17.35	14.43	12.14
长三角	上海	3754	11.91	4.08	7.08
	江苏	2002	13.36	22.35	13.63
	浙江	1786	13.96	17.88	12.47
	均值	2514	13.08	14.77	11.06
珠三角	广东	2927	13.42	13.42	15.82

（2013 中国统计年鉴）

（四）城镇化程度

　　人口城镇化和城市发展都会带来区域空间形态和人地关系格局的变化。所谓城镇化强度，是指城镇化发展进程中空间形态及人地关系变化的程度。这里对三大经济圈的年末城镇人口比重，以及人口受教育程度进行了比较，可以看到城镇化程度在逐渐提高，如表 9 - 8 和表 9 - 9 所示：

表 9 - 8　　　　　　三大都市圈的年末城镇人口比重(%)

都市圈	地区	2010 年	2011 年	2012 年
京津冀	北京	85.96	86.20	86.20
	天津	79.55	80.50	81.55
	河北	44.50	45.60	46.80
	均值	70.00	70.77	71.52

续表

都市圈	地区	2010 年	2011 年	2012 年
长三角	上海	89.30	89.30	89.30
	江苏	60.58	61.90	63.00
	浙江	61.62	62.30	63.20
	均值	70.50	71.17	71.83
珠三角	广东	66.18	66.50	67.40

(2013 中国统计年鉴)

表9-9　　　　　三大都市圈的人口受教育程度比较(单位:人)

(本表是 2012 年全国人口变动情况抽样调查样本数据，抽样比为 0.831‰)

都市圈	地区	6 岁及以上人口	未上过学的人口	大专及以上的人口
京津冀	北京	16447	271	6143
	天津	11175	297	2553
	河北	55844	2383	3232
	合计	83466	2951	11928
长三角	上海	19034	466	4392
	江苏	62230	3492	8373
	浙江	43285	2383	6473
	合计	124549	6341	19238
珠三角	广东	82228	2479	8027

(2013 中国统计年鉴)

二、京津冀都市圈的比较优势

虽然目前长三角和珠三角的发展已经走在了全国的前面，但是无论从历史看还是从现实看，京津冀都市圈与另两个经济圈比较，仍有一些优势。具体的有:

(一)京津冀都市圈有比较雄厚的经济基础，重工业是长项

从历史上看，京津冀曾与长三角媲美，超过珠三角。近代的天津是北方的

工业、金融、商业和贸易中心，可谓国际化大都市。天津的发展，带动了北京、唐山、秦皇岛等地的工业发展，形成了一个新的城市经济带。从现实看，新中国成立后，北京由原先的消费城市变成强大的工商业城市，改革以来更成为中国最大的科技孵化器，其经济实力与上海、广州并驾齐驱。天津虽然稍显落伍，但它的工业基础还在，实力还在，并在更新改造中逐渐焕发出青春，新兴的开发区更是国内快速发展的一枝奇葩。河北不仅是农业大省，全国最大的小麦和蔬菜生产地，也有门类比较齐全的工业，石家庄制药、唐山钢铁和煤炭、保定胶卷、秦皇岛玻璃等，都有相当的知名度。该区域由于矿产资源丰富，在煤炭、石油、建材等基础产业方面超过另外两个三角区，在钢铁和化工方面与另外两个三角区不相上下，在高新技术产业、汽车制造、金融、商业和贸易等方面，京津两市与长三角、珠三角的中心城市相当。但因河北在这些方面明显落后，京津周围没有形成像上海、广州周围那样发达的组合城市群，所以京津冀整个区域的综合经济实力落后于另外两区域。

（二）京津冀都市圈地理位置优越，有明显的资源优势

该区域有物产丰富的大平原，有太行山脉和燕山山脉纵横作屏障并孕育出林地、草原和水流，有渤海湾漫长的海岸线和若干港口，还有北京、承德、秦皇岛等城市拥有的众多名胜古迹。但该区域的水资源匮乏、风沙大、气候干燥，远不及另外两个三角区气候条件和水资源条件优越。但由于渤海是内海和小海，而另外两个地区面临的是开阔的东海和南海，所以京津冀的港口数量和规模及其通航条件与对外经济交往范围，也远不及另外两个三角区。首都北京和天津两大直辖市，有明显的政治优势，而且聚集了众多的大专院校、科研院所和一流的人才与技术，这是"长三角"和"珠三角"都无法比肩的。但河北的人才、技术却是弱势，严重制约了该地区整体经济实力的提升。

（三）京津冀都市圈有很大的合作空间

京津冀三地山水相连，血脉相通，历史上形成的紧密程度不亚于甚至超过另外两个区域，但现实中的融合却远不如另外两个区域。虽然京津冀一体化问题已经议论多年，但由于三地实力差距悬殊、行政壁垒坚固以及观念障碍等原因，几次牵手又数次停滞，一直没有形成紧密的实际的合作关系，很大程度上还只是一种口头上的合作，没有多少实质的内容，还有很大的合作潜力和很多

的合作空间。比较见表 9 - 10 所示：

表 9 - 10　　　　　　　京津冀都市圈的比较优势

区域	优势	
京津冀	雄厚的经济基础	重工业是长项
	地理位置优越	明显的资源优势
	很大的合作潜力	很多的合作空间

三、京津冀都市圈发展的建议策略

(一)破除阻碍京津冀一体化发展的思想观念

首先要淡化行政区划概念，强化区域发展观念。不妨把京津看作本区域的两个龙头，各有侧重。河北当然是充当配角，但并非不重要。三地各有所长，可以优势互补，实现共赢共胜。在市场经济条件下，行政区划的制约正在日益淡化，经济发展靠行政区划的整合正在让位于市场整合。我们应当尽快摆脱长期以来形成的"区划思维"，代之以开放的"市场思维"和"区域思维"。市场经济需要的地域文化应具有"海纳百川"的包容性，有理性、开放、创新的文化精神。对于"官文化"笼罩下的京津冀地域文化的弊端，我们必须认真反思，坚决革除。尤其是河北，要有甘当配角意识、着眼长远意识、扬长避短意识、积极引进意识，更要强化市场意识、竞争意识、共赢意识，破除狭隘地方主义、封闭意识和固有的计划经济观念。三地都要进一步解放思想，革新观念。

(二)三地之间实现资源、市场、信息的共享

本着平等、公平、协商的态度，加快一体化建设的步伐，如交通设施实现网络化、搭建金融体系和信用体系的共有平台，让三地之间的各种要素自由通畅地流动起来，市场最终也将融合起来。首先是硬件上的网络化。北京最近修编的城市规划蓝图，就是以"两轴两带多中心"为依据，京津冀协调发展相结合，在规划中为三地对接留出了发展的结合点和建设接口。在京津之间投资近百亿的铁路专线，目前京津列车实现公交化，33 分钟直达；在京石之间的高铁 67 分钟到达。尽管河北的石家庄、唐山、保定等都有与京津相连的高速，但河北内部特别是南部地区的交通还没有形成网络化，这显然不利于构建京津冀大交通的网络化体系，需

要加强。软件的一体化也很重要。京津冀可以借鉴长三角的一卡制（如上海买的公交卡，在杭州等地可以通用）等做法，强化、完善三地异地结算体系，工商企业也可以异地注册，建立扁平化管理组织，可以是非政府行业协会或中介组织，减少三地的经济摩擦，等到三地合作达到一定程度，可以共同筹措资金，用于解决跨区域、跨城市的基础设施等软硬件建设。京津冀三地合作，结果会使现有的落差填平，达到经济实力的旗鼓相当，在共赢中共同发展。

（三）发挥政府、企业和社会的合力互动作用

由于该地区政府的力量与市场的力量相比要强大许多，所以需要三地政府加强沟通和合作，国家有关部门也要给以更多的切实的重视，并从中协调各方利益。既要有行政手段，更要多用市场参与的办法拆除行政壁垒，促进该地区发展。为了保证三地的协调发展，基于系统论的思想，把京津冀区域的政府、企业和社会看成一个整体系统，可以成立一个类似于欧盟的区域协调组织，或建立三省市高层定期的联席会议制度，政府、企业和社会三者合力互动，推进京津冀合作与发展。

（四）调整发展战略，准确定位自己

北京既是政治和文化中心，也是金融和贸易中心，又是全国最大的高新技术产业基地。重工业应继续向周边迁移，释放过量的能量。天津应成为该区域的工业中心、商业和贸易中心，最大的通商口岸。基于京津辐射，首先在周边地区，河北的经济重心应该是先北后南。基于河北现有的经济基础，在北京相关产业外移的情况下，承接北京产业的产业定位，应该定位于制造业基地、工业园区、农业产业化基地、旅游胜地等。这是一种趋于专业化分工的定位。像长三角巧个城市之于上海的关系那样，产业选择上和而不同，违而不犯。从河北早些年就提出的"环京津"、"环渤海"的两环战略，到两院院士吴良镛提出"大北京"概念，再到最近三地官员聚首"廊坊会议"达成的共识，京津冀总的发展思路愈发清晰，北京要谋求舒展，缓解压力；天津要再次腾飞，迎头赶上；河北要借力发挥，快步紧追。如此，打造中国经济的第三极，使京津冀成为名副其实的"金三角"将会变成现实。

　　（五）河北继续解决好人才的匮乏，京津冀协同发展

　　京津冀都市圈落后于长三角和珠三角两个经济圈，主要表现在河北的落后，而河北的落后又主要表现在缺乏人才上，人才匮乏是制约河北发展的主要障碍。河北最近提出的"人才柔性流动战略"就很具功力。"不为所有，但为所用"，这是完全正确的。河北可以利用毗邻京津这种独特的地缘优势、协同发展，让京津的人才为河北服务，无论以项目形式、兼职形式、短期讲学形式、"假期工程师"形式，都十分方便。如此产生的效应也是相当乐观的。目前，河北已出台一系列好的人才政策，关键是落实好。对人才的冷漠、歧视现象，或排斥人才的现象，在一些地方、部门和单位仍然存在，所以河北要解决好人才的匮乏问题，还要在实践中积极破除人才制度上的障碍，努力促进好京津冀的协同发展。见表 9 – 11。

表 9 – 11　　　　　　　京津冀都市圈发展的建议策略

建 议 策 略	具 体 做 法
破除阻碍京津冀一体化发展的思想观念	淡化行政区划概念，强化区域发展观念。把京津看作本区域的两个龙头，三地优势互补，共赢共胜
三地之间实现资源、市场、信息的共享	北京以"两轴两带多中心"为依据，京津冀协调发展相结合，逐步实现三地对接
发挥政府、企业和社会的合力互动作用	三地政府加强沟通和合作，市场参与，区域协调组织
调整发展战略，准确定位自己	京津辐射，趋于专业化分工的定位
河北继续解决人才匮乏，京津冀协同发展	人才政策，人才制度，利用毗邻京津优势、协同发展

　　总而言之，我们要正视京津冀都市圈已经落后于长三角和珠三角两个都市圈的现实，但通过三个都市圈发展特征对比的分析，我们可以看到京津冀都市圈还是有一些发展优势，只要扬长避短，策略科学合适可行，京津冀都市圈迎头赶上长三角和珠三角应该不是很遥远的事情，我们应该充满信心，探讨和实施科学可行的京津冀区域协同发展战略，实现京津冀区域协同创新发展。

本章小结

本章通过大北京与国内外大城市的比较分析，如与国外的伦敦、巴黎、纽约、东京和国内的上海、天津、深圳比较，借鉴其有利的发展经验，结合大北京的实际发展情况，找出国外大城市发展对北京发展的启示，加速北京城市发展的功能定位和城市转型，探讨大北京的低碳绿色发展战略。为了缓解大北京的发展压力，为了解决北京城市病问题，中央确定了京津冀区域协同发展为国家重大发展战略。

京津冀区域与长三角、珠三角发展特征明显，对三者的城市体系结构、城镇化程度等进行比较分析，促进产业升级，形成集聚产业群，发挥地区比较优势，使各种资源配置更加合理，促进区域经济协调发展。京津冀与长三角、珠三角比较，仍有一些优势，京津冀都市圈地理位置优越，有明显的资源优势、有比较雄厚的经济基础等，实施科学可行的京津冀区域协同发展战略，实现京津冀区域协同创新发展的可持续性。

参考文献

［1］北京市发展改革委网站 http://www.bjpc.gov.cn/

［2］毕景媛.北京低碳交通发展的实践与对策［J］.中国管理信息化，2011(14)7

［3］蔡雅君.中国城镇化进程分析［J］.产业与科技论坛，2012(11)11

［4］曹伯虎，徐志，张雅婷.城市低碳交通指数与低碳交通发展［J］.城市，2013.7

［5］陈飞.低碳城市发展与对策措施研究——上海实证分析［M］.北京:中国建筑工业出版社，2010.8

［6］陈静雅.基于价值链的区域经济合作与产业升级策略探析［J］.商业时代，2013(20)

［7］陈萍.内陆开放型航空港:基于要素流动的空间效应［J］.区域经济评论，2013.3

［8］程晨，李洪远，孟伟庆.国内外生态工业园对比分析［J］.生态环境，2009(29)1

［9］迟远英，李京文，张少杰.循环经济视角下的能源可持续发展初探［J］.经济纵横，2008.12

［10］邓南圣，吴峰.国外生态工业园研究概况［J］.安全与环境学报，2001(4)1

［11］丁玲，周大地:发展新能源需"看花浇水"［J］.中国经济和信息化，

2011.10

[12] 杜宾宾. 珠海建设低碳城市战略初探[J]. 市场论坛, 2011.1

[13] 杜宇, 刘俊昌. 生态文明建设评价指标体系研究[J]. 科学管理研究, 2009(27)3

[14] 董鉴泓. 城市规划历史与理论研究[M]. 上海:同济大学出版社, 1999

[15] 范翰章, 张宇红. 我国城市建设战略观念的探索[J]. 沈阳建筑工程学院学报(社会科学版), 2002(4)2

[16] 范云芳. 基于国外城镇化发展的中国城镇化战略选择[J]. 中国发展, 2014(14)2

[17] 冯艳芬, 王芳. 基于脱钩理论的广州市耕地消耗与经济增长总量评估[J]. 国土与自然资源研究, 2010.1

[18] 冯之浚, 刘燕华, 周长益, 罗毅, 于丽英. 我国循环经济生态工业园发展模式研究[J]. 中国软科学, 2008.4

[19] 付允, 刘怡君, 汪云林. 低碳城市的评价方法与支撑体系研究[J]. 中国人口·资源与环境, 2010(20)8

[20] 付允, 汪云林, 李丁. 低碳城市的发展路径研究[J]. 科学对社会的影响, 2008.2

[21] 高德明. 国内外生态文明研究概况[J]. 红旗文稿, 2009(18)

[22] 关键. 试论我国绿色经济发展及其管理模式[J]. 企业经济, 2002.12

[23] 关华, 赵黎明. 基于协整理论的区域能源需求影响因素探析[J]. 经济与管理, 2013(27)9

[24] 龚世文, 周健. 提升山东省低碳工业化自主创新能力分析[J]. 中国集体经济, 2010.12(上)

[25] 国家环境保护局. 环境监测[M]. 北京:中国环境科学出版社, 1997

[26] 国家能源局网 http://nyj.ndrc.gov.cn/

[27] 国家统计局能源统计司. 中国能源统计年鉴2009[M]. 北京:中国统

计出版社，2010.7

　　[28] 国家信息中心宏观政策动向课题组. 新能源产业 2010 年回顾与 2011年展望[J]. 中国科技投资，2011.2

　　[29] 韩城. 实证分析新能源发展的主要影响因素——基于协整分析与格兰杰因果检验[J]. 资源与产业，2011(13)1

　　[30] 黄当玲. 我国城市低碳经济发展的路径研究[J]. 西北大学学报(哲学社会科学版)，2012(42)3

　　[31] 黄海峰，孙涛，姚望. 建立绿色投资体系 推进循环经济发展[J]. 宏观经济管理，2005.8

　　[32] 黄海峰，王庆忠，王虹等. 生态工业园比较研究[J]. 内蒙古统计，2005.6

　　[33] 黄海峰，周国梅. 中国经济创造之路. 北京:首都经济贸易大学出版社，2010.6

　　[34] 黄水平，邱国玉. 深圳发展低碳经济的碳金融创新[J]. 特区经济，2012.9

　　[35] 黄荣清. 中国区域人口城镇化讨论[J]. 人口与经济，2014(202)1

　　[36] 何恬，刘娟. 京津冀区域协同创新体系建设研究[J]. 合作经济与科技，2013(475)10 下

　　[37] 侯海东，张会议. 自组织视域下的京津冀区域战略性新兴产业协同发展研究[J]. 职业时空，2013.11

　　[38] 胡洁，卢毅，李英杰. 绿色循环低碳交通运输概念辨析[J]. 管理观察，2014.3

　　[39] 胡敬华，杨新培，郭瑞清. 生态环境保护与经济发展的关系[J]. 内蒙古气象，2008.3

　　[40] 侯鹰，李波，郝利霞等. 北京市生态文明建设评价研究[J]. 生态经济，2012.1

　　[41] 贺小莉. 能源效率评价及影响因素分析——以天津市为例[J]. 生态

经济，2013（266）5

［42］韩璐. 区域能源效率评价及其影响因素分析［J］. 战略研究，2011.8

［43］环境保护部宣传教育司与中国行政管理学会联合课题组. 从"五位一体"高度把握生态建设与经济发展关系［J］. 环境与可持续发展，2013.3

［44］蒋华. 循环经济：可持续发展的必然选择［J］. 经济研究导刊，2010（25）

［45］季昆森. 循环经济原理与应用［M］. 合肥：安徽科技出版社，2004

［46］江平. 中国新能源步入快速发展通道［N］. 中国经济时报，2011 - 09 - 08

［47］孔翔，杨宏玲. 基于生态文明建设的区域经济发展模式优化［J］. 经济问题探索，2011.7

［48］雷红鹏，庄贵阳，张楚. 把脉中国低碳城市发展——策略与方法［M］. 北京：中国环境科学出版社，2011.5

［49］李京文. 中国城市化进程回顾与前瞻［J］. 中国城市经济，2010.8

［50］李京文. 中国城市化的重要发展趋势：城市群（圈）的出现及对投资的需求［J］. 创新，2008.3

［51］李京文. 中国区域经济发展的主要趋势与对策［J］. 中国城市经济，2007.10

［52］李京文. 城市建设与和谐社会的构建［J］. 城市发展研究，2006（13）2

［53］李京文. 大力推进科技进步，实现我国工业转型升级［J］. 工业技术经济，2011（217）11

［54］李剑玲，黄海峰. 中国新能源发展现状、问题与对策［J］. 中国财经信息资料，2012.6

［55］李剑玲，黄海峰. 中国低碳工业化管理研究［J］. 中国市场，2012.3

［56］李剑玲，黄海峰. 论中国绿色投资管理［J］. 再生资源与循环经济，2012.4

［57］李剑玲. 基于低碳绿色经济的中国城市建设问题研究［J］. 生态经

济，2014.5

[58] 李英禹，苏晋. 低碳经济与经济模式的生态化转变[J]. 北方论丛. 2011(229)

[59] 李景源，孙伟平，刘举科. 生态城市绿皮书：中国生态城市建设发展报告2012[R]. 社会科学文献出版社，2012

[60] 李国成，周江梅，徐慎娴等. 我国生态工业园的发展现状及对策[J]. 台湾农业探索，2009(3)6

[61] 李玲，陈国生，谢俊明. 基于碳足迹分析法的湖南省低碳发展研究[J]. 资源开发与市场，2011(27)2

[62] 李书吾. 加快中国城市化进程的思考[J]. 云南行政学院学报，2003.4

[63] 李娜，周瑞红. 日本发展生态工业园的实践及启示[J]. 经济纵横，2008.3

[64] 李想. 中国城市化的特点、问题与趋势[J]. 现代商业，2012(22)

[65] 李小鹏，赵涛，袁兰静. 基于循环经济的生态工业园区综合评价研究[J]. 北京理工大学学报(社会科学版)，2009(11)8

[66] 李振京. 我国循环经济的发展现状与战略选择[J]. 环境经济，2006.4

[67] 刘红光，范晓梅，刘卫东. 城市活动碳足迹计量及其对城市规划的启示——以北京市为例[J]. 城市规划，2012(36)10

[68] 刘铁. 京津冀都市圈协同发展模式研究[J]. 商业时代，2010(17)

[69] 刘学敏. 循环经济机制与模式研究[J]. 经济纵横，2007.1

[70] 刘裕生，陈锦. 北京市碳排放量影响因素分析(2002 - 2011)[J]. 人民论坛，2013.11

[71] 刘勇. 中国城镇化发展的历程、问题和趋势[J]. 经济与管理研究，2011.3

[72] 刘勇，李仙. 京津冀区域协同发展的若干战略问题[J]. 中国发展观察，2014.5

[73] 刘永清. 基于循环经济的生态工业园区构建研究[J]. 科技进步与对

策，2009(26)3

[74] 刘琦. 中国新能源发展研究[J]. 电网与清洁能源，2010.1

[75] 刘中文，高朋钊，张序萍. 我国低碳城市发展战略模式研究[J]. 科技进步与对策，2010(22)11

[76] 凌明泉. 我国低碳经济发展存在的问题及对策研究[J]. 中国市场，2012(685)22

[77] 卢锋. 系统动态分析与模拟训练问题[J]. 武汉体育学院学报，1997(121)2

[78] 陆小成. 纽约城市转型与绿色发展对北京的启示[J]. 城市观察，2013.1

[79] 马向平，朱盈盈. 武汉市低碳经济发展路径研究[J]. 理论月刊，2011.2

[80] 闵远光，袁珂. 可持续发展经济理论剖析[J]. 郑州航空工业管理学院学报，2000(18)9

[81] 宁越敏. 中国城市化特点、问题及治理[J]. 南京社会科学，2012.10

[82] 宁越敏，高丰. 中国大都市区的界定和发展特点. 中国城市研究（第一辑）[M]. 中国大百科全书出版社，2008

[83] 牛丽明，孟辉. 中国新能源发展的生机[J]. 山东纺织经济，2011.5

[84] 潘家华，陈迎，李晨曦. 碳预算方案的国际机制研究[M]. 北京：经济科学出版社，2009

[85] 潘家华，王汉青，梁本凡等. 中国低碳发展面临的三大挑战[J]. 经济，2011.3

[86] P·切克兰德，左晓斯. 系统论的思想与实践[M]. 北京：华夏出版社，1990

[87] 乔琦，傅泽强，刘景洋等. 生态工业评价指标体系[M]. 北京：新华出版社，2006

[88] 秦立莉，孟耀. 绿色投资及其发展方向[J]. 当代经济研究，2006.6

[89] 秦钟,章家恩,骆世明等. 基于系统动力学的广东省循环经济发展的情景分析. 中国生态农业学报,2009(17)4

[90] 冉春艳,齐振宏. 基于 PEST 分析法的湖北省发展循环经济机制创新研究[J]. 未来与发展,2008.1

[91] 任重. 生态文明建设与新型城镇化[J]. 今日浙江,2013.10

[92] 任东明. 中国新能源产业的发展和制度创新[J]. 中外能源,2011(16)1

[93] 荣宏庆. 我国新型城镇化建设与生态环境保护探析[J]. 改革与战略,2013(241)9

[94] 石婵雪. 金融机构风险管理不缺模型缺常识[N]. 第一财经日报,2009 - 02 - 25

[95] 石磊,郭恩平. 韩国的生态工业园区[J]. 世界环境,2011.5

[96] 宋成华. 中国新能源的开发现状、问题与对策[J]. 学术交流,2010.3

[97] 宋德勇. 中国必须走低碳工业化道路[J]. 华中科技大学学报(社会科学版),2009(6)23

[98] 苏美蓉,陈彬,陈晨等. 中国低碳城市热思考:现状、问题及趋势[J]. 中国人口·资源与环境,2012(22)3

[99] 孙萍. 我国低碳经济发展现状与对策[J]. 辽宁广播电视大学学报,2012(123)2

[100] 孙国强. 循环经济的新范式:循环经济生态城市的理论与实践[M]. 北京:清华大学出版社,2005.3

[101] 孙健夫. 推进新型城镇化发展的财政意义与财政对策[J]. 财政研究,2013.4

[102] 孙磊. 煤炭企业循环经济管理模式构建研究[J]. 洁净煤技术,2008(14)6

[103] 孙钰,任思思. 天津发展低碳化交通的思考[J]. 城市,2012(6) 2

[104] 孙秀梅,周敏. 集群对低碳工业化自主创新的创导机制研究[J]. 技

术经济与管理研究，2011.4

[105] 孙忠英. 构建循环经济生态工业园的思路和对策[J]. 特区经济，2009.6

[106] 谭丹，黄贤金，胡初枝. 我国工业行业的产业升级与碳排放关系分析[J]. 四川环境，2008.2

[107] 谭兴尧. 生态足迹研究进展[J]. 现代农业科技，2009(23)

[108] 谈琦. 低碳城市评价指标体系构建及实证研究——以南京、上海动态对比为例[J]. 生态经济，2011.12

[109] 陶良虎. 中国低碳经济——面向未来的绿色产业革命[M]. 北京:研究出版社，2010

[110] 田江海. 解析绿色投资的方向与重点[J]. 中国投资，2005.4

[111] 田江海. 绿色经济与绿色投资[M]. 北京:中国市场出版社，2010

[112] 王邦兆. 区域工业经济系统动力学模型及政策建议[J]. 统计与决策，2001(142)10

[113] 王军. 可持续发展[M]. 北京:中国发展出版社，1997.3

[114] 王军. 循环经济的理论与研究方法[M]. 北京:经济日报出版社，2007.6

[115] 王其藩. 社会经济复杂系统动态分析[M]. 上海:复旦大学出版社，1992

[116] 王建廷，李旸. 以中新天津生态城为龙头的天津生态城市建设模式与对策研究[J]. 城市，2009.8

[117] 王丽琼. 中国能源利用效率区域差异基尼系数分析[J]. 生态环境学报，2009(18)3

[118] 王仁贵，杨士龙. 中国布局最大绿色投资[J]. 瞭望新闻周刊，2010.5

[119] 王明霞. 脱钩理论在浙江循环经济发展模式中的运用[J]. 林业经济，2006.12

[120] 王翼,王歆明. 经济系统的动态分析[M]. 北京:机械工业出版社,2008.1

[121] 王玉辰,王琦. 基于系统理论对国际区域能源合作的分析[J]. 管理观察,2013.8(上)

[122] 王颖. 北京发展循环经济的若干问题[J]. 开放导报,2010(152)10

[123] 王旭梅. 建设生态文明加快转变经济发展方式[J]. 当代经济,2012.7(上)

[124] 王彦鑫. 生态城市建设:理论与实证[M]. 北京:中国致公出版社,2011

[125] 王赢政,周瑜瑛,邓杏叶. 低碳城市评价指标体系构建及实证分析[J]. 统计科学与实践,2011.1

[126] 汪琨. 新形势下循环经济管理模式探究[J]. 科技传播,2010.8(上)

[127] 吴敬琏. 实现经济发展模式的转变[J]. 中国改革,2008.11

[128] 吴瑾菁,祝黄河. "五位一体"视域下的生态文明建设[J]. 马克思主义与现实,2013.1

[129] 吴文英. 中国的城市化进程与城市发展思考[J]. 福州师专学报,2002.8

[130] 吴晓明. 生态环境保护与经济发展的关系[J]. 现代营销,2012.10

[131] 吴晓青. 加强绿色投资,促进经济转型[J]. 经济界,2010.6

[132] 吴育芬. 巴黎大区城市空间与轨道交通网发展的关系分析[J]. 城市轨道交通研究,2014.6

[133] 魏楚,沈满洪. 能源效率及其影响因素:基于 DEA 的实证分析[J]. 管理世界,2007.8

[134] 魏锋. 论绿色经济与可持续发展[J]. 经济问题探索,2001.1

[135] 魏刚. 绿色投资的技术支撑[J]. 中国投资,2005.4

[136] 向春玲. 城市化进程中的理论与实证研究[M]. 湖南:湖南人民出版社,2008

[137] 肖斌,黄华. 循环经济管理制度体系初探[J]. 西北农林科技大学学报(社会科学版),2006(6)7

[138] 肖宏伟. 生态文明视角下的新型城镇化建设[J]. 宏观经济管理,2014.5

[139] 徐长山,任立新. 京津冀、长三角、珠三角经济圈之比较[J]. 社会,2014.9

[140] 徐文煜. 我国循环经济可持续发展的法律制度创新与完善[J]. 生产力研究,2011.7

[141] 辛玲. 低碳城市评价指标体系的构建[J]. 统计与决策,2011.7

[142] 宣晓伟. 过往城镇化、新型城镇化触发的中央与地方关系调整[J]. 改革,2013.5

[143] 许丰. 我国城镇化进程中问题分析[J]. 新经济,2013.9(中)

[144] 严海玲. 基于生态文明的新型城镇化探讨[J]. 经营管理者,2014.3(下)

[145] 闫春香. 大力推进生态文明建设[J]. 商情,2013(18)

[146] 严正. 论中国的城市化进程[J]. 当代经济研究,2000.8

[147] 杨东峰,殷成志,龙瀛. 城市可持续性的定量评估:方法比较与实践检讨[J]. 城市规划学刊,2011.3

[148] 杨方东. 资源节约型和环境友好型城市发展模型研究[J]. 区域经济与产业经济,2007

[149] 杨其藩. 系统动力学原理[M]. 北京:高等教育出版社,2000

[150] 杨洁,王艳,刘晓. 京津冀区域产业协同发展路径探析[J]. 价值工程,2009.4

[151] 杨忠直. 企业生态学引论[M]. 北京:科学出版社,2003.3

[152] 叶连松. 中国特色城镇化发展趋势[J]. 环渤海经济瞭望,2012.1

[153] 曾珍香,段丹华,张培等. 基于主成分分析法的京津冀区域协调发展综合评价[J]. 科技进步与对策,2008(25)9

[154] 张春霞. 绿色经济:经济发展模式的根本性转变[J]. 福建农业大学学报(社会科学版), 2001.10

[155] 张坤. 循环经济理论与实践[M]. 北京:中国环境科学出版社, 2003

[29] 张雷. 中国城镇化进程的资源环境基础[M]. 北京:科学出版社, 2009

[156] 张蕾, 王桂新. 中国东部三大都市圈经济发展对比研究[J]. 城市发展研究, 2012(19)3

[157] 张鹏飞. 中国经济发展模式转变的必然选择——低碳经济[J]. 科学与管理, 2009.5

[158] 张青. 进一步推进循环经济发展[N]. 经济日报, 2007 – 10 – 29

[159] 张叶, 张国云. 绿色经济[M]. 北京:中国林业出版社, 2010

[160] 张亚明, 王帅. 京津冀区域经济差异分析及其协调发展研究[J]. 中国科技论坛, 2008.2

[161] 张远, 路迹. 世界城市比较研究及对北京模式选择的启示[J]. 国际经济合作, 2013.4

[162] 张占仓. 中国新型城镇化的理论困惑与创新方向[J]. 管理学刊, 2014(27)2

[163] 赵和生. 城市规划与城市发展[M]. 南京:东南大学出版社, 1999

[164] 赵弘. 北京大城市病治理与京津冀协同发展[J]. 经济与管理, 2014(28)5

[165] 赵荣钦, 黄贤金. 基于能源消费的江苏省土地利用碳排放与碳足迹[J]. 地理研究, 2010(29)9

[166] 郑冬梅. 创新循环经济管理机制的思考[J]. 海洋开发与管理, 2006.5

[167] 钟利民, 黄毓哲. 循环经济发展模式转变析论[J]. 江西社会科学, 2008.1

[168] 钟利民, 黄亚哲, 兰国昌. 论低碳经济发展模式的转变[J]. 企业经济, 2011.2

[169] 周才云, 张毓卿. 中国新型城镇化建设的动因、困境与对策[J]. 经济问题探索, 2014.3

[170] 周长林, 孟颖. 新时期京津高新技术产业带的整合与提升[J]. 城市, 2009.5

[171] 周宏春. 走中国特色的低碳绿色发展之路[J]. 再生资源与循环经济, 2011(4)6

[172] 周敏. 发展循环经济, 建立生态工业园[J]. 决策, 2007.11

[173] 周璐. 长三角、珠三角和京津冀经济圈发展特征比较[J]. 中国商界, 2008.6

[174] 周生贤. 积极建设生态文明[J]. 求是, 2009(22)

[175] 周毅, 李京文. 城市化发展阶段、规律和模式及趋势[J]. 经济与管理研究, 2009.12

[176] 周玉兰. 生态工业园及其管理模式[J]. 企业研究, 2006.8

[177] 周振华. 伦敦、纽约、东京经济转型的经验及其借鉴[J]. 科学发展, 2011.10

[178] 诸大建, 陈飞. 上海发展低碳城市的内涵、目标及对策[J]. 城市观察, 2010.2

[179] 朱步楼. 循环经济: 可持续发展的必然选择[J]. 江苏社会科学, 2005.3

[180] 朱守先. 中国低碳发展的能源资源基础[J]. 鄱阳湖学刊, 2010.3

[181] 庄贵阳. 低碳经济与城市建设模式[J]. 开放导报, 2010.12(153)6

[182] 庄贵阳, 潘家华, 朱守先. 低碳经济的内涵及综合评价指标体系构建[J]. 经济学动态, 2011.1

[183] 左晓利, 李慧明. 生态工业园理论研究与实践模式[J]. 科技进步与对策, 2012(29)4

[184] 中华人民共和国环境保护部网站: http://www.zhb.gov.cn/

[185] 中华人民共和国国家发展和改革委员会网站: http://www.sdpc.

gov. cn/

[186] 中华人民共和国国家统计局网站：http://www. stats. gov. cn/

[187] 中华人民共和国国家统计局. 2010 年第六次全国人口普查主要数据公报[N], 2011 - 04 - 28

[188] 中华人民共和国国家统计局. 2013 中国统计年鉴[M]. 北京：中国统计出版社, 2013.9

[189] 中国城市科学研究会. 中国低碳生态城市发展战略[M]. 北京：中国城市出版社, 2009

[190] 中国环境与发展国际合作委员会课题组报告. 中国低碳工业化战略研究[R]. 国合会 2011 年年会, 2011.11.15

[191] 中国科学院. 2003 中国可持续发展战略报告[M]. 北京：科学出版社, 2003

[192] 中国科学院. 2009 中国可持续发展战略报告——探索中国特色的低碳之路[R]. 北京：科学出版社, 2009.3

[193] 中国新能源网 http://www. newenergy. org. cn/

[194] Abdeen Mustafa Omer. Energy, environment and sustainable development[J]. Renewable and Sustainable Energy Reviews, 12 (2008) 2265 - 2300

[195] Adnan Midilli, Ibrahim Dincer, Murat Ay. Green energy strategies for sustainable development[J]. Energy Policy, 34 (2006) 3623 - 3633

[196] Aimin Chen, Jie Gao. Urbanization in China and the Coordinated Development Model The case of Chengdu[J]. The Social Science Journal, 48 (2011)500 - 513

[197] Amanda L. Thompson, Kelly M. Houck, Linda Adair, Penny Gordon - Larsen, Barry Popkin. Multilevel examination of the association of urbanization with inflammation in Chinese adults[J]. Health & Place, 28 (2014) 7：177 - 186

[198] Amir Barnea, Robert Heinkel, Alan Kraus. Green investors and corporate investment[J]. Structural Change and Economic Dynamics, 16 (2005) 332 - 346

[199] Anna R. Davies. Cleantech clusters: Transformational assemblages for a just, green economy or just business as usual [J]. Global Environmental Change, 23 (2013) 10: 1285 – 1295

[200] Aumnad Phdungsilp, Teeradej Wuttipornpun. Analyses of the decarbonizing Thailand's energy system toward low – carbon futures[J]. Renewable and Sustainable Energy Reviews, 24 (2013) 8: 187 – 197

[201] B. De Coensel, A. Can, B. Degraeuwe, I. De Vlieger, D. Botteldooren. Effects of traffic signal coordination on noise and air pollutant emissions[J]. Environmental Modelling & Software, 35 (2012) 7: 74 – 83

[202] Behdad Kiani, Mohammad Ali Pourfakhraei. A system dynamic model for production and consumption policy in Iran oil and gas sector[J]. Energy Policy, 38 (2010) 7764 – 7774

[203] Bing Jiang, Zhenqing Sun, Meiqin Liu. China's energy development strategy under the low – carbon economy[J]. Energy, 35 (2010) 4257 – 4264

[204] Biwei Su, Almas Heshmati, Yong Geng, Xiaoman Yu. A review of the circular economy in China: moving from rhetoric to implementation. Journal of Cleaner Production, 42 (2013) 215 – 227

[205] Boqiang Lin, Xiaoling Ouyang. Energy demand in China: Comparison of characteristics between the US and China in rapid urbanization stage[J]. Energy Conversion and Management, 79 (2014) 3: 128 – 139

[206] Bo Qin, Yu Zhang. Note on urbanization in China: Urban definitions and census data[J]. China Economic Review, 30 (2014) 9: 495 – 502

[207] Brian Fagan. The Great Warming Climate Changeand the Rise and Fall of Civilizations, 2008

[208] Cai Shaohong, He Sipeng. Research on the Selection of Industrial Organization Pattern in Western Regions under Low – carbon Economy Background[J]. Energy Procedia, 5 (2011) 700 – 707

[209] Chaolin GU, Liya WU, Ian Cook. Progress in research on Chinese urbanization[J]. Frontiers of Architectural Research, 1(2012) 101 – 149

[210] Chenxi Song, Mingjia Li, Zhexi Wen, Ya – Ling He, Wen – Quan Tao, Yangzhe Li, Xiangyang Wei, Xiaolan Yin, Xing Huang. Research on energy efficiency evaluation based on indicators for industry sectors in China[J]. Applied Energy, 134(2014)12: 550 – 562

[211] Chuanjiang Liu, ya Feng. Low – carbon Economy: Theoretical Study and Development Path Choice in China[J]. Energy Procedia, 5 (2011) 487 – 493

[212] Corinne Gendron. Beyond environmental and ecological economics: Proposal for an economic sociology of the environment[J]. Ecological Economics, 105 (2014) 9: 240 – 253

[213] Department of trade and industry (DTI). UK energy white paper: our energy future – creating a low carbon economy[M]. London: TSO, 2003

[214] EDWIN D O, ZHANG X L, YU T. Current status of agricultural and rura lnon – point source pollution assessment in China[J]. Environmental Pollution, 158 (2010) 5: 1159 – 1168

[215] Ewa Liwarska – Bizukojc, Marcin Bizukojc, Andrzej Marcinkowski, Andrzej Doniec. The conceptual model of an eco – industrial park based upon ecological relationships[J]. Journal of Cleaner Production, 17 (2009) 732 – 741

[216] Feng – Long Ge, Ying Fan. A system dynamics model of coordinated development of central and provincial economy and oil enterprises[J]. Energy Policy, 60 (2013) 9: 41 – 51

[217] Fulong Wu. Urbanization and its discontents[R]. China Daily, 2012. 2. 6

[218] Gaofeng Zou, Longmei Chen, Wei Liu, Xiaoxin Hong, Guijun Zhang, Ziyi Zhang. Measurement and evaluation of Chinese regional energy fficiency based on provincial panel data[J]. Mathematical and Computer Modelling, 58(2013)9: 1000 – 1009

［219］Gene Hsin Chang, Josef C. Brada. The paradox of China's growing under – urbanization［J］. Economic Systems, 30（2006）24 – 40

［220］Gomi Kei, Shimada Kouji, Matsuoka Yuzuru. A Low – carbon Scenario Creation Method for a Local – scale Economy and Its Application in Kyoto City［J］. Energy Policy, 2009（38）4783 – 4796

［221］GU Chaolin, WU Liya, Ian Cook. Progress in research on Chinese urbanization［J］. Frontiers of Architectural Research, 1（2012）6：101 – 149

［222］Harper E M, Graedel T E. Industrial Ecology：A Teenager's Progress ［J］. Techno logy in Society, 2004（26）433 – 445

［223］Heiskanen Eva, Johnson Mikae, Robinson Simon, et al. Low – carbon Communities as a Context for Individual Behavioural Change［J］. Energy Pollcy, 2010（38）7586 – 7595

［224］Hongtao Yi. Green businesses in a clean energy economy：Analyzing drivers of green business growth in U. S. states［J］. Energy, 68（2014）4：922 – 929

［225］Hong Ye, KaiWang, Xiaofeng Zhao, Feng Chen, Xuanqi Li, Lingyang Pan. Relationship between construction characteristics and carbon emissions from urban household operational energy usage［J］. Energy and Buildings, 43（2011）147 – 152

［226］Hossein Bahrainy, Hossein Khosravi. The impact of urban design features and qualities on walkability and health in under – construction environments：The case of Hashtgerd New Town in Iran［J］. Cities, 31（2013）17 – 28

［227］Huang Kun, Zhang Jian. Circular Economy Strategies of oil and Gas exploitation in China［J］. Energy Procedia, 5（2011）2189 – 2194

［228］Huiquan Li, Weijun Bao, Caihong Xiu, Yi Zhang, Hongbin Xu. Energy conservation and circular economy in China's process industries［J］. Energy, 35（2010）4273 – 428

[229] III William J. Palm. System Dynamics[M]. McGraw – Hill Medical Publishing, 2009. 4

[230] Ivan Vera, Lucille Langlois. Energy indicators for sustainable development[J]. Energy, 32 (2007) 875 – 882

[231] Jacob Park, Joseph Sarkis, Zhaohui Wu. Creating integrated business and environmental value within the context of China's circular economy and ecological modernization[J]. Journal of Cleaner Production, 18 (2010) 1494 – 1501

[232] Jan Rosenow, Ray Galvin. Evaluating the evaluations: Evidence from energy efficiency programmes in Germany and the UK[J]. Energy and Buildings, 62 (2013)7: 450 – 458

[233] Jia Xiaowei, Sun Qi, Gao Yanfeng. New Approaches to the Green Economy of China in the Multiple Crises[J]. Energy Procedia, 5 (2011) 1365 – 1370

[234] Joyashree Roy, Duke Ghosh, Anupa Ghosh, Shyamasree Dasgupta. Fiscal instruments: crucial role in financing low carbon transition in energy systems[J]. Current Opinion in Environmental Sustainability, 5 (2013) 6: 261 – 269

[235] Juan Antonio Duro, Jordi Teixidó – Figueras. Ecological footprint inequality across countries: The role of environment intensity, income and interaction effects[J]. Ecological Economics, 93 (2013) 9: 34 – 41

[236] Juanjuan Zhao, Shengbin Chen, Bo Jiang, Yin Ren, Hua Wang, Jonathan Vause, Haidong Yu. Temporal trend of green space coverage in China and its relationship with urbanization over the last two decades[J]. Science of The Total Environment, 442 (2013) 1: 455 – 465

[237] Kevin Honglin ZHANG, Shunfeng SONG. Rural – urban migration and urbanization in China: Evidence from time – series and cross – section analyses[J]. China Economic Review, 14 (2003) 386 – 400

[238] Ke Wang, Shiwei Yu, Wei Zhang. China's regional energy and environmental efficiency: A DEA window analysis based dynamic evaluation[J]. Mathemat-

ical and Computer Modelling, 58(2013)9: 1117 – 1127

[239] Lei Shen, Shengkui Cheng, Aaron James Gunson, Hui Wan. Urbanization, sustainability and the utilization of energy and mineral resources in China[J]. Cities, 22 (2005) 4: 287 – 302

[240] Li Jianling, Huang Haifeng. Green economic development and management[J]. WIT Publications Ltd, UK, 2013.5

[241] Li Jianling, Huang Haifeng. Dynamic analysis and simulation of economic system[J]. The International Workshop on Economics (IWE 2012), 2012.5

[242] Li Jianling, Huang Haifeng. Economic and management for sustainable development. 2012 International Conference on Management Innovation and Public Policy (ICMIPP 2012), 2012.1

[243] Li Wenbo. Comprehensive evaluation research on circular economic performance of eco – industrial parks[J]. Energy Procedia, 5 (2011) 1682 – 1688

[244] Li Xinan, Li Yanfu. Driving Forces on China's Circular Economy: From Government's perspectives[J]. Energy Procedia, 5 (2011) 297 – 301

[245] Li Yang, Yanan Li. Low – carbon City in China[J]. Sustainable Cities and Society, 9 (2013) 12: 62 – 66

[246] Li Zhu, Jianren Zhou, Zhaojie Cui, Lei Liu. A method for controlling enterprises access to an eco – industrial park[J]. Science of the Total Environment, 408 (2010) 4817 – 4825

[247] Ling Zhang, Zengwei Yuan, Jun Bi, Bing Zhang, Beibei Liu. Eco – industrial parks: national pilot practices in China[J]. Journal of Cleaner Production, 18 (2010) 504 – 509

[248] Linwei Ma, Pei Liu, Feng Fu, Zheng Li, Weidou Ni. Integrated energy strategy for the sustainable development of China[J]. Energy, 36 (2011) 1143 – 1154

[249] Liu beilin. Research of urban low – carbon economy evaluation System

[J]. 2011 international conference on information science and engineering, 2011 (9) 420 – 422

[250] LIU Chuanjiang, Feng ya. Low – carbon Economy: Theoretical Study and Development Path Choice in China[J]. Energy Procedia, 5 (2011) 487 – 493

[251] L. Jansen. The challenge of sustainable development[J]. Journal of Cleaner Production, 11 (2003) 231 – 245

[252] Li Yang, Yanan Li. Low – carbon City in China[J]. Sustainable Cities and Society, 9 (2013) 12: 62 – 66

[253] Liyin Shen, Jingyang Zhou. Examining the effectiveness of indicators for guiding sustainable urbanization in China[J]. Habitat International, 44 (2014) 10: 111 – 120

[254] Liyin Shen, Shijie Jiang, Hongping Yuan. Critical indicators for assessing the contribution of infrastructure projects to coordinated urban – rural development in China[J]. Habitat International, 36 (2012) 4: 237 – 246

[255] Li Yu. Low carbon eco – city: New approach for Chinese urbanisation [J]. Habitat International, 44 (2014) 10: 102 – 110

[256] Luc Eyraud, Benedict Clements, Abdoul Wane. Green investment: Trends and determinants[J]. Energy Policy, 60 (2013) 9: 852 – 865

[257] Momete Daniela Cristina. Saferational Approach to a Valid Sustainable Development[J]. Procedia Economics and Finance, 8 (2014) 497 – 504

[258] Nader Sam. Paths to a Low – carbon Economy: the MaSdar Example [J]. Energy Procedia, 2009(1): 3951 – 3958

[259] Nakata Toshihiko, Silva Diego, Rodionov Mikhail. Application of Energy System Models for Designing a Low – carbon Society[J]. Progress in Energy and Combustion Sdence, 37 (2011) 4: 462 – 502

[260] Oana Pop, George Christopher Dina, Catalin Martin. Promoting the corporate social responsibility for a green economy and innovative jobs[J]. Procedia So-

cial and Behavioral Sciences, 15 (2011) 1020 – 1023

[261] OECD. Towards Green Growth[R]. Paris: OECD, 2011

[262] Pascal Piguet, Pascal Blunier, M. Loic Lepage, M. Alexis Mayer, Olivier Ouzilou. A new energy and natural resources investigation method: Geneva case studies[J]. Cities, 28 (2011) 567 – 575

[263] Richard Olawoyin, Brenden Heidrich, Samuel Oyewole, Oladapo T. Okareh, Charles W. McGlothlin. Chemometric analysis of ecological toxicants in petrochemical and industrial environments[J]. Chemosphere, 112 (2014) 10: 114 – 119

[264] Ross Baldick, Dhiman Chatterjee. Coordinated dispatch of regional transmission organizations: Theory and example[J]. Computers & Operations Research, 41 (2014) 1: 319 – 332

[265] Rupert J. Baumgartner. Critical perspectives of sustainable development research and practice[J]. Journal of Cleaner Production, 19 (2011) 783 – 786

[266] Song Hui, Wei Xiao – ping. Market characteristics of new energy supply in China[J]. Procedia Earth and Planetary Science, 1 (2009) 1712 – 1716

[267] Tao Ma, Jie Ji, Ming – qi Chen. Study on the hydrogen demand in China based on system dynamics model[J]. International Journal of Hydrogen Energy, 35 (2010) 3114 – 3119

[268] Tao Wang, Jim Watson. Scenario analysis of China's emissions pathways in the 21st century for low carbon transition[J]. Energy Policy, 38 (2010) 3537 – 3546

[269] Tim Jackson, Peter Victor. Productivity and work in the 'green economy' Some theoretical reflections ections and empirical tests[J]. Environmental Innovation and Societal Transitions, 1(2011) 101 – 108

[270] Trevor Sweetnam, Catalina Spataru, Billy Cliffen, Spyridon Zikos, Mark Barrett. PV System Performance and the Potential Impact of the Green Deal Policy on

Market Growth in London, UK[J]. Energy Procedia, Volume 42, 2013, Pages 347 – 356

[271] Turner R K. Sustainable Environment Management[M]. Lonton: Belhaven Press, 1998

[272] UK government Energy White Paper. Our Energy Future: Greating a Low Carbon Economy[R], 2003

[273] UNEP. Towards a Green Economy: Pathways to Sustainable Development and Poverty Reduction [EB/OL]. 2011. http://www. unep. org /greeneconomy/Home/test/tabid/29808/Default. Aspx

[274] Valerie Vandermeulen, Ann Verspecht, Bert Vermeire, Guido Van Huylenbroeck, Xavier Gellynck. The use of economic valuation to create public support for green infrastructure investments in urban areas[J]. Landscape and Urban Planning, 103 (2011) 198 – 206

[275] Wang Yue, Huang Xingzhu, Wang Lin. The Development Research of Green Economic in Capital Cities in Shandong[J]. Energy Procedia, 5 (2011) 130 – 134

[276] William J. Nuttall, Devon L. Manz. A new energy security paradigm for the twenty – first century [J]. Technological Forecasting & Social Change, 75 (2008) 1247 – 1259

[277] Wynn Chi Nguyen Cam. Fostering interconnectivity dimension of low – carbon cities: The triple bottom line re – interpretation[J]. Habitat International, 37 (2013) 1: 88 – 94

[278] Xiao – li Liu. China CO2 Control Strategy under the Low – carbon Economy[J]. Procedia Engineering, 37 (2012) 281 – 286

[279] Yangfan Li, Yi Li, Yan Zhou, Yalou Shi, Xiaodong Zhu. Investigation of a coupling model of coordination between urbanization and the environment[J]. Journal of Environmental Management, 98 (2012) 127 – 133

[280] YANG Qing, CHEN Mingyue, GAO Qiongqiong. Research on the Circular Economy in West China[J]. Energy Procedia, 5 (2011) 1425 – 1432

[281] Ying Tang, Robert J. Mason, Ping Sun. Interest distribution in the process of coordination of urban and rural construction land in China[J]. Habitat International, 36 (2012) 388 – 395

[282] Yingxin Zhu, Borong Lin. Sustainable housing and urban construction in China[J]. Energy and Buildings, 36 (2004) 1287 – 1297

[283] Yong Geng, Jia Fu, Joseph Sarkis, Bing Xue. Towards a national circular economy indicator system in China: an evaluation and critical analysis[J]. Journal of Cleaner Production, 23 (2012) 216 – 224

[284] Yu – Hsiang Yang, Rua – Huan Tsaih, Ming – Hua Hsieh. A systematic design for coping with model risk[J]. Expert Systems with Applications, 38 (2011) 7380 – 7386

[285] Zhang Wei, Li Hulin, An Xuebing. Ecological Civilization Construction is the Fundamental Way to Develop Low – carbon Economy[J]. Energy Procedia, 5 (2011)839 – 843

[286] Zhang Zhixin, Xue Qiao. Low – carbon economy, industrial structure and changes in China's development mode based on the data of 1996 – 2009 inempirical analysis[J]. Energy Procedia, 5 (2011) 2025 – 2029

[287] Zhaoguang Hu, Jiahai Yuan, Zheng Hu. Study on China's low carbon development in an Economy Energy Electricity Environment framework[J]. Energy Policy, 39 (2011) 2596 – 2605

[288] Zheng – qing Luo, Xiao – fang Tong. Evaluation on Development Capability of Low – carbon economy and Countermeasures in China[J]. Procedia Environmental Sciences, 10 (2011)902 – 907

[289] ZhongXiang Zhang. China in the transition to a low – carbon economy [J]. Energy Policy, 38 (2010) 6638 – 6653

[290] Zhujun Jiang, Boqiang Lin. China's energy demand and its characteristics in the industrialization and urbanization process[J]. Energy Policy, 49 (2012) 10: 608 –615